Werkstoffe der Elektrotechnik

H. P. J. Wijn · P. Dullenkopf

Werkstoffe der Elektrotechnik

Physikalische Grundlagen der technischen Anwendungen

Mit 131 Abbildungen

Springer-Verlag Berlin Heidelberg GmbH 1967

H. P. J. Wijn, o. Prof. an der Rheinisch-Westfälischen Technischen Hochschule Aachen
P. Dullenkopf, Wiss. Ass. an der Rheinisch-Westfälischen Technischen Hochschule Aachen

ISBN 978-3-642-88698-0 ISBN 978-3-642-88697-3 (eBook)
DOI 10.1007/978-3-642-88697-3

Ursprünglich erschienen bei Springer-Verlag Berlin · Heidelberg New York 1967
Softcover reprint of the hardcover 1st edition 1967
Library of Congress Catalog Card Number 67—16136

Titel-Nr. 1407

Vorwort

Dieses Buch befaßt sich mit den Grundlagen der Eigenschaften der Werkstoffe der Elektrotechnik und soll dem Leser einen Begriff über Anwendungsmöglichkeiten der verschiedenen Werkstoffe vermitteln. Obwohl in erster Linie für Universitätsstudenten der Fachrichtung Elektrotechnik gedacht, wird es wahrscheinlich allen nutzen können, deren Interesse an Bauelementen der Elektrotechnik sich nicht allein darauf beschränkt, daß das Bauelement in der Schaltung richtig funktioniert, was zweifellos das Wichtigste ist, sondern die darüber hinaus ihre Neugier nach dem Verständnis des physikalischen Vorganges im Werkstoff befriedigen möchten.

Das Verhalten von dielektrischen, magnetischen und Halbleiter-Werkstoffen in elektrischen und magnetischen Feldern wird behandelt. Es wurde davon abgesehen, viele spezielle Werkstoffeigenschaften zu nennen, weil diese oft nur in Sondergebieten der Elektrotechnik eine Rolle spielen. Das Buch ist mehr oder weniger ein gedrucktes Manuskript einer Vorlesung „Werkstoffe der Elektrotechnik", wodurch auch die Reihenfolge der Themen gegeben ist. Wir glauben, daß es nicht Aufgabe einer Planvorlesung ist, den Studenten mit einer Vielzahl von allen möglichen Eigenschaften von Werkstoffen zu konfrontieren. Im Vordergrund sollte das Verständnis der Zusammenhänge zwischen den verschiedenen Werkstoffeigenschaften stehen. Die Studenten sollen mit den Grundlagen, Begriffen und Größenordnungen vertraut gemacht werden, damit es ihnen möglich wird, die Funktionen der Werkstoffe in Bauelementen der Elektrotechnik zu verstehen, und, wenn sie wollen, auch ihre Kenntnisse mit Hilfe der Fachliteratur auf dem Gebiet der Festkörperelektronik zu erweitern.

Es ist versucht worden, die Themen so zu behandeln, daß Kenntnisse der Grundlagen der theoretischen Physik keine Vorbedingung zum Verständnis des gebotenen Stoffes sind. Wo notwendig, ist angegeben, von welchen Gesetzen der theoretischen Physik bei der Bearbeitung des Themas ausgegangen wurde. Wir haben davon abgesehen, Hinweise auf die außerordentlich umfangreiche Literatur über die Anwendung von Werkstoffen in der Elektrotechnik zu geben. Die Literaturhinweise am Schluß des Buches betreffen meistens Werke, in denen der physikalisch interessierte Leser eine ausführliche Behandlung der Grundlagen der Festkörperphysik finden kann. Da es sich bei den quantitativen Angaben der Werkstoffeigenschaften in Text und Tabelle meist um allgemein gebräuchliche Werte handelt, ist nur ausnahmsweise auf Originalquellen hingewiesen worden. Für Symbole und Einheiten im MKSA-System haben wir die Empfehlungen der zuständigen Kommission der Internationalen Union für reine und angewandte Physik (IUPAP) zugrunde gelegt.

Dank gebührt den Studenten, die durch viele Bemerkungen und Fragen zur Verbesserung der Vorlesung beigetragen haben. Dem Springer-Verlag sei an dieser Stelle gedankt für die Initiative zur Herausgabe des Vorlesungsmanuskriptes und für die sehr ansprechende Ausstattung des Werkes, und das dann noch zu einem Preis, der das Buch für Studenten nicht unerschwinglich macht.

Aachen, im Februar 1967 — Die Verfasser

Inhaltsverzeichnis

Verzeichnis der verwendeten Symbole

a Steifheitskonstante
a, b, c (Kristall-)Abmessungen
a, b, c Hauptachsen eines Ellipsoids
a Akzeptor-Konzentration(-dichte)
A Fläche
α Skalenanzeige
α Winkelcosinus
α Polarisierbarkeit
α_E Elektronenpolarisierbarkeit
α_I Ionenpolarisierbarkeit
α_{Or} Orientierungspolarisierbarkeit

b Reibungsfaktor
B magnetische Induktion
B_r Remanenzinduktion

c_V spezifische Wärme bei konstantem Volumen
C Kapazität
C Curie-Konstante
χ_e elektrische Suszeptibilität
χ_m magnetische Suszeptibilität

d Abstand
d Donator-Konzentration(-dichte)
D Packungsdichte von Atomen
D dielektrische Verschiebung
δ Bloch-Wanddicke
δ Verlustwinkel, Phasenwinkel

e Elektronenladung: $-1{,}6 \cdot 10^{-19}$ As
$|e|$ Betrag der Elektronenladung: $1{,}6 \cdot 10^{-19}$ As
E elektrische Feldstärke
E_a von außen angelegte elektrische Feldstärke
E_i elektrische Feldstärke am Orte eines atomaren Dipols
E_L elektrische Lorentz-Feldstärke
E_0 Amplitude der harmonischen elektrischen Feldstärke
ε_0 Dielektrizitätskonstante des Vakuums oder elektrische Feldkonstante: $8{,}85 \cdot 10^{-14}$ As/Vcm
ε_r Dielektrizitätszahl
$\varepsilon_{r,\,\text{stat}}$ Dielektrizitätszahl bei $\omega = 0$
$\bar{\varepsilon}_r$ komplexe Dielektrizitätszahl
ε_r' Realteil der Dielektrizitätszahl
ε_r'' Imaginärteil der Dielektrizitätszahl

f Besetzungsgrad
f Frequenz
f_L Larmor-Frequenz
F Kraft

g Proportionalitätsfaktor
γ Raumausdehnungskoeffizient
γ magnetomechanisches Verhältnis
γ_{Bahn} magnetomechanisches Verhältnis des Elektrons auf der Kreisbahn: $|e|/2m = 8{,}8 \cdot 10^{14}$ cm²/Vs²
γ_{Spin} magnetomechanisches Verhältnis des Elektrons bei Eigendrehung: $|e|/m = 1{,}76 \cdot 10^{15}$ cm²/Vs²
γ_W spezifische Bloch-Wandenergie

h Plancksches Wirkungsquantum: $6{,}624 \cdot 10^{-34}$ Ws²
$\hbar$ $= h/2\pi$
H magnetische Feldstärke
H_a von außen angelegte magnetische Feldstärke
H_i magnetische Feldstärke am Ort eines atomaren Dipols
H^A Anisotropiefeldstärke
H_c Koerzitivfeldstärke
${}_BH_c$ Koerzitivfeldstärke der Induktion
${}_JH_c$ Koerzitivfeldstärke der magnetischen Polarisation
${}_MH_c$ Koerzitivfeldstärke der Magnetisierung
H_L magnetische Lorentz-Feldstärke
H_N entmagnetisierendes Feld
H_W Weißsches Feld

I elektrischer Strom
$\mathrm{Im}[a]$ Imaginärteil von a

j $= \sqrt{-1}$, imaginäre Einheit
j mechanischer Drehimpuls
j_{Bahn} mechanischer Bahndrehimpuls
j_{Spin} Eigendrehimpuls des Elektrons
J magnetische Polarisation
J_r remanente magnetische Polarisation
J_s Sättigungspolarisation

k Boltzmann-Konstante: $1{,}38 \cdot 10^{-23}$ Ws/°K
K_1, K_2 Anisotropiekonstanten

l	Länge
l	Nebenquantenzahl
L	Induktivität
$L(a)$	Langevin-Funktion von a
L_n	Diffusionslänge der Elektronen
λ	Wellenlänge
λ	Magnetostriktionskoeffizient
λ_s	Sättigungsmagnetostriktionskoeffizient
m	Masse eines Teilchens
m	Elektronenmasse: $9{,}1 \cdot 10^{-28}$ g
$m_{E,\,\mathrm{eff}}$	effektive Elektronenmasse
$m_{L,\,\mathrm{eff}}$	effektive Löchermasse
m	magnetisches Moment pro Volumeneinheit
M	Magnetisierung
M_r	remanente Magnetisierung
M_s	Sättigungsmagnetisierung
M_s	spontane Magnetisierung
μ	Beweglichkeit
μ_E	Elektronenbeweglichkeit
μ_L	Löcherbeweglichkeit
μ	magnetisches Moment
μ_{Bahn}	magnetisches Bahnmoment
μ_{Spin}	magnetisches Spinmoment
μ_B	Bohrsches Magneton: $9{,}27 \cdot 10^{-20}$ Acm²
μ_0	absolute Permeabilität oder magnetische Feldkonstante: $4\pi \cdot 10^{-9}$ Vs/Acm
μ_r	relative Permeabilität
$\mu_{r,\,\mathrm{a}}$	relative Anfangspermeabilität
$\mu_{r,\,\mathrm{eff}}$	effektive Permeabilität
$\mu_{r,\,\mathrm{rev}}$	relative reversible Permeabilität
$\bar{\mu}_r$	komplexe relative Permeabilität
μ_r'	Realteil der komplexen relativen Permeabilität
μ_r''	Imaginärteil der komplexen relativen Permeabilität
n	1, 2, 3, ... n; Zahl
n	Anzahl der Teilchen pro Volumeneinheit
n	Hauptquantenzahl
n_z	Elektronenzustände pro Vol.-Einh. unterhalb einer bestimmten Elektronenenergie W
n_E	Elektronendichte im Leitfähigkeitsband
n_L	Löcherdichte im Valenzband
N	Entmagnetisierungsfaktor
N	Windungszahl
ω	Kreisfrequenz
ω_L	Larmor-Kreisfrequenz
ω_{res}	Resonanzkreisfrequenz
p	Impuls
p	elektrisches Dipolmoment
p_D	Anzahl der ionisierten Donatoratome pro Volumeneinheit
$\bar{p}$	zeitlicher Mittelwert der pro Volumeneinheit absorbierten Leistung
P	elektrische Leistung
P	elektrische Polarisation
P_E	Elektronenpolarisation
P_I	Ionenpolarisation
P_{Or}	Orientierungspolarisation
$P_{\mathrm{Or,stat}}$	statischer Endwert der Orientierungspolarisation
Φ	magnetischer Fluß
Φ_0	Austrittspotential
Φ_E	Elektronenfluß
Φ_L	Löcherfluß
Q	elektrische Ladung
Q	$= 1/\tan\delta$ (Spulen-)Güte
r	Radius
R	Ohmscher Widerstand
R	Radius (der Elektronenhülle eines Atoms)
$\mathrm{Re}[a]$	Realteil von a
R_H	Hall-Koeffizient
ϱ	Raumladungsdichte
ϱ	spezifischer elektrischer Widerstand
s	Oberflächenladungsdichte
S	Stromdichte
σ	Flächenladungsdichte
σ	mechanische Spannung
σ	elektrische Leitfähigkeit
σ_i	elektrische Eigenleitfähigkeit
t	Zeit
$\tan\delta$	Verlustfaktor
$\tan\delta_H$	Hystereseverlustfaktor
$\tan\delta_R$	Restverlustfaktor
$\tan\delta_W$	Wirbelstromverlustfaktor
T	Drehmoment
T	Temperatur
T_C	ferromagnetische Curie-Temperatur
TK_ε	Temperaturkoeffizient der Dielektrizitätszahl
TK_μ	Temperaturkoeffizient der Werkstoffpermeabilität
$(TK_\mu)_{\mathrm{eff}}$	Temperaturkoeffizient der effektiven Permeabilität
TK_L	Temperaturkoeffizient der Induktivität
Θ	Winkel
Θ	paramagnetische Curie-Temperatur
τ	Zeitkonstante, Relaxationszeit
τ_E	Relaxationszeit der Elektronen
τ_L	Relaxationszeit der Löcher
U	elektrische Spannung
U_H	Hall-Spannung
U_K	Kontaktspannung

v	Geschwindigkeit
v_D	Driftgeschwindigkeit
V	Volumen
V	Vakuumpotential
w	Windungszahl pro Längeneinheit
w	Energiedichte (Energie pro Volumeneinheit)
w_{kin}	kinetische Energiedichte
w_{pot}	potentielle Energiedichte
w_K	Kristallanisotropieenergiedichte
w_N	Entmagnetisierungsenergiedichte
w_σ	Spannungsanisotropieenergiedichte
W	Energie
W_{kin}	kinetische Energie
W_{pot}	potentielle Energie
W_A	Energie des Akzeptorniveaus
W_A	Austauschwechselwirkungsenergie
W_B	Breite der verbotenen Energiezone
W_D	Energie des Donatorniveaus
W_F	Fermi-Energie
$W_{F,0}$	Fermi-Energie bei $T = 0°$ K
W_K	Kontaktpotential
W_K	Kristallanisotropieenergie
W_L	Energie des unteren Randes des Leitfähigkeitsbandes
W_N	Entmagnetisierungsenergie
W_V	Energie des oberen Randes des Valenzbandes
W_W	Bloch-Wandenergie
x, y, z	Kartesische Koordinaten
z	Anzahl
z	Ordnungszahl der Atome
$z(W)$	Zustandsdichte der Elektronen
z_E	Zustandsdichte der Elektronen im Leitfähigkeitsband
z_L	Zustandsdichte der Löcher im Valenzband
Z	komplexer Scheinwiderstand

I. Aufbau der Stoffe

Die meisten in der Elektrotechnik verwendeten Werkstoffe sind Feststoffe wie Metalle, Metallegierungen, Keramiken, Kunststoffe und Gläser der verschiedensten Zusammensetzungen. Weniger oft werden Flüssigkeiten oder Gase gebraucht. Man könnte sich deshalb mit recht gutem Gewissen auf eine ausführliche Behandlung der Feststoffe (Festkörper) beschränken. Trotzdem ist es nützlich, sich mit einigen Eigenschaften von Gasen vertraut zu machen, weil sich z. B. die physikalische Bedeutung des Begriffes Temperatur an einem Gase gut erläutern läßt und auch weil sich die Gesamtheit der Elektronen in Metallen, für die man sich in der Elektrotechnik interessiert, als Gas (das sog. Elektronengas) auffassen läßt.

§ 1. Gase

Ein Gas besteht, wie es GRIMSEHL anschaulich ausdrückt, aus einer Menge von Atomen oder Molekülen, die sich regellos durcheinander bewegen, häufig gegeneinander stoßen und voneinander abprallen. Die Gesamtheit der Stöße gegen eine Oberflächeneinheit des Gefäßes, worin sich das Gas befindet, verursacht den Druck des Gases.

Wird einem konstanten Gasvolumen Energie in Form von Wärme zugeführt, dann erhöht sich die gesamte kinetische Energie W der Gasteilchen um den Betrag der Wärmeenergie. Aus der Definitionsgleichung der spezifischen Wärme bei konstantem Volumen:

$$c_V = \frac{dW}{dT}, \tag{1.1}$$

wobei T die absolute Temperatur ist, ergibt sich für eine Temperaturerhöhung von T_1 auf T_2 die Änderung ΔW der Energie des Gases zu:

$$\Delta W = \int_{T_1}^{T_2} c_V \, dT = c_V (T_2 - T_1). \tag{1.2}$$

Wenn angenommen wird, daß die kinetische Energie eines Gases beim absoluten Nullpunkt der Temperatur ($T = 0°$ K) Null ist, dann ergibt sich aus (1.2), daß die kinetische Energie der Gasteilchen direkt proportional zur absoluten Temperatur ist:

$$W = c_V \, T. \tag{1.3}$$

Bei einem atomaren Gas setzt sich die innere Energie aus der kinetischen Energie der einzelnen Gasatome zusammen. Die mittlere kinetische Energie eines Gasatoms ist gleich der Größe W in (1.3) dividiert durch die Anzahl Atome im Gas, also auch proportional der Temperatur des Gases. Wenn das Gasatom punktförmig angenommen wird, also keine Rotationsbewegung des Gasatoms vorkommt, dann hat es drei translatorische Freiheitsgrade der Bewegung, d.h. unabhängige Bewegungsmöglichkeiten in x-, y- und z-Richtung. Im thermischen Gleichgewicht sind dann die mittleren kinetischen Energien für alle drei Freiheitsgrade gleich groß und proportional zur absoluten Temperatur:

$$\tfrac{1}{2} m \overline{v_x^2} = \tfrac{1}{2} m \overline{v_y^2} = \tfrac{1}{2} m \overline{v_z^2} = \tfrac{1}{2} k T. \tag{1.4}$$

Dabei sind m die Masse eines Atomes, v_x, v_y und v_z die Geschwindigkeitskomponenten in den indizierten Raumrichtungen und der Proportionalitätsfaktor k ist die sog. Boltzmann-Konstante, $k = 1{,}38 \cdot 10^{-23}$ Ws/°K. Bei z.B. 300° K hat also jedes Gasatom unabhängig von seiner Masse eine mittlere kinetische Energie:

$$W = \tfrac{1}{2} m (\overline{v_x^2} + \overline{v_y^2} + \overline{v_z^2}) = 3 \cdot \tfrac{1}{2} kT \approx 6 \cdot 10^{-21} \text{ Ws}. \tag{1.5}$$

Auch für freie Elektronen, also für Elektronen in einem sog. Elektronengas, gilt die Beziehung (1.4). Es läßt sich in diesem Falle die kinetische Energie der Elektronen anschaulicher in Vielfachen der Einheit Elektronenvolt (abgekürzt eV) ausdrücken. Ein Elektronenvolt ist die kinetische Energie eines Elektrons, das eine Potentialdifferenz von 1 Volt durchlaufen hat. Weil die Elektronenladung $e = -1{,}6 \cdot 10^{-19}$ As ist, gilt:

$$1 \text{ eV} = 1{,}6 \times 10^{-19} \text{ Ws}. \tag{1.6}$$

Die mittlere kinetische Energie von Gasatomen oder Elektronen bei Raumtemperatur ist damit etwa 0,04 eV.

Aus (1.3) und (1.4) ergibt sich für die spezifische Wärme pro Teilchen und pro Freiheitsgrad $\frac{1}{2} k$. Das gilt nicht nur für Gasteilchen, sondern auch für die an vorgeschriebene Plätze im Festkörper gebundenen Atome. Ein elektrischer Leiter und ein Isolator müßten bei gleicher Anzahl der Atome nach diesen Betrachtungen sehr unterschiedliche spezifische Wärmen besitzen. Die Atome liefern bei beiden Stoffen den gleichen Anteil zur spezifischen Wärme. Beim Leiter müßten die freien Leitungselektronen zusätzlich einen fast ebenso großen Beitrag wie die Atome liefern. Tatsächlich ist aber die spezifische Wärme von Leitern und Isolatoren mit gleich viel Atomen pro Volumeneinheit nicht wesentlich verschieden voneinander. So haben die elektrischen Leiter Eisen und Kupfer z.B. eine spezifische Wärme c_V von etwa 400 Ws/kg °C, während die Isolatoren Quarz und Keramik mit einem Wert von ungefähr 700 Ws/kg °C, sogar noch wesentlich höher liegen. Offensichtlich sind die „freien" Elektronen in einem Leiter doch nicht alle so frei wie Atome in einem atomaren Gas. Die Klärung dieses Problems folgt in § 18; sie ist wesentlich für das Verständnis der elektrischen Eigenschaften der Stoffe.

In den vorhergehenden Gleichungen wurde immer der Begriff „mittlere Geschwindigkeit" eines Gasatoms bei gegebener Temperatur benutzt. Die statistische Mechanik gibt an, mit welcher Wahrscheinlichkeit die Atome bestimmte kinetische Energien besitzen. Die Maxwell-Verteilung sagt aus, wieviele Atome Δn pro Volumeneinheit von der Gesamtatomdichte n bei der Temperatur T eine Energie im Bereich zwischen W und $W + \Delta W$ haben:

$$\Delta n \sim n W^{\frac{1}{2}} e^{-\frac{W}{kT}}. \tag{1.7}$$

Diese Funktion ist in Abb. 1.1 wiedergegeben. Die am wahrscheinlichsten auftretende Energie eines Atomes bei der Temperatur T ist $W = \frac{1}{2} kT$; die mittlere Energie ist $\frac{3}{2} kT$. Die Maxwell-Kurve gibt die wahrscheinlichste Energieverteilung für die Atome bei einer festen Temperatur T an. Im Prinzip könnten durchaus alle Atome des Gases im gleichen Augenblick die gleiche mittlere Energie $\frac{3}{2} kT$ besitzen, nur ist das sehr unwahrscheinlich. Aus der Abb. 1.1 folgt, daß bei der klassischen Verteilungsfunktion mehrere Teilchen gleichzeitig die gleiche Energie haben können. Bei vielen Problemen taucht die Frage auf, wieviele Teilchen eine kinetische Energie oberhalb irgendeines Wertes W_1 besitzen, wobei dann $W_1 \gg kT$ ist. Wenn man in (1.7) den Faktor $W^{\frac{1}{2}}$ gegenüber der Exponentialfunktion vernachlässigt, dann findet man:

$$n_1 \sim e^{-\frac{W_1}{kT}}. \tag{1.8}$$

Der Exponentialterm in (1.8) wird der Boltzmann-Faktor genannt. Eine ausführliche Beschreibung der klassischen statistischen Mechanik findet man z.B. in [1], [2] und [3].

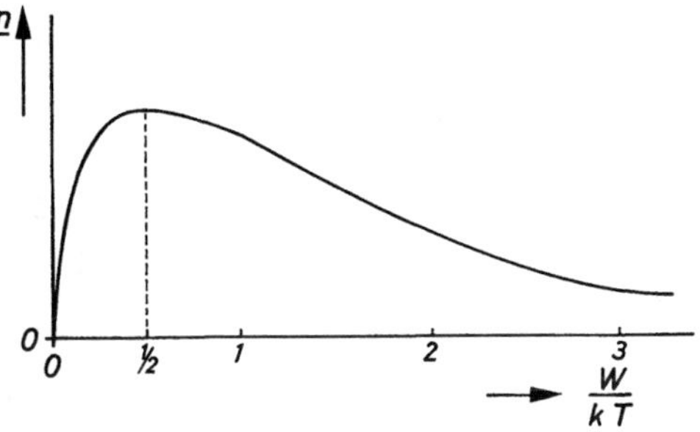

Abb. 1.1. Maxwellsche Energieverteilung für die Atome eines Gases, das die Temperatur T hat

§ 2. Die ideale Kristallstruktur

Kristalle sind regelmäßige, sich räumlich periodisch wiederholende Anordnungen von Atomen in einem festen Verband. Das heißt, in einem Kristall wiederholen sich in allen drei Dimensionen bestimmte „Einheitsmuster" der Atomanordnungen. Für eine anschauliche Darstellung verschiedener Kristallgitter-Grundtypen benutzt man im allgemeinen die Vorstellung kugelförmiger Atome. Mit Kugeln lassen sich die unterschiedlichsten „Packungen" durchführen.

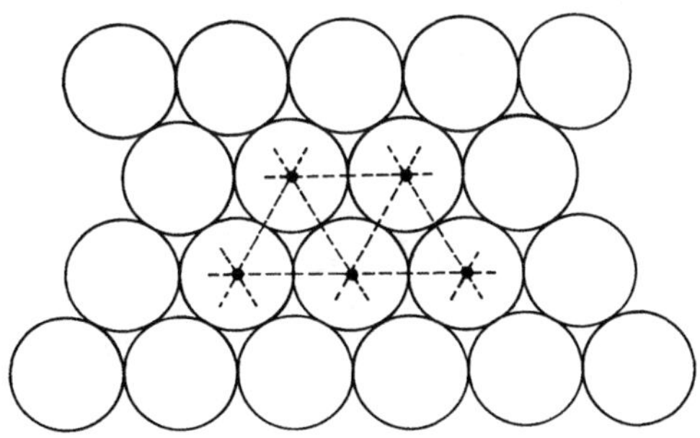

Abb. 2.1. Dichteste Kugelpackung in einer Ebene

Abb. 2.1 zeigt z.B. die dichteste Kugelpackung in einer Ebene. Die periodische Wiederholung dieser dichten ebenen Kugelpackung in der dritten Dimension kann zwei einfache dichteste räumliche Kugelpackungen ergeben, nämlich, wie in Abb. 2.2 gezeigt, die einfach hexagonale (a) und die einfach kubische (b). Die Kreise A, B und C stellen Kugeln in drei verschiedenen Höhenlagen dar und sind aus Gründen der Anschaulichkeit verkleinert abgebildet, denn die Kugeln in einer Ebene müßten sich berühren. Die Kugeln B sollen sich dabei in der Zeichenebene befinden. Bei der hexagonalen Packung, s. Abb. 2.2a, folgen über und unter der Zeichenebene Kugeln in der A-Lage. Die Folge der Lagen bei der hexagonalen Packung ist A, B, A, B usw. Bei der kubischen Packung, s. Abb. 2.2b, liegen z.B. unterhalb der Zeichenebene eine A-Lage und oberhalb eine C-Lage, womit sich die Lagenfolge A–B–C–A–B–C usw. ergibt. Die relative Dichte dieser beiden dichtesten räumlichen Kugelpackungen beträgt $D = \frac{\pi}{6} \cdot \sqrt{2} = 0{,}7405$.

Beide Kugelpackungen entstehen auch aus einer dreidimensionalen Wiederholung von sog. Elementarzellen. Abb. 2.3 a zeigt die Elementarzelle der hexagonal

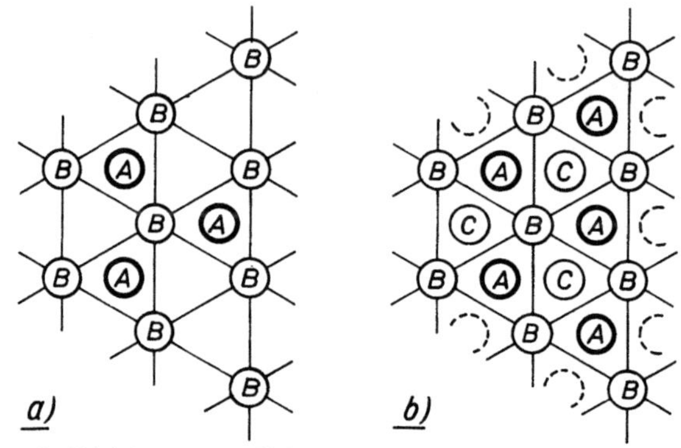

Abb. 2.2a u. b. Dichteste räumliche Kugelpackungen, a hexagonal, b kubisch

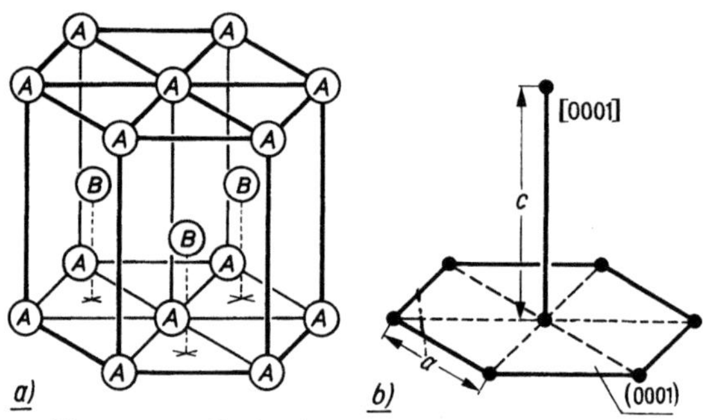

Abb. 2.3. Elementarzelle der hexagonal dichtesten Kristallstruktur

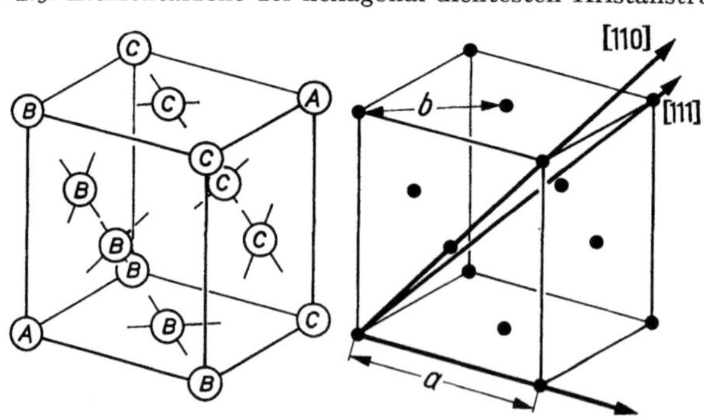

Abb. 2.4. Elementarzelle der kubisch flächenzentrierten Kristallstruktur, die z. B. die Elemente Nickel, Kupfer und Eisen (oberhalb 900° C) aufweisen

dichtesten Kristallstruktur. Hauptmerkmale dieser Elementarzelle sind die c-Achse, deren Richtung kristallographisch als [0001]-Richtung bezeichnet wird, und die dazu senkrechte Basisebene, die sog. (0001)-Ebene, s. Abb. 2.3 b. Bei Kobalt, das hexagonale Struktur hat, betragen die Abstände $a = 2{,}50$ Å und $c = 2a\sqrt{\frac{2}{3}} = 4{,}06$ Å.

Aus der kubisch dichtesten Kugelpackung läßt sich ein Würfel, wie er in Abb. 2.4 gezeigt ist, als Elementarzelle herausschneiden. Diese Zelle ist die sog.

kubisch flächenzentrierte Elementarzelle, weil jeweils zwischen je vier benachbarten Atomen einer Würfelfläche ein Atom genau in der Mitte angeordnet ist. Bei Nickel, das kubisch flächenzentrierte Struktur aufweist, betragen die sog. Gitterkonstante $a = 3{,}52$ Å und der Abstand zweier nächster Nachbaratome

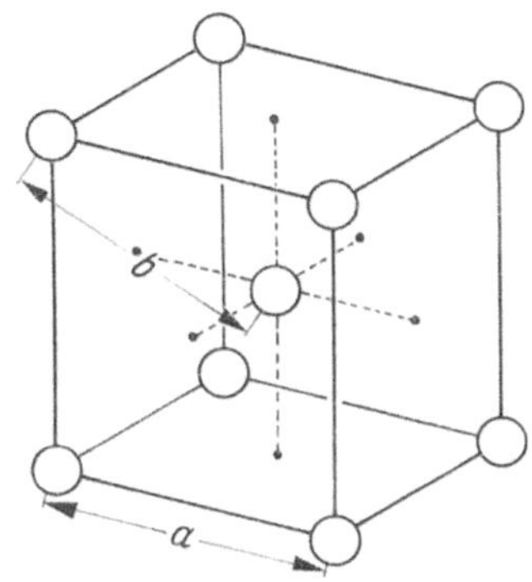

Abb. 2.5

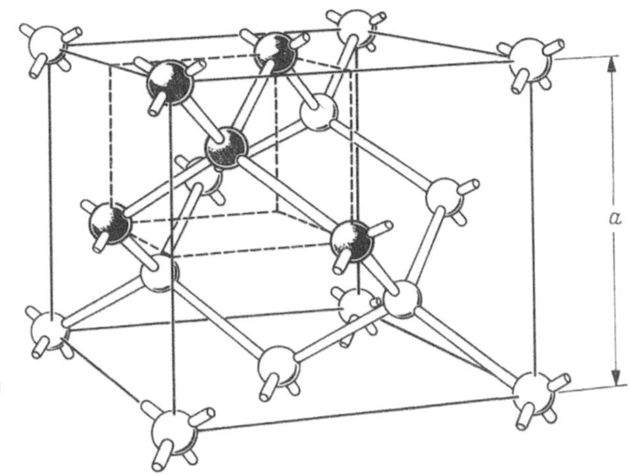

Abb. 2.6

Abb. 2.5. Elementarzelle der kubisch raumzentrierten Kristallstruktur, die z. B. Eisen bei Raumtemperatur besitzt

Abb. 2.6. Die Diamantstruktur, die z. B. die Elemente Germanium und Silizium aufweisen (aus [*20*], S. 6)

$b = a/\sqrt{2} = 2{,}49$ Å. Die kubisch flächenzentrierte Struktur und die hexagonale Struktur stellen also beide räumlich dichteste einfache Kugelpackungen dar. Jedes Gitteratom ist von 12 Nachbarn umgeben. Dabei ist zu bemerken, daß dies die größte Anzahl gleich großer Kugeln ist, die eine ebenso große Kugel gleichzeitig berühren können.

Außer den genannten einfachen Kristallgittern dichtester Kugelpackungen gibt es auch solche mit geringerer Dichte. Ein Beispiel ist das Eisengitter, das bei Raumtemperatur kubisch-raumzentriert ist (sog. α-Eisen). Hier hat jedes Atom nur 8 Nachbarn (s. Abb. 2.5). Die Abstände betragen: $a = 2{,}86$ Å (Gitterkonstante) und $b = \frac{a}{2}\sqrt{3} = 2{,}48$ Å (Abstand nächster Nachbarn). Die Dichte dieser Kugelpackung beträgt $D = \frac{\pi}{8}\sqrt{3} = 0{,}681$.

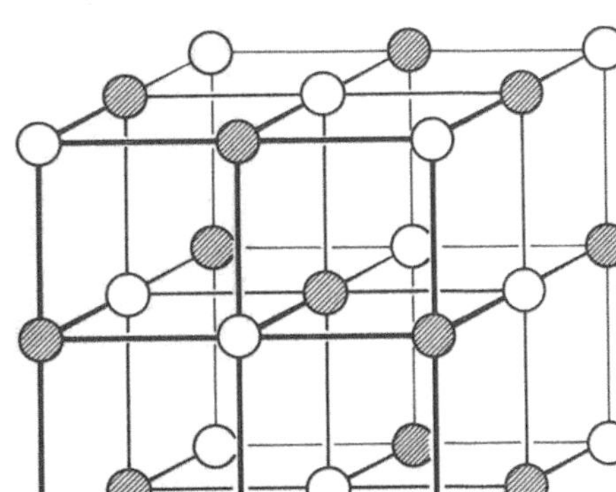

Abb. 2.7. Die Kochsalzstruktur, die z. B. NaCl, MgO und FeO aufweisen

Ein komplizierteres kubisches Gitter weist der Diamant auf (s. Abb. 2.6). Im Diamantgitter hat jedes Atom 4 nächste Nachbarn, die Packungsdichte beträgt theoretisch $D = \frac{\pi}{16}\sqrt{3}$ und die Gitterkonstante $a = 3{,}56$ Å. Diamantstruktur zeigen auch die Elemente Germanium ($a = 5{,}65$ Å) und Silizium ($a = 5{,}43$ Å).

Neben diesen Kristallstrukturen der Elemente gibt es auch Kristallstrukturen von Verbindungen. Bei den Kristallgittern von Elementen handelt es sich um Packungen gleicher Atome, während bei Verbindungen unterschiedliche Atome vorliegen. Ein Beispiel für ein einfach aufgebautes Kristallgitter einer Verbindung ist die Kochsalzstruktur (s. Abb. 2.7), wo sich im kubischen Gitter-

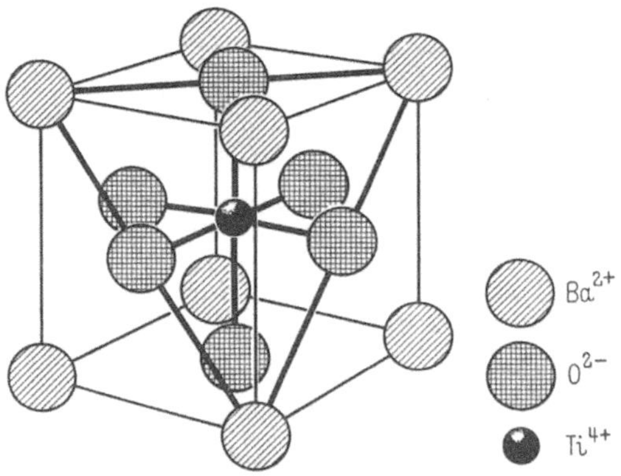

Abb. 2.8. Die Perowskitstruktur von z. B. $BaTiO_3$ (oberhalb der Curie-Temperatur)

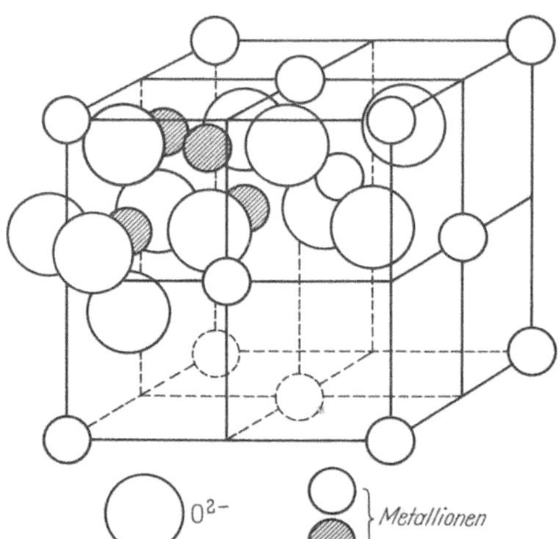

Abb. 2.9. Die Spinellstruktur von z. B. Ferriten. Die vollständige Ionenanordnung ist nur in zwei Oktanten gezeichnet

verband z.B. Natrium- und Chlorionen abwechselnd anordnen. Beispiele für kompliziertere Kristallgitter von Verbindungen sind die Perowskit-Struktur, die z.B. das ferroelektrische $BaTiO_3$ aufweist (s. Abb. 2.8), und die Spinellstruktur, die die ferrimagnetischen Ferrite besitzen (s. Abb. 2.9).

Auf die Theorie der Ursachen der Kristallbindung soll hier nicht näher eingegangen werden. Es sei nur gesagt, daß die Bindungen zwischen Atomen oder Ionen verschiedene Ursachen haben und es mehrere Arten chemischer Bindungen gibt, welche im Vorspann von Kapitel IV genannt werden. Eine ausführliche Behandlung hiervon ist z.B. in [*4*], [*5*] und [*6*] gegeben.

§ 3. Polykristalline Stoffe und Kristallfehler

In der Elektrotechnik werden die Werkstoffe entweder in einkristalliner Form (z. B. Germanium und Silizium in Dioden und Transistoren) verwendet oder aber, und das sehr viel häufiger, als vielkristalline Körper. Meist wird der Körper aus einer Schmelze gegossen (Metalle und Metallegierungen) oder aus Pulver gepreßt

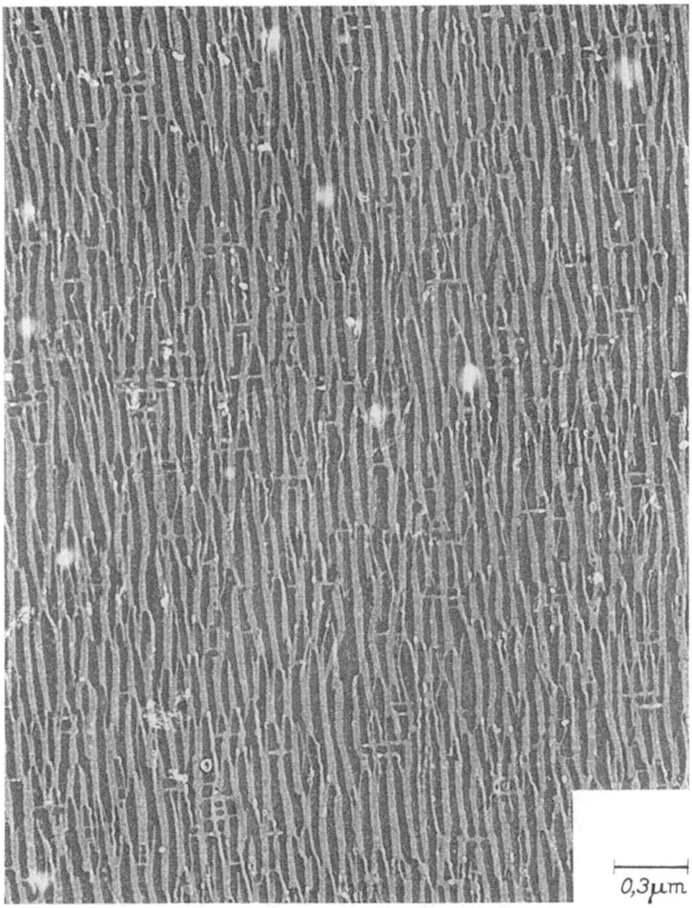

Abb. 3.1. Stengelförmige Ausscheidungen mehrerer Phasen in einem Alnico-Dauermagnetwerkstoff mit magnetischer Vorzugsrichtung [aus K. J. DE Vos, Philips Res. Rep. **18**, 411 (1963)]

und bei hohen Temperaturen gesintert (Keramiken) oder aber als Niederschlag aus Lösungen gewonnen (z. B. Phosphore). Alle diese Herstellungsmethoden verursachen naturgemäß nicht nur chemische Fehler (z. B. Verunreinigungen), sondern auch Fehler im Kristallaufbau. Die Anzahl und Größe dieser Fehler bestimmt meistens die Brauchbarkeit des Werkstoffes für die verschiedenen Anwendungszwecke. Man unterscheidet 0-, 1-, 2- und 3-dimensionale Fehler im Kristallaufbau [7].

Dabei versteht man unter:

3-dimensionalen Fehlern: Löcher, Poren und Ausscheidungen einer zweiten Phase, wie z. B. Graphit in einer Kupfer-Zink-Legierung für Kollektorbürsten oder die beabsichtigten Ausscheidungen in modernen Magnetstählen (s. Abb. 3.1).

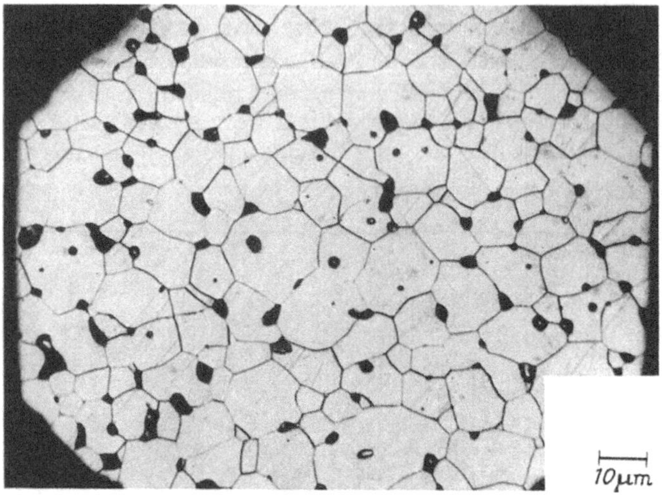

Abb. 3.2. Durch Polieren und Ätzen sichtbar gemachte Korngrenzen eines Mangan-Zink-Ferrites. Die schwarzen Flecken sind Poren (aus [25], S. 250)

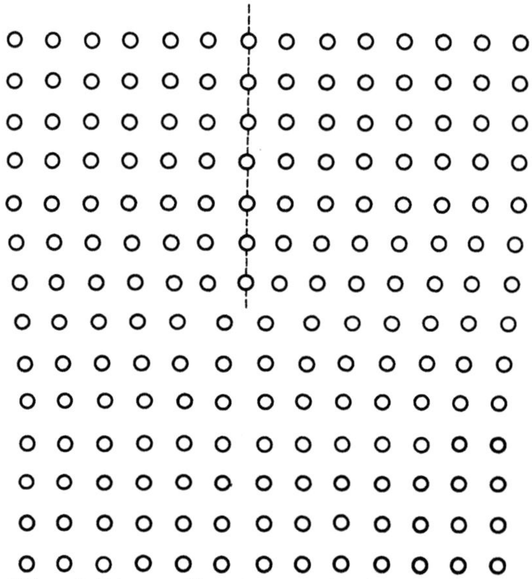

Abb. 3.3. Lineare Versetzungen in einem Einkristall

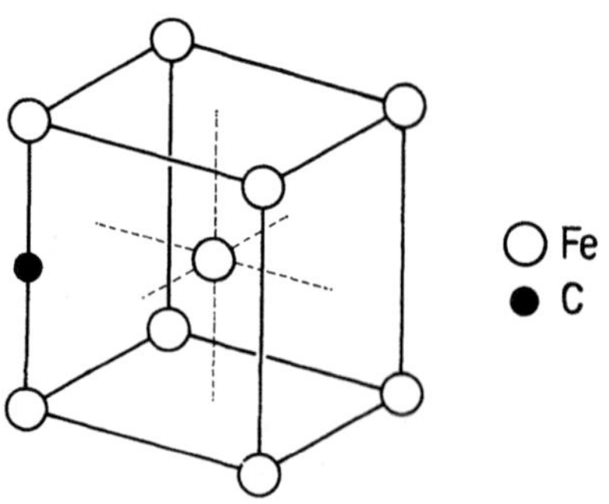

Abb. 3.4. Ein Kohlenstoffatom auf einer Zwischengitterstelle in einem Eisenkristall

2-dimensionalen Fehlern: Kristallgrenzen im polykristallinen Werkstoff (s. Abb. 3.2, wo die Korngrenzen oder besser gesagt die Kristallgrenzen durch Polieren und Ätzen sichtbar gemacht wurden).

1-dimensionalen Fehlern: Versetzungen innerhalb eines Kristalls. Versetzungen sind Fehler im regelmäßigen Kristallaufbau, wie z.B. in Abb. 3.3 schematisch dargestellt. Die hier gezeichnete Unregelmäßigkeit im Aufbau des Kristalls ist eine sog. Linienversetzung, eine Atomebene ist nur teilweise ausgebildet. Die Versetzungen bestimmen in hohem Maße die Verformbarkeit (Plastizität) des Werkstoffs.

0-dimensionalen Fehlern: Gitterfehlstellen, d.h. es fehlt das Atom an einer Gitterstelle, falsch besetzte Gitterstellen, oder Fremdatome auf Zwischengitterstellen. Für letzteres gibt Abb. 3.4 ein Beispiel.

II. Dielektrische Werkstoffe

§ 4. Polarisierbarkeit und Polarisation

Ein Atom besteht aus einem elektrisch positiv geladenen Kern, der sich aus Protonen und Neutronen zusammensetzt, und einer Anzahl von negativ geladenen Elektronen, die sich in relativ großem Abstand um den Kern herumbewegen. Das Atom ist elektrisch neutral. Unter Einwirkung eines elektrischen Feldes fallen im Atom die Schwerpunkte der positiven und negativen Ladungen nicht mehr zusammen; es entsteht hierdurch ein elektrischer Dipol. In seiner einfachsten Form besteht ein elektrischer Dipol aus zwei gleich großen elektrischen Punktladungen Q mit entgegengesetztem Vorzeichen, die im Abstand d voneinander angeordnet sind. Das Dipolmoment $\vec{p}$ hat die Größe Qd und wird repräsentiert durch einen Vektor, der von der negativen Punktladung $-Q$ in Richtung der positiven Punktladung $+Q$ weist (s. Abb. 4.1).

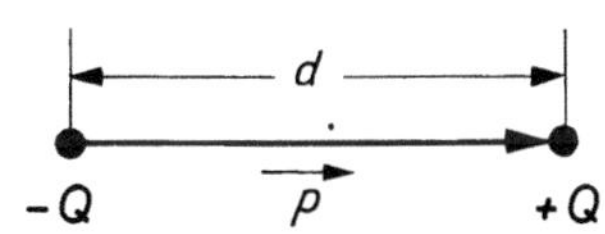

Abb. 4.1. Ein elektrischer Dipol mit dem Dipolmoment $p = Qd$

Bei atomaren Betrachtungen wird als Einheit für das elektrische Dipolmoment häufig das Debije benutzt:

$$1\ \text{Debije} = 3{,}33 \cdot 10^{-28}\ \text{As cm} \approx 1\,|e| \cdot 0{,}2\ \text{Å}. \tag{4.1}$$

Unter Einwirkung eines äußeren elektrischen Feldes verschieben sich die Schwerpunkte der positiven und negativen Ladungen eines Atoms gegeneinander. Das Atom wird also polarisiert und man spricht in diesem Fall von einer Elektronenpolarisierbarkeit (s. Abb. 4.2a), die naturgemäß bei allen Werkstoffen auftritt.

In vielen festen Stoffen ist das Kristallgitter aus Ionen aufgebaut, d.h. in ihnen gibt es an Gitterstellen lokalisierte positive und negative Ladungen. Ein Beispiel dafür ist das Kochsalz (s. Abb. 2.7), bei dem im Gitter positive Natriumionen und negative Chlorionen räumlich abwechselnd angeordnet sind. Unter Einwirkung eines elektrischen Feldes verschiebt sich das negative Untergitter etwas gegenüber dem positiven und es entsteht ein elektrisches Dipolmoment; das Kochsalzkristall wird polarisiert und besitzt somit eine Ionenpolarisierbarkeit (s. Abb. 4.2b).

Nun gibt es auch Stoffe, die aus Molekülen aufgebaut sind, und bei denen jedes Molekül bereits ohne elektrisches Feld ein permanentes Dipolmoment besitzt. Ein Beispiel hierfür ist das Wasserdampfmolekül H_2O. Bei ihm sind die zwei Wasserstoffionen H^+ und das Sauerstoffion O^{2-} unsymmetrisch angeordnet (s. Abb. 4.3). Die Schwerpunkte der negativen und positiven Ladungen des Moleküls fallen nicht zusammen und das Molekül hat ein Dipolmoment von der Größe 1,85 Debije-Einheiten. Ohne angelegtes elektrisches Feld treten die permanenten Dipole im Stoff nach außen nicht in Erscheinung, da die Brownsche Molekularbewegung (thermische Bewegung) dafür sorgt, daß sich die Dipolmomente im zeitlichen Mittel kompensieren (s. Abb. 4.2c). Durch ein elektrisches Feld werden

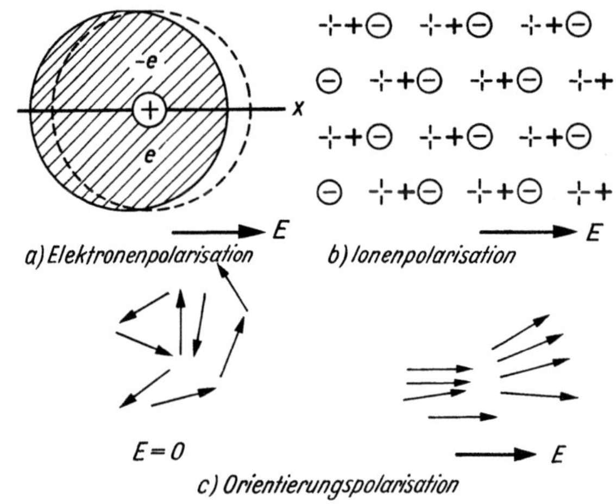

Abb. 4.2. Die drei unterschiedlichen elektrischen Polarisationsarten

die Dipole teilweise in Feldrichtung ausgerichtet. Ein Stoff mit permanenten Dipolen besitzt also eine Orientierungspolarisierbarkeit.

Das durch ein elektrisches Feld induzierte Dipolmoment $\vec{p}$ eines Atoms oder eines Moleküls ist direkt proportional zur Feldstärke $\vec{E}$. Der Proportionalitätsfaktor α wird die Polarisierbarkeit genannt:

$$\vec{p} = \alpha \vec{E}. \tag{4.2}$$

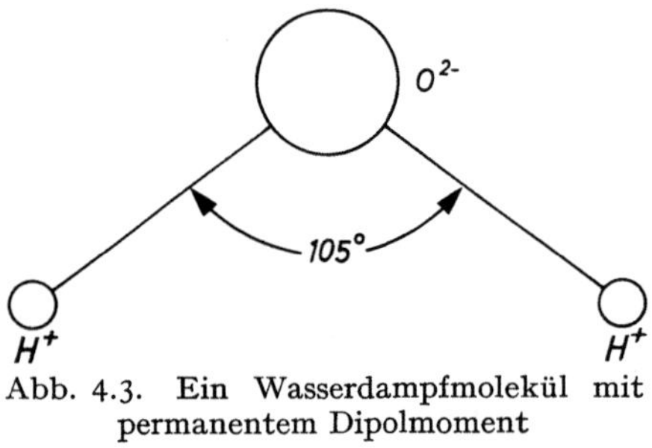

Abb. 4.3. Ein Wasserdampfmolekül mit permanentem Dipolmoment

Dabei ist allgemein $\alpha = \alpha_E + \alpha_I + \alpha_{Or}$, die Summe der drei verschiedenen Polarisierbarkeitsanteile, Elektronenpolarisierbarkeit α_E, Ionenpolarisierbarkeit α_I und Orientierungspolarisierbarkeit α_{Or}.

Die Polarisation $\vec{P}$ eines Werkstoffs ist definiert als die Summe der Dipolmomente pro Volumeneinheit:

$$\vec{P} = \frac{\Sigma \vec{p}}{\text{Volumen}} = n \vec{p}, \tag{4.3}$$

worin n die Anzahl Dipole pro Volumeneinheit ist.

Aus (4.3) und (4.2) ergibt sich die Beziehung:

$$\vec{P} = n \alpha \vec{E}, \tag{4.4}$$

die nicht nur allgemein bei Gasen gültig ist, sondern auch bei Festkörpern, wie z.B. den technisch verwendeten Dielektrika, wenn man unter $\vec{E}$ die auf jedes Atom wirkende elektrische Feldstärke versteht.

Bei z unterschiedlichen Atomen oder Molekülen im Werkstoff, die am Polarisationsprozeß teilnehmen, gilt:

$$\vec{P}=\sum_{i=1}^{i=z} n_i \alpha_i \vec{E}. \tag{4.5}$$

Hier ist $\vec{E}$ wieder das auf das Atom oder Molekül wirkende elektrische Feld und n_i die Anzahl der gleichen Atome oder Moleküle pro Volumeneinheit mit der jeweiligen entsprechenden Polarisierbarkeit α_i. Auch hier gilt wieder, daß jedes α_i die Summe aus den Anteilen der drei Arten von Polarisierbarkeiten ist.

Gl. (4.4) gibt einen linearen Zusammenhang zwischen $\vec{P}$ und $\vec{E}$. Das ist solange richtig, wie bei den relativ kleinen, technischen Feldstärken nur geringe Ladungsverschiebungen hervorgerufen werden. Bei sehr großen Feldstärken können nichtlineare Effekte auftreten.

§ 5. Dielektrische Verschiebung und Polarisation

Für die Kapazität C eines Kondensators gilt $C = Q/U$, wobei Q die Ladung auf den Platten und U die an den Platten anliegende Spannung ist. Bei Einbringen eines Dielektrikums (z. B. ein fester Stoff) in den Raum zwischen den Platten wird der Stoff durch das elektrische Feld polarisiert. Durch die Polarisation des Dielektrikums werden Gegenladungen an den Platten erzeugt, die einen Teil der ursprünglichen Plattenladung kompensieren. Wenn der Kondensator an der konstanten Spannungsquelle U liegt, dann wird ein Strom in den Kondensator fließen, der die ursprüngliche Ladung auf den Platten wiederherstellt. Der gesamte Kondensator hat nun mehr Ladung gespeichert als ohne Dielektrikum, d. h. die Kapazität C des Kondensators hat sich vergrößert (s. Abb. 5.1).

Es soll jetzt der Zusammenhang zwischen der dielektrischen Verschiebung $\vec{D}$ und der Polarisation $\vec{P}$ im Dielektrikum für den speziellen Fall eines ebenen Plattenkondensators untersucht werden. Nach der Maxwellschen Theorie gilt die Gleichung:

$$\operatorname{div} \vec{D} = \varrho, \tag{5.1}$$

wobei ϱ die Raumladungsdichte ist. Aus dieser Gleichung folgt für die Differenz der Normalkomponenten $D_{n,1}$ und $D_{n,2}$ der dielektrischen Verschiebung an beiden Seiten einer Grenzschicht zwischen zwei Werkstoffen:

$$\sigma = D_{n,1} - D_{n,2}, \tag{5.2}$$

wobei σ die Flächenladungsdichte ist. Im Falle des Plattenkondensators ohne Dielektrikum mit der Ladung Q_{Vakuum} gilt:

$$\sigma = \frac{Q_{\text{Vakuum}}}{A}, \tag{5.3}$$

wenn A die Plattenfläche des Kondensators ist. Da die dielektrische Verschiebung im Metall der Kondensatorplatten Null sind, ergibt sich:

$$D_{\text{Vakuum}} - D_{\text{Metall}} = D_{\text{Vakuum}} = \sigma. \tag{5.4}$$

Mit der Beziehung $D_{\text{Vakuum}} = \varepsilon_0 E$, worin $\varepsilon_0 = 8{,}85 \cdot 10^{-14}$ As/Vcm die Dielektrizitätskonstante des Vakuums (auch elektrische Feldkonstante genannt) und E die von außen angelegte Feldstärke sind, folgt aus (5.4):

$$\sigma = \varepsilon_0 E. \tag{5.5}$$

Nach Einschieben des Dielektrikums und bei konstanter Spannung U am Kondensator entsteht eine Polarisation P im Dielektrikum, die eine zusätzliche Oberflächenladungsdichte s verursacht (s. Abb. 5.1). Das Dielektrikum hat jetzt nach (4.3) ein Dipolmoment der Größe $P(A\,d)$, wenn d der Plattenabstand ist. Ausgedrückt in der zusätzlichen Oberflächenladungsdichte s ist das Dipolmoment des Dielektrikums gleich $(sA)\,d$. Die durch die Polarisation verursachte zusätzliche Plattenladungsdichte ist also dem Betrage nach gleich der Polarisation:

$$s = P. \tag{5.6}$$

Da die Gesamtladung Q_{gesamt} auf den Kondensatorplatten bei konstanter Spannung U gegeben ist durch:

$$Q_{\text{gesamt}} = (\sigma + s)\,A\,, \tag{5.7}$$

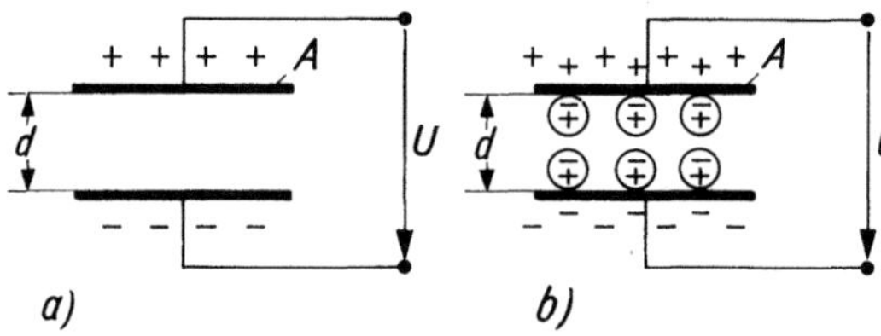

Abb. 5.1 a u. b. Plattenkondensator a ohne und b mit Dielektrikum an konstanter elektrischer Spannung U

wird die Größe der dielektrischen Verschiebung im Dielektrikum ähnlich wie in (5.4):

$$D_{\text{Dielektrikum}} = \sigma + s = \varepsilon_0 E + P \equiv \varepsilon_0 \varepsilon_r E\,, \tag{5.8}$$

wobei ε_r die Dielektrizitätszahl des Dielektrikums ist. Daraus ergibt sich der Zusammenhang zwischen Polarisation und der angelegten Feldstärke E:

$$P = \varepsilon_0 (\varepsilon_r - 1)\,E\,, \tag{5.9}$$

und

$$\frac{P}{\varepsilon_0 E} = \varepsilon_r - 1 = \chi_e\,, \tag{5.10}$$

wobei χ_e die Suszeptibilität des Dielektrikums genannt wird. Aus (5.4), (5.5) und (5.8) folgt auch noch:

$$\sigma + s = \varepsilon_r \sigma\,. \tag{5.11}$$

Bei gleicher Spannung ist also mit (5.3), (5.7) und (5.11) die Ladung Q_{gesamt} des Kondensators mit Dielektrikum:

$$Q_{\text{gesamt}} = \varepsilon_r\, Q_{\text{Vakuum}}\,, \tag{5.12}$$

und damit die Kapazität:

$$C_{\text{Dielektrikum}} = \varepsilon_r\, C_{\text{Vakuum}}\,. \tag{5.13}$$

Die für den ebenen Plattenkondensator abgeleiteten Gln. (5.8), (5.9) und (5.10) werden im folgenden als allgemeingültig angenommen.

§ 6. Berechnung der Dielektrizitätszahl bei Gasen

6.1. Berechnung der Elektronenpolarisierbarkeit eines Gases

Wie schon gesagt, beruht die Elektronenpolarisation auf der Verschiebung der Schwerpunkte der negativen und positiven Ladungen eines Atoms gegeneinander unter Einwirkung eines elektrischen Feldes. Die positive Ladung des

Atomkerns sei $+z|e|$, wobei z die Ordnungszahl des Atoms ist. Die negative Ladung der Elektronenhülle ist entsprechend $-z|e|$.

Denkt man sich die negative Ladung homogen im Atomvolumen verteilt, so beträgt die Ladungsdichte $-z|e|/\frac{4}{3}\pi R^3$, wenn R der Radius der Elektronenhülle ist. Bei kleiner Auslenkung x wirkt eine Coulombsche Kraft F nur zwischen der Ladung $+z|e|$ und der Ladung innerhalb der in Abb. 6.1 punktiert gezeichneten Kugel mit dem Volumen $\frac{4}{3}\pi x^3$. Es gilt:

$$F = \frac{|ze|\cdot|ze\, x^3/R^3|}{4\pi\,\varepsilon_0\, x^2} = \frac{z^2 e^2}{4\pi\,\varepsilon_0\, R^3}\, x\,. \tag{6.1}$$

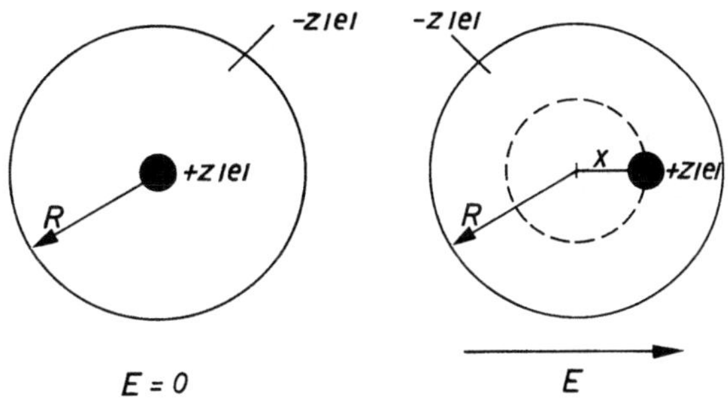

Abb. 6.1. Zur Berechnung der Elektronenpolarisierbarkeit eines Atoms

Dieser Kraft wird durch die Feldkraft auf die gesamte negative Ladung $-z|e|$ das Gleichgewicht gehalten:

$$F = -z|e|\,E\,. \tag{6.2}$$

Aus (6.1) und (6.2) folgt:

$$x = \frac{4\pi\,\varepsilon_0\, R^3 E}{z|e|}\,. \tag{6.3}$$

Das durch das angelegte Feld induzierte Dipolmoment eines Gasatoms ist somit:

$$p = z|e|\,x = 4\pi\,\varepsilon_0 R^3 E\,. \tag{6.4}$$

Aus diesem sehr vereinfachten Modell folgt, daß das induzierte Dipolmoment direkt proportional zu E ist. Der zugehörige Proportionalitätsfaktor $4\pi\,\varepsilon_0\, R^3 = \alpha_E$ ist die Elektronenpolarisierbarkeit.

Für Gase läßt sich nun annehmen, daß das auf das Einzelatom einwirkende elektrische Feld E identisch mit dem von außen an das gesamte Gas angelegte Feld ist, weil wegen der geringen Dichte die Wechselwirkung der elektrischen Dipole im Gas vernachlässigt werden kann. Aus (4.4) und (5.9) folgt für den Zusammenhang zwischen Dielektrizitätszahl und Polarisierbarkeit bei Gasen:

$$n\,\alpha_E = \varepsilon_0(\varepsilon_r - 1)\,, \tag{6.5}$$

oder für die elektrische Suszeptibilität:

$$\chi_e = \varepsilon_r - 1 = n\, 4\pi R^3\,. \tag{6.6}$$

Für Helium mit $n = 2{,}65\cdot 10^{19}$ Atome/cm³, bei 0° C und 1 atm Druck, und $R = 0{,}6$ Å ergibt sich z.B. für die dielektrische Suszeptibilität $\chi_e = \varepsilon_r - 1 \approx 0{,}7\cdot 10^{-4}$ und für die Polarisierbarkeit $\alpha_E \approx 2{,}4\cdot 10^{-37}$ F cm², bzw. $n\,\alpha_E \approx 6{,}4\cdot 10^{-18}$ F/cm.

Die Elektronenpolarisierbarkeit hängt nur vom Aufbau der Elektronenwolken der Atome ab und ist damit unabhängig von der Temperatur, solange diese nicht extrem hohe Werte annimmt. Die elektrische Suszeptibilität und damit die Dielektrizitätszahl sind bei Gasen solange temperaturunabhängig, solange die Anzahl der Atome pro Volumeneinheit konstant bleibt.

6.2. Berechnung der Orientierungspolarisierbarkeit eines Gases

Es sei ein gasförmiges Dielektrikum betrachtet, dessen Moleküle permanente elektrische Dipole sind, z. B. Wasserdampf. Unter dem Einfluß eines elektrischen Feldes werden sich die elektrischen Dipole etwas in Richtung des Feldes drehen. Die thermische Energie des Gases, die bei fehlendem äußeren Feld „ideale Unordnung" der Richtungen der Dipole verursacht, verhindert die vollständige Ausrichtung der Dipole durch ein Feld. Die Wechselwirkungen der Dipole untereinander werden als verschwindend gering betrachtet. Bei fehlendem äußeren Feld ist für die Dipole keine Vorzugsorientierungsrichtung gegeben, sie werden sich völlig ungeordnet einstellen, und es wird keine Polarisation auftreten. Die Anzahl der Moleküle $n(\Theta)\,d\Theta$ pro Volumeneinheit, deren permanente Dipole innerhalb eines Winkels Θ und $\Theta + d\Theta$ zu einer beliebig als x-Achse gewählten Richtung liegen, ist damit proportional der in Abb. 6.2 schraffierten, ringförmigen Fläche der Einheitskugel:

$$n(\Theta)\,d\Theta \sim 2\pi \sin\Theta \, d\Theta . \qquad (6.7)$$

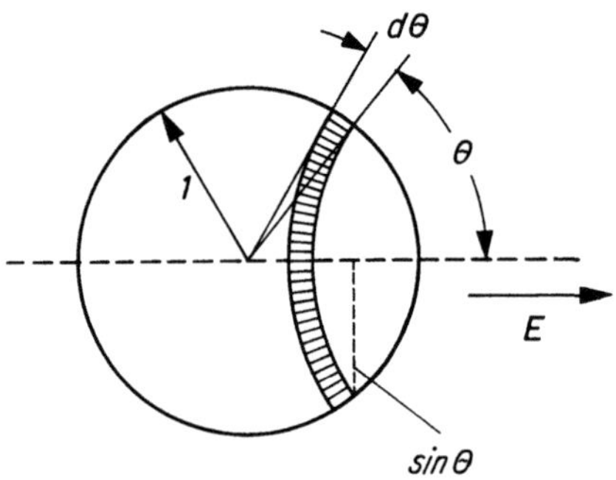

Abb. 6.2. Zur Berechnung der Größe $n(\Theta)\,d\Theta$. Die schraffierte, ringförmige Oberfläche der Einheitskugel ist $2\pi \sin\Theta\, d\Theta$

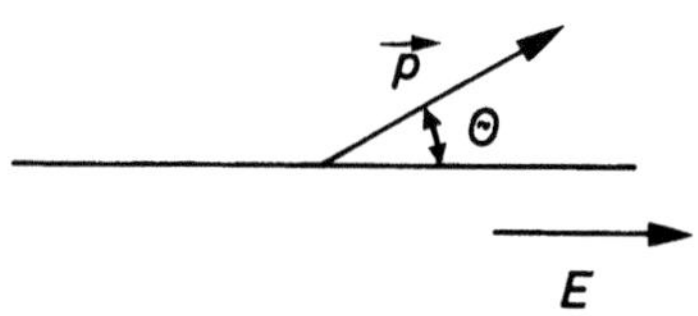

Abb. 6.3. Ein elektrisches Feld $\vec{E}$ übt auf einen elektrischen Dipol $\vec{p}$ ein Drehmoment $\vec{T} = \vec{p} \times \vec{E}$ aus

Betrachtet man ein Gas mit n gleichen permanenten Dipolen pro Volumeneinheit, so ergibt sich für die Größe der Polarisation in Feldrichtung:

$$P = n\,p\,\overline{\cos\Theta}, \qquad (6.8)$$

wobei $\overline{\cos\Theta}$ der mittlere Cosinus des Winkels zwischen den Richtungen der verschiedenen Dipole mit dem Dipolmoment p und der Feldrichtung ist. Der Wert von $\overline{\cos\Theta}$ stellt ein Maß für die Ausrichtung der Dipole im Felde dar und soll berechnet werden.

Das Drehmoment $\vec{T}$, das von einem elektrischen Feld $\vec{E}$ auf einen elektrischen Dipol $\vec{p}$ ausgeübt wird, ist:

$$\vec{T} = \vec{p} \times \vec{E}. \qquad (6.9)$$

Der Dipol befindet sich bei $\Theta = 0$ (s. Abb. 6.3), in einer stabilen und bei $\Theta = 180°$ in einer labilen Gleichgewichtslage. Die Arbeit, die aufgewendet werden muß, um einen Dipol aus der Lage $\Theta = 0$ in die Winkellage Θ zu drehen, ist gleich der potentiellen Energie des Dipols im elektrischen Feld und ergibt sich zu:

$$W(\Theta) = \int_{\Theta=0}^{\Theta} p\,E \sin\Theta\, d\Theta = p\,E\,(1 - \cos\Theta). \qquad (6.10)$$

Bei anderer Wahl des Nullpunktes der potentiellen Energie kann man auch schreiben:

$$W(\Theta) = -p\,E \cos\Theta, \qquad (6.11)$$

womit allein die hier interessierende Winkelabhängigkeit der potentiellen Energie angegeben wird.

Gemäß der Boltzmann-Statistik (1.7) ist die Anzahl der Moleküle $n(\Theta)\,d\Theta$ pro Volumeneinheit, deren permanente Dipole eine Richtung innerhalb eines Raumwinkels Θ und $\Theta+d\Theta$ zur Richtung des Feldes E (z. B. die x-Richtung in Abb. 6.2) haben proportional ist zu der um den Faktor $e^{-\frac{W(\Theta)}{kT}}$ erweiterten rechten Seite der Gl. (6.7):

$$n(\Theta)\,d\Theta \sim 2\pi \sin\Theta\, e^{\frac{pE\cos\Theta}{kT}}\, d\Theta. \tag{6.12}$$

Der Exponent $W(\Theta)/kT$ im Boltzmann-Faktor ist das Verhältnis zwischen der potentiellen Energie, die die Ausrichtung der Dipole verursacht, und der thermi-

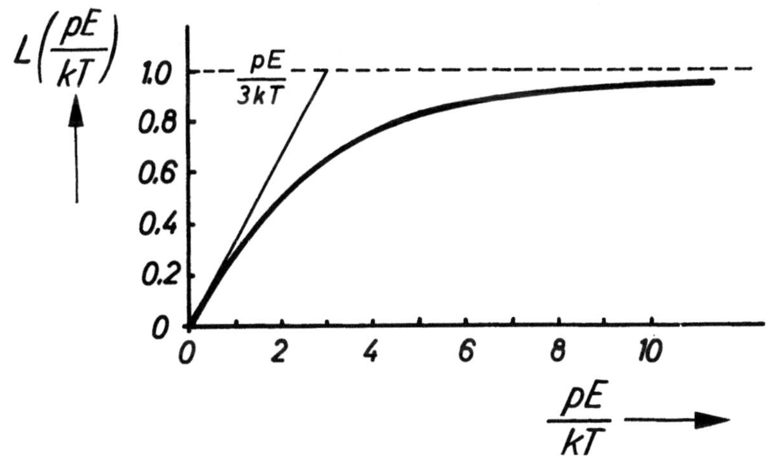

Abb. 6.4. Die Langevin-Funktion und ihre Näherung für $\frac{pE}{kT} \ll 1$

schen Energie, die diese Ausrichtung verhindert. Nun gilt gemäß (6.8) für die Polarisation P im Felde E:

$$P = n p\,\overline{\cos\Theta} = p \int_{\Theta=0}^{\Theta=\pi} n(\Theta)\cos\Theta\, d\Theta. \tag{6.13}$$

Wenn man dafür sorgt, daß der Proportionalitätsfaktor in (6.12) so gewählt wird, daß $\int_{\Theta=0}^{\Theta=\pi} n(\Theta)\, d\Theta = n$ ist, dann ergibt sich aus (6.13):

$$P = n p \left[\coth\frac{pE}{kT} - \frac{kT}{pE}\right] = n p L\left(\frac{pE}{kT}\right). \tag{6.14}$$

Die in Abb. 6.4 aufgetragene Funktion $L(pE/kT)$ wird Langevin-Funktion genannt, weil sie zuerst von LANGEVIN (1905) im Zusammenhang mit der Theorie des Paramagnetismus berechnet wurde. Durch eine Abschätzung kann man zeigen, daß praktisch immer gilt $pE \ll kT$. Für eine mittlere Größe des elementaren Dipolmomentes $p = 1$ Debije $\approx 3 \cdot 10^{-28}$ As cm und eine relativ große elektrische Feldstärke $E = 3000$ V/cm, findet man für Zimmertemperatur: $pE/kT \approx 2 \cdot 10^{-4}$. Für die meisten technischen Fälle kann die Langevin-Funktion deshalb durch $\overline{\cos\Theta} \approx \frac{pE}{3kT}$ angenähert werden, was sich aus einer Reihenentwicklung ergibt.

Damit folgt aus (6.8) für die Polarisation:

$$P = n \frac{p^2 E}{3kT}, \tag{6.15}$$

und mit (4.4) für die Polarisierbarkeit eines Gases mit permanenten Dipolen:

$$\alpha_{\text{Or}} = \frac{p^2}{3kT}. \tag{6.16}$$

Für den Fall von Wasserdampf ergibt sich mit $p = 1{,}85$ Debije und $n = 2{,}65 \times 10^{19}$ Atome/cm³ bei 1 atm. Druck und Zimmertemperatur: $n\alpha_{\text{Or}} \approx 8 \cdot 10^{-16}$ F/cm bzw. $\alpha_{\text{Or}} \approx 3 \cdot 10^{-35}$ Fcm². Diese Orientierungspolarisierbarkeit gibt gemäß (6.5) eine elektrische Suszeptibilität von $\chi_e = \varepsilon_r - 1 \approx 0{,}9 \cdot 10^{-2}$.

§ 7. Zusammenhang zwischen Polarisierbarkeit und Dielektrizitätszahl bei festen Stoffen

7.1. Das Lorentz-Feld

Die Polarisierbarkeit und die Dielektrizitätszahl von Gasen wurden in § 6 berechnet, indem man den Einfluß eines äußeren elektrischen Feldes auf ein Atom oder Molekül feststellt und das Resultat multipliziert mit der Anzahl der Teilchen pro Volumeneinheit. Nun verursacht aber auch jedes polarisierte Teilchen in seiner Nachbarschaft ein elektrisches Feld, das sog. Dipolfeld, das auf andere Teilchen einwirkt und nicht in jedem Fall einfach vernachlässigt werden kann.

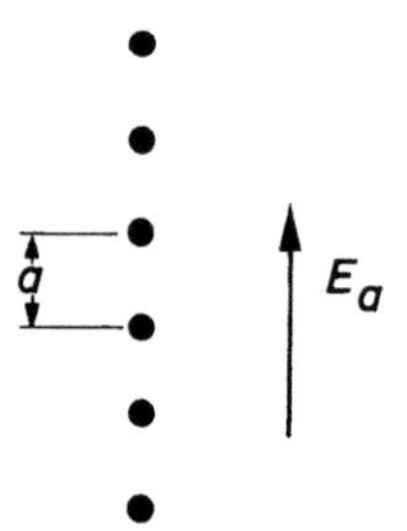

Abb. 7.1. Eindimensionale Atomreihe zur Bestimmung des Zusammenhangs zwischen innerer und äußerer Feldstärke

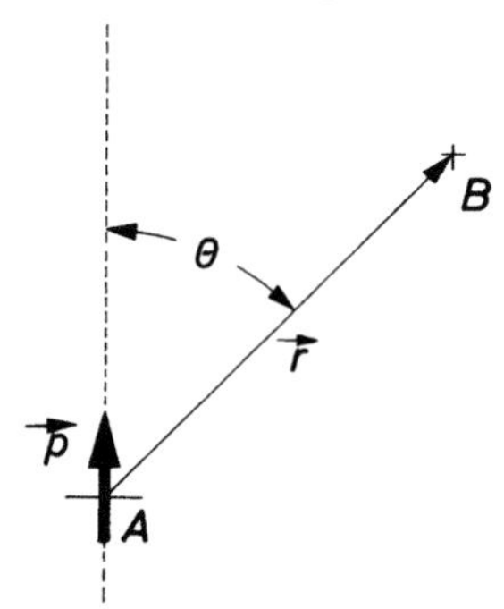

Abb. 7.2. Zur Bestimmung der Größe des elektrischen Dipolfeldes

Es ergibt sich deshalb die Aufgabe, die Polarisation einer großen Anzahl von Atomen oder Molekülen in einem von außen angelegten elektrischen Feld E_a unter Berücksichtigung gegenseitiger Wechselwirkung der Teilchen zu bestimmen. Als einfaches Modell für eine Berechnung wird die in Abb. 7.1 gezeigte eindimensionale Teilchenanordnung angenommen. Die Atome sollen sich in einer Reihe jeweils im Abstand a voneinander befinden. Ein äußeres elektrisches Feld $\vec{E}_a$ in Richtung der Atomreihe polarisiert die Atome. Jedes polarisierte Atom A mit dem Dipolmoment $\vec{p}$ (s. Abb. 7.2), verursacht in einem willkürlichen Punkt B des Raumes ein Dipolfeld, dessen Komponente parallel zu $\vec{E}_a$ und deshalb auch parallel zu $\vec{p}$ die Größe E_{Dipol} hat:

$$E_{\text{Dipol}} = \frac{p}{4\pi\varepsilon_0 r^3} (3\cos^2\Theta - 1). \tag{7.1}$$

Ein Dipol der Reihe von Abb. 7.1 verursacht im Abstand na, also am Ort des n-ten Dipols, ein elektrisches Dipolfeld der Größe:

$$E_{\text{Dipol}, n} = \frac{2p}{4\pi \varepsilon_0 (na)^3}.$$

Wenn jedes Atom der Reihe ein durch das äußere Feld E_a und durch die Wechselwirkung der Dipole hervorgerufenes Dipolmoment p besitzt, dann ist die Größe des auf jedes Atom wirkenden, sog. inneren Feldes E_i:

$$E_i = E_a + 2 \sum_{n=1}^{\infty} \frac{2p}{4\pi \varepsilon_0 a^3 n^3},$$

und damit:

$$E_i = E_a + \frac{p}{2{,}54\, \varepsilon_0 a^3}.$$

Man erkennt, daß das zusätzlich zu $\vec{E}_a$ auftretende elektrische Feld proportional zur Größe der Dipolmomente ist. In einem realen Festkörper werden je nach Kristallstruktur mehr oder weniger komplizierte räumliche Dipolanordnungen auftreten. Die Größe der zusätzlichen Feldstärke ist also von der Kristallstruktur des Werkstoffes abhängig. Für eine einfache kubische Kristallstruktur wurde sie zuerst von Lorentz berechnet:

$$E_i = E_a + \frac{P}{3\varepsilon_0}, \tag{7.2}$$

Generell wird die durch die Gesamtheit gleichgerichteter Dipole in einem unbegrenzten Werkstoff verursachte zusätzliche Feldstärke die Lorentz-Feldstärke E_L genannt und es gilt:

$$E_i = E_a + E_L. \tag{7.3}$$

Der Unterschied zwischen der äußeren und inneren Feldstärke hängt von der Größe der Polarisation P ab, welche selbst wieder von der inneren Feldstärke bestimmt wird. Die Gl. (4.4) muß also allgemeiner lauten:

$$P = n\alpha E_i. \tag{7.4}$$

Mit (7.2) ergibt sich dann:

$$E_i = E_a + \frac{n\alpha}{3\varepsilon_0} E_i, \tag{7.5}$$

oder:

$$E_i = \frac{E_a}{1 - \frac{n\alpha}{3\varepsilon_0}}. \tag{7.6}$$

Für Gase und Dämpfe wurde in § 6 gefunden: $n\alpha/\varepsilon_0 = \varepsilon_r - 1 < 10^{-2}$, so daß die innere Feldstärke praktisch gleich der äußeren Feldstärke ist. Bei Flüssigkeiten und Feststoffen, deren Dichten wesentlich größer sind als die von Gasen, können sich E_i und E_a bedeutend voneinander unterscheiden. Die Berechnung des inneren Feldes läßt sich nur für wenige Kristallstrukturen einfach durchführen. Zur Vereinfachung wird in allen weiteren Überlegungen für das zusätzliche Feld der Dipole entsprechend (7.2) das Lorentz-Feld $E_L = P/3\varepsilon_0$ angenommen.

7.2. Die Clausius-Mossotti-Gleichung

Bei Feststoffen ergibt sich der Zusammenhang zwischen Polarisation und äußerer Feldstärke aus (7.4) und (7.6):

$$P = \frac{n\alpha E_a}{1 - \frac{n\alpha}{3\varepsilon_0}}. \tag{7.7}$$

Entsprechend (5.8) gilt jetzt:

$$D_{\text{Dielektrikum}} = \varepsilon_0\, \varepsilon_r\, E_a = \varepsilon_0 E_a + P, \tag{7.8}$$

und es ergibt sich der Zusammenhang zwischen den makroskopischen Größen Polarisation P und Dielektrizitätszahl ε_r:

$$P = \varepsilon_0 (\varepsilon_r - 1) E_a. \tag{7.9}$$

Aus (7.7) und (7.9) folgt die gesuchte Beziehung zwischen Dielektrizitätszahl und Polarisierbarkeit für den Fall, daß die Rückwirkung der Dipole aufeinander

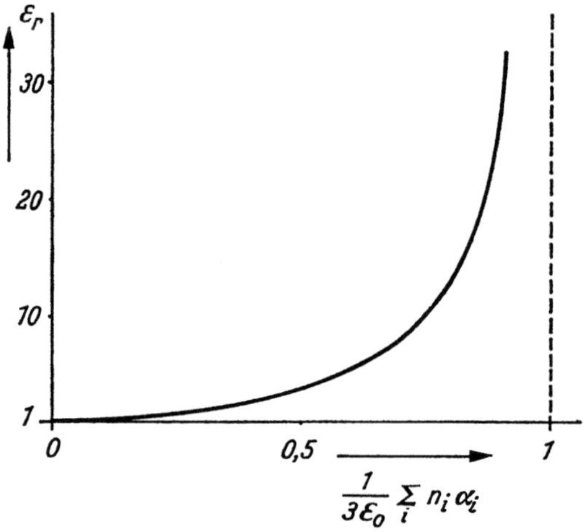

Abb. 7.3. Der nichtlineare Zusammenhang zwischen Dielektrizitätszahl und Polarisierbarkeit

durch die gegenseitige Polarisierung berücksichtigt wird:

$$\frac{n\alpha}{1 - \dfrac{n\alpha}{3\varepsilon_0}} = \varepsilon_0 (\varepsilon_r - 1), \tag{7.10}$$

oder in Form der sog. Clausius-Mossotti-Gleichung:

$$\frac{\varepsilon_r - 1}{\varepsilon_r + 2} = \frac{n\alpha}{3\varepsilon_0}. \tag{7.11}$$

Diese Gleichung vereinfacht sich zu (6.5) für den Fall, daß die gegenseitige Beeinflussung der Dipole gering ist und damit die Polarisation nur einen geringen Beitrag zur dielektrischen Verschiebung bringt ($\varepsilon_r \to 1$). Für einen Festkörper, der aus i verschiedenen Atomen mit unterschiedlichen Polarisierbarkeiten aufgebaut ist, nimmt die Clausius-Mossotti-Gleichung die Form an:

$$\frac{\varepsilon_r - 1}{\varepsilon_r + 2} = \frac{\sum_i n_i \alpha_i}{3\varepsilon_0}, \tag{7.12}$$

oder aufgelöst nach ε_r:

$$\varepsilon_r = \frac{1 + \dfrac{2}{3\varepsilon_0} \sum_i n_i \alpha_i}{1 - \dfrac{1}{3\varepsilon_0} \sum_i n_i \alpha_i}. \tag{7.13}$$

Die Abhängigkeit der Dielektrizitätszahl von der Polarisierbarkeit ist in Abb. 7.3 dargestellt. Man erkennt, daß für $\frac{1}{3\varepsilon_0}\sum_i n_i\, a_i \rightarrow 1$ sehr große ε_r-Werte auftreten. Am Beispiel von Titandioxid (TiO_2) wird die Nichtlinearität der Clausius-Mossotti-Gleichung deutlich (s. Tabelle 7.I). Es zeigt sich, daß die beiden Polarisierungsanteile $\left(\frac{1}{3\varepsilon_0}\sum_i n_i\, \alpha_i\right)_E$ und $\left(\frac{1}{3\varepsilon_0}\sum_i n_i\, \alpha_i\right)_I$ zusammen durch ihre gegenseitige Beeinflussung einen wesentlich höheren ε_r-Wert ergeben als die Addition der für beide Polarisierbarkeiten einzeln errechneten ε_r-Werte.

Tabelle 7.I. *Zusammenhang zwischen der Dielektrizitätszahl und den Polarisierbarkeiten bei Titandioxid* (TiO_2)

Aus dem Berechnungsindex n, der bei optischen Frequenzen* gemessen wurde, ergibt sich:	$\varepsilon_r = n^2 =$	8
Daraus berechnet sich nach (7.12) für die Elektronenpolarisierbarkeit:	$\left(\frac{\sum n_i \alpha_i}{3\varepsilon_0}\right)_E =$ 0,70	
Aus Niederfrequenzmessungen ermittelt:	$\varepsilon_r =$	100
Daraus berechnet sich nach (7.12) für Elektronen- und Ionenpolarisierbarkeit:	$\left(\frac{\sum n_i \alpha_i}{3\varepsilon_0}\right)_{E+I} =$ 0,97	
Für die Ionenpolarisierbarkeit ergibt sich also:	$\left(\frac{\sum n_i \alpha_i}{3\varepsilon_0}\right)_I = 0{,}97 - 0{,}7 =$ 0,27	
Eine Berechnung von ε_r als Summe der nach (7.13) für die beiden Polarisierbarkeiten 0,70 und 0,27 einzeln errechneten ε_r-Werte würde ergeben:	$\varepsilon_r = \varepsilon_{r,E} + \varepsilon_{r,I} = 8 + 2{,}1 =$	10,1

* In § 11 wird erläutert, weshalb der Brechungsindex bei optischen Frequenzen nur mit der Elektronenpolarisierbarkeit zusammenhängt.

§ 8. Temperaturkoeffizient der Dielektrizitätszahl

Der Temperaturkoeffizient der Dielektrizitätszahl wird definiert als:

$$TK_\varepsilon = \frac{1}{\varepsilon_r}\frac{d\varepsilon_r}{dT}. \tag{8.1}$$

Er ist eine wichtige Werkstoffgröße, insbesondere für Dielektrika, die in Schwingkreiskondensatoren eingesetzt werden sollen. Nach der Clausius-Mossotti-Gleichung (7.11) ist ε_r eine Funktion der Dichte n und der Polarisierbarkeit α der einzelnen Atome im Dielektrikum. Sowohl n als auch α sind temperaturabhängig, so daß sich auch die Dielektrizitätszahl mit der Temperatur ändert. Durch logarithmisches Differenzieren von (7.11) nach der Temperatur ergibt sich:

$$\frac{1}{\varepsilon_r - 1}\frac{d\varepsilon_r}{dT} - \frac{1}{\varepsilon_r + 2}\frac{d\varepsilon_r}{dT} = \frac{1}{n}\frac{dn}{dT} + \frac{1}{\alpha}\frac{d\alpha}{dT},$$

oder für den Temperaturkoeffizienten gemäß (8.1):

$$TK_\varepsilon = \frac{1}{\varepsilon_r}\frac{d\varepsilon_r}{dT} = \frac{(\varepsilon_r - 1)(\varepsilon_r + 2)}{3\varepsilon_r}\left(\frac{1}{n}\frac{dn}{dT} + \frac{1}{\alpha}\frac{d\alpha}{dT}\right). \tag{8.2}$$

Da die Teilchendichte n umgekehrt proportional dem Volumen ist, gilt:

$$\frac{1}{n}\frac{dn}{dT} = -\frac{1}{V}\frac{dV}{dT} = -\gamma, \tag{8.3}$$

wobei γ der Volumenausdehnungskoeffizient des Werkstoffs ist. Für den Temperaturkoeffizienten folgt damit:

$$TK_\varepsilon = \frac{(\varepsilon_r - 1)(\varepsilon_r + 2)}{3\varepsilon_r}\left(\frac{1}{\alpha}\frac{d\alpha}{dT} - \gamma\right). \tag{8.4}$$

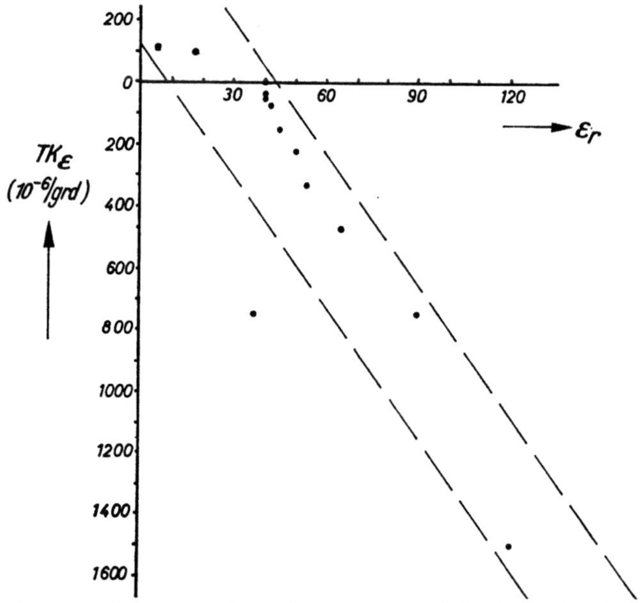

Abb. 8.1. Der Zusammenhang zwischen Temperaturkoeffizient und Dielektrizitätszahl bei keramischen Dielektrika, den sog. NDK-Werkstoffen [nach RITSCHER, B.: Valvo-Berichte **4**, 113 (1962)]

Man erkennt, daß schon allein die Wärmeausdehnung des Werkstoffes bei hohen ε_r-Werten einen beachtlichen Temperaturkoeffizienten verursachen kann. Für z. B. einen keramischen Werkstoff auf Titanoxidbasis mit einem Volumenausdehnungskoeffizienten $\gamma = +4 \cdot 10^{-5}$ pro Grad und einer Dielektrizitätszahl ε_r von ungefähr 80 ergibt sich für den Temperaturkoeffizienten: $TK_\varepsilon \approx -\frac{\varepsilon_r}{3}\gamma \approx -10^{-3}$ pro Grad, der teilweise durch einen positiven Beitrag des Terms $\frac{1}{\alpha}\frac{d\alpha}{dT}$ in (8.4) kompensiert wird. Dieser Term ist bei reiner Elektronenpolarisierbarkeit wahrscheinlich sehr klein. Wesentlich größer und positiv könnte er bei Ionenpolarisierbarkeit sein, weil durch die Volumenausdehnung die Ionen im Werkstoff mehr Raum zur Verschiebung unter Einfluß eines elektrischen Feldes bekommen.

Es gelingt bei keramischen Dielektrika, durch bestimmte chemische Zusammensetzungen vorgeschriebene Temperaturkoeffizienten für die Dielektrizitätszahl zu bekommen. In Abb. 8.1 ist für die genormten keramischen Werkstoffe der Tabelle 8.I der Zusammenhang zwischen Temperaturkoeffizient und Dielektrizitätszahl aufgetragen. Man erkennt, wie auch aus (8.4) zu erwarten war, daß mit wenigen Ausnahmen der Absolutwert des Temperaturkoeffizienten in etwa proportional mit der Größe der Dielektrizitätszahl wächst. Die Werkstoffe werden nach ihren Temperaturkoeffizienten benannt, und zwar so, daß z.B. N 750 einen Werkstoff mit einem negativen Temperaturkoeffizienten TK_ε von der Größenordnung $750 \cdot 10^{-6}$ pro Grad bezeichnet; entsprechend bedeutet P 30, daß ein positiver Temperaturkoeffizient von $30 \cdot 10^{-6}$ pro Grad vorliegt (s. auch Tabelle 8.I).

Tabelle 8.I. *Elektrische Eigenschaften der keramischen Dielektrika mit genormten Temperaturkoeffizienten.* Nach B. RITSCHER, Valvo-Berichte **8**, 113 (1962)

Typ	Temperaturkoeffizient* TK_ε der Dielektrizitätszahl in $10^{-6}/°C$	Dielektrizitätszahl ε_r bei 20° C und 1 MHz	Verlustfaktor** $\tan\delta$ bei 20° C und 1 MHz	Min. Effektivwert der Durschschlagfeldstärke (kV/cm) bei 20° C und 50 Hz
P 100	+ 120	6	0,7	150
P 100	+ 100	18	0,3	100
NP 0	± 0	40	0,4	70
N 033	− 33	40	0,4	70
N 047	− 47	40	0,4	70
N 075	− 75	42	0,4	70
N 150	− 150	45	0,4	70
N 220	− 220	50	0,5	70
N 330	− 330	54	0,5	70
N 470	− 470	65	0,5	70
N 750	− 750	90	0,4	70
N 750	− 750	38	0,5	70
N 1500	−1500	120	0,6	60

* Im Temperaturbereich zwischen + 10° C und + 85° C.
** Für die Definition s. § 11.3.

§ 9. Ferroelektrizität

Für Dielektrika mit sehr hohen Polarisierbarkeiten kann in Gl. (7.13) der Fall eintreten, daß $\frac{1}{3\varepsilon_0}\sum n_i \alpha_i$ den Wert eins erreicht. Man spricht dann von der sog. Polarisationskatastrophe. Die Folge davon ist das Auftreten von spontaner Polarisation, d.h. das Dielektrikum weist auch ohne anliegendes äußeres Feld eine hohe

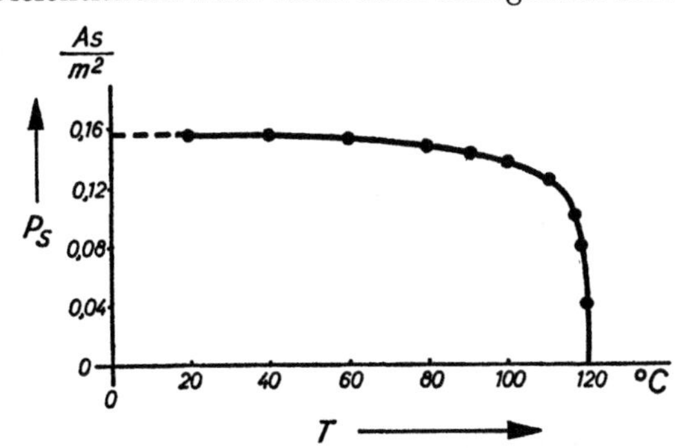

Abb. 9.1. Die spontane Polarisation von $BaTiO_3$ in Abhängigkeit von der Temperatur [nach MERZ, W. J.: Phys. Rev. **76**, 1221 (1949)]

Polarisation auf. Besonders gründlich wurde die spontane Polarisation des Werkstoffes $BaTiO_3$ untersucht. In diesem Werkstoff mit Perowskit-Struktur (s. Abb. 2.8) ist bei Raumtemperatur in der Elementarzelle das vierfach positiv geladene Titanion gegenüber dem Schwerpunkt der zweifach negativ geladenen Sauerstoffionen räumlich verschoben. Es entstehen also permanente Dipole. Die Größe der spontanen Polarisation P_s hängt von der Temperatur ab; sie verschwindet bei 120° C, der sog. Curie-Temperatur (s. Abb. 9.1). Die Richtung der spontanen Polarisation ist in verschiedenen Bereichen des Werkstoffes unterschiedlich. Dadurch ist der Werkstoff pauschal nicht polarisiert. Erst durch Anlegen eines elektrischen Feldes entsteht eine äußerlich meßbare Polarisation. Im Gegensatz zu den meisten Dielektrika, die eine lineare Abhängigkeit zwischen P und E und damit feldunabhängige Dielektrizitätszahlen aufweisen, tritt bei diesen Werkstoffen eine Abhängigkeit der Polarisation P vom anliegenden äußeren elektrischen Feld E auf, die starke Ähnlichkeit mit der Hysteresekurve eines ferromagnetischen Werkstoffs hat (s. Abb. 9.2). Da es hier wie bei ferromagnetischen Werkstoffen Remanenz, Koerzitivfeldstärke, Neukurve und Curie-Temperatur gibt, nennt man diese Werkstoffe Ferroelektrika. Die Ursache für das Auftreten der Hysteresekurve ist die sog. Weißsche Bezirksstruktur, die derjenigen ähnlich ist, die in § 25.4 für ferromagnetische Stoffe behandelt wird.

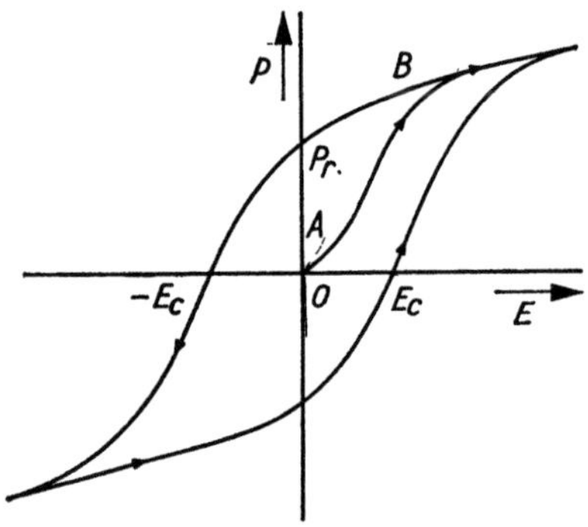

Abb. 9. 2. Schematische Darstellung der Neukurve und einer Hystereseschleife eines ferroelektrischen Werkstoffs

Bariumtitanat wird z. B. wegen seiner hohen Dielektrizitätszahl (bis über 2000) als Dielektrikum für keramische Kondensatoren mit großer Kapazität benutzt. Außer Bariumtitanat zeigen auch Kalziumtitanat und noch eine Anzahl anderer Verbindungen, wie z. B. Seignettesalz und KH_2PO_4, ferroelektrisches Verhalten. Für eine ausführliche Behandlung der ferroelektrischen Werkstoffe siehe [*8*] und [*9*].

§ 10. Piezoelektrizität

Alle dielektrischen Werkstoffe zeigen die Eigenschaft der Elektrostriktion, d. h. durch die Polarisation findet eine Längenänderung der Werkstoffprobe statt, die in Richtung der Polarisation positiv oder negativ sein kann. Im allgemeinen ist dabei der Volumenänderungseffekt vernachlässigbar klein.

Bei einigen Werkstoffen tritt nun auch der Effekt auf, daß eine mechanische Längenänderung der Probe eine Polarisation hervorruft. Diese Erscheinung wird Piezoelektrizität genannt und ist keine allgemeine Eigenschaft aller dielektrischen Werkstoffe. Die Voraussetzung für das Auftreten von Piezoelektrizität ist das Fehlen eines sog. Symmetriezentrums im Kristallgitter. Das zweidimensional gezeichnete quadratische Kristallgitter in Abb. 10.1 a zeigt ein Symmetriezentrum, d. h. um jedes Ion sind alle positiv oder negativ geladenen anderen Ionen völlig symmetrisch angeordnet. Von einem beliebigen Ion läßt sich zu jedem beliebigen anderen ein Vektor zeichnen, der bei der Drehung um 180° wieder zu einem identischen Ion weist. Das in Abb. 10.1 b gezeigte zweidimensionale Gitter hat nach dem Gesagten ganz offensichtlich kein Symmetriezentrum. Der Werkstoff mit dieser Gitterstruktur erhält durch eine Deformation in x-Richtung eine Polarisation in y-Richtung. Bei Druck oder Zug fällt der Schwerpunkt der positiven Ladungen des gezeichneten Dreiecks nicht mehr mit dem Schwerpunkt der negativen Ladung zusammen. Im Gegensatz dazu verursacht eine Deformation eines Werkstoffes mit dem Gitter der Abb. 10.1 a in einer beliebigen Richtung keine Polarisation.

Piezoelektrische Werkstoffe haben ein weites Anwendungsgebiet in der Elektrotechnik. So werden sie z.B. als Tonabnehmer für Schallplatten und als Wandler in elektro-mechanischen Filtern benutzt. Die wichtigsten Vertreter sind Quarz, Bariumtitanat und Seignettesalz. Es sei bemerkt, daß alle Ferroelektrika auch piezoelektrisches Verhalten zeigen, aber nicht alle piezoelektrischen Werkstoffe auch ferroelektrisch sind.

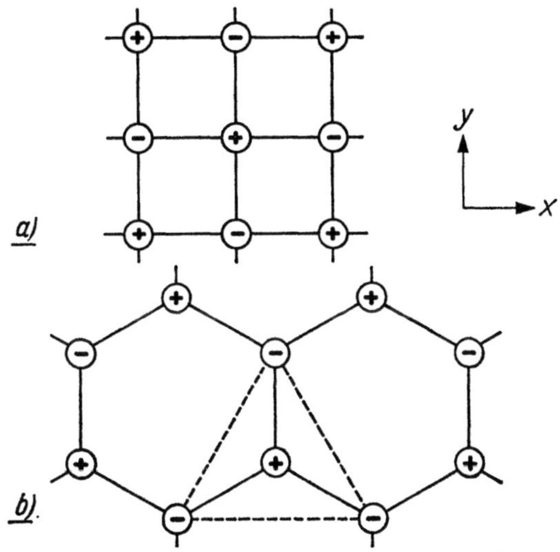

Abb. 10.1a u. b. Zweidimensionale Kristallgitter; a alle Ionen sind Symmetriezentren, der Stoff ist nicht piezoelektrisch; b die Ionen sind keine Symmetriezentren, der Stoff ist piezoelektrisch

§ 11. Dielektrische Werkstoffe in elektrischen Wechselfeldern

Die Dielektrizitätszahl eines Werkstoffes ist eine Funktion der Frequenz des elektrischen Wechselfeldes, womit sie gemessen wird. Die Abnahme der Dielektrizitätszahl mit zunehmender Frequenz wird Dispersion genannt und beruht

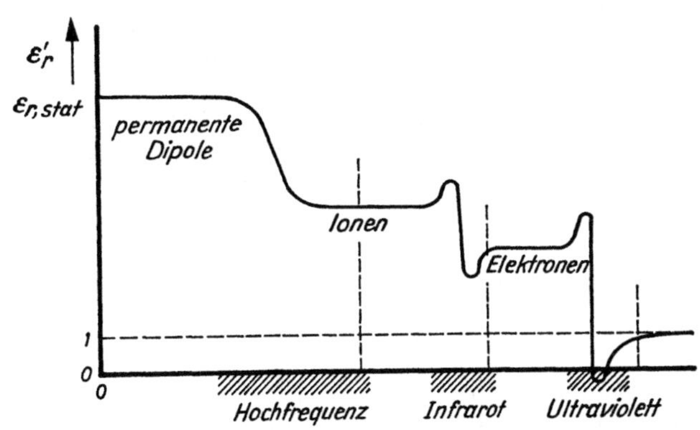

Abb. 11.1. Qualitativer Verlauf der Dielektrizitätszahl ε_r' über der Frequenz bei einem Werkstoff mit Orientierungs-, Ionen- und Elektronenpolarisierbarkeit

auf dem nacheinanderfolgenden Ausfall der verschiedenen Polarisationsmechanismen bei steigender Frequenz. In Abb. 11.1 ist der Frequenzgang der Dielektrizitätszahl eines Werkstoffes qualitativ aufgetragen. Der durch die Orientierung der permanenten Dipole im Werkstoff hervorgerufene Anteil der Polarisation verschwindet bereits bei relativ niedrigen Frequenzen. Im Bereich des infraroten Lichtes fällt der Anteil der Ionenpolarisierbarkeit und schließlich im Bereich des ultravioletten Lichtes der Anteil der Elektronenpolarisierbarkeit aus. Wenn vor dem Abfall erst noch eine Zunahme der Dielektrizitätszahl mit der Frequenz erfolgt, wird von einer anomalen Dispersion gesprochen.

11.1. Relaxation der Orientierungspolarisation

Eine häufig vorkommende Form der Dispersion ist die Relaxation. Es sei angenommen, es gäbe einen Werkstoff, der nur Orientierungspolarisierbarkeit α_{Or} besitzt. Legt man an einen Kondensator, gefüllt mit diesem Werkstoff, zur Zeit t_0

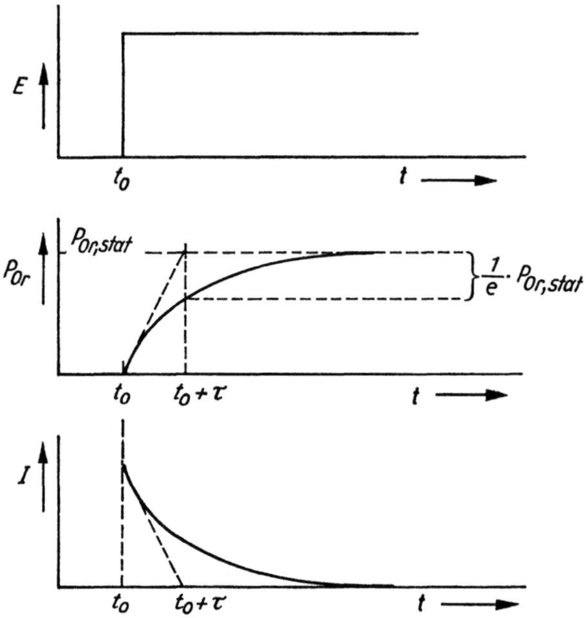

Abb. 11.2. Zur Relaxation der Orientierungspolarisation

eine elektrische Spannung an, so daß die elektrische Feldstärke im Werkstoff den zeitlichen Verlauf einer Sprungfunktion hat (s. Abb. 11.2), dann wird die Polarisation P_{Or} nicht zur Zeit t_0 bereits mit ihrem statischen Endwert $P_{Or, stat}$ auftreten.

Im allgemeinen strebt die Polarisation P_{Or} so ihrem Endwert zu, daß zu jedem Zeitpunkt die zeitliche Änderung der Polarisation proportional zur Abweichung vom statischen Endwert $P_{Or, stat}$ ist. Es gilt also:

$$\dot{P}_{Or}(t) = \frac{1}{\tau}\left[P_{Or, stat} - P_{Or}(t)\right]. \tag{11.1}$$

Dabei ist $1/\tau$ ein Proportionalitätsfaktor mit der Dimension s^{-1}. Der Faktor τ wird Relaxationszeit des Orientierungsprozesses der Dipole genannt und wird in seiner Bedeutung klarer, wenn man die Lösung der Differentialgleichung (11.1) betrachtet:

$$P_{Or}(t) = \left(1 - e^{-\frac{t}{\tau}}\right) P_{Or, stat}. \tag{11.2}$$

Die Relaxationszeit ist also die Zeit, welche nach Einschalten des Feldes vergeht, bis die Polarisation einen Wert erreicht, der um $1/e$ vom statischen Endwert abweicht. In Abb. 11.2 sind die Feldstärke E und die Orientierungspolarisation P_{Or} als Funktion der Zeit aufgetragen. Daneben ist auch noch der Ladestrom $I(t)$ des Kondensators angegeben. Die durch das Dielektrikum verursachte zusätzliche Ladungsdichte auf den Kondensatorplatten ist nach (5.6): $s = P_{Or} = Q_{Diel}/A$. Es gilt also auch $\dot{P}_{Or} = \frac{1}{A}\dot{Q}_{Diel} = I_{Diel}(t)/A$, oder $I_{Diel}(t) = A\dot{P}_{Or}$. Durch Messung des Ladestroms des Kondensators kann also die Änderung von P_{Or} mit der Zeit bestimmt werden. Die in einem realen Werkstoff im elektrischen Feld immer auftretende Elektronenpolarisation P_E und die häufig vorhandene Ionenpolarisation P_I tragen auch zur Gesamtpolarisation bei. Da jedoch die Zeitkonstanten dieser Polarisierungsprozesse mindestens um den Faktor 10^6 kleiner sind als die Zeitkonstante τ der Ausrichtung der permanenten Dipole, müßte Abb. 11.2 nur so ergänzt werden, daß vom Zeitpunkt t_0 an zur Orientierungspolarisation ein konstanter Betrag $P_E + P_I$ addiert wird. Der Kondensatorstrom zeigt jedoch weiterhin den in Abb. 11.2 gezeigten zeitlichen Verlauf, weil die Entstehung von P_E und P_I nur einen zusätzlichen Stromstoß zur Zeit t_0 verursacht.

Wenn an ein Dielektrikum mit Elektronen-, Ionen- und Orientierungspolarisierbarkeit statt eines elektrischen Feldstärkesprunges ein harmonisches Wechselfeld $E = \mathrm{Re}[E_0 e^{j\omega t}]$ angelegt wird, dann werden bei nicht allzu hohen Frequenzen ω die Elektronen- und Ionenpolarisation dem Wechselfeld ohne Verzögerung folgen. Für die Orientierungspolarisation bleibt zu jeder Zeit die lineare Gl. (11.1) gültig, so daß auch die Polarisation eine harmonische Zeitfunktion ist. Die Phasendifferenz zwischen P_{Or} und E wird nun dadurch berücksichtigt, daß die Dielektrizitätszahl in (5.9) durch eine komplexe Größe $\bar{\varepsilon}_r(\omega) = \varepsilon_r' - j\varepsilon_r''$ ersetzt wird, die von der Frequenz abhängig ist:

$$P_{Or}(t) = \varepsilon_0 \mathrm{Re}[(\bar{\varepsilon}_r(\omega) - 1) E_0 e^{j\omega t}]. \tag{11.3}$$

Zu jedem Feldstärkewert $E = \mathrm{Re}[E_0 e^{j\omega t}]$ gehört ein bestimmter statischer Endwert $P_{Or,\,stat}$ der Polarisation, der sich nach ausreichend langer Zeit einstellen würde, wenn die Feldstärke den betrachteten Wert beibehielte. Damit ist also im elektrischen Wechselfeld auch der „statische" Endwert $P_{Or,\,stat}$ eine Funktion der Zeit und es gilt:

$$P_{Or,\,stat}(t) = \varepsilon_0 (\varepsilon_{r,\,stat} - 1)\,\mathrm{Re}[E_0 e^{j\omega t}]. \tag{11.4}$$

Dabei ist $\varepsilon_{r,\,stat}$ die auch in Abb. 11.1 angegebene Dielektrizitätszahl bei sehr niedrigen Frequenzen $\left(f \ll \frac{1}{\tau}\right)$, also die statische Dielektrizitätszahl. Aus (11.3) läßt sich berechnen:

$$\dot{P}_{Or}(t) = \mathrm{Re}[j\omega P_{Or}(t)] = \varepsilon_0 \mathrm{Re}[j\omega(\bar{\varepsilon}_r(\omega) - 1) E_0 e^{j\omega t}].$$

Damit und mit (11.3) und (11.4) ergibt sich als Lösung der Differentialgleichung (11.1):

$$\bar{\varepsilon}_r(\omega) - 1 = \frac{\varepsilon_{r,\,stat} - 1}{1 + j\omega\tau}. \tag{11.5}$$

Der Real- und Imaginärteil der komplexen Dielektrizitätszahl sind dann gegeben durch die sog. Debije-Gleichungen:

$$\left.\begin{aligned} \varepsilon_r'(\omega) - 1 &= \frac{\varepsilon_{r,\,stat} - 1}{1 + \omega^2\tau^2}, \\ \varepsilon_r''(\omega) &= \frac{(\varepsilon_{r,\,stat} - 1)\,\omega\tau}{1 + \omega^2\tau^2}. \end{aligned}\right\} \tag{11.6}$$

Der Realteil der Dielektrizitätszahl gibt den Teil der Polarisation an, der in Phase mit dem elektrischen Feld $E\cos\omega t$ ist. In Abb. 11.3 sind die Verläufe von ε_r' und ε_r'' über der Frequenz aufgetragen. Der Realteil ε_r' der komplexen Dielektrizitätszahl fällt vom statischen Wert $\varepsilon_{r,\text{stat}}$ mit steigender Frequenz auf 1 ab. Der steilste Abfall liegt bei der Relaxationsfrequenz $\omega = 1/\tau$. Physikalisch bedeutet das, daß die permanenten Dipole für $\omega \gg \tau^{-1}$ dem Wechselfeld nicht mehr folgen können. Der Imaginärteil ε_r'' der komplexen Dielektrizitätszahl durchläuft

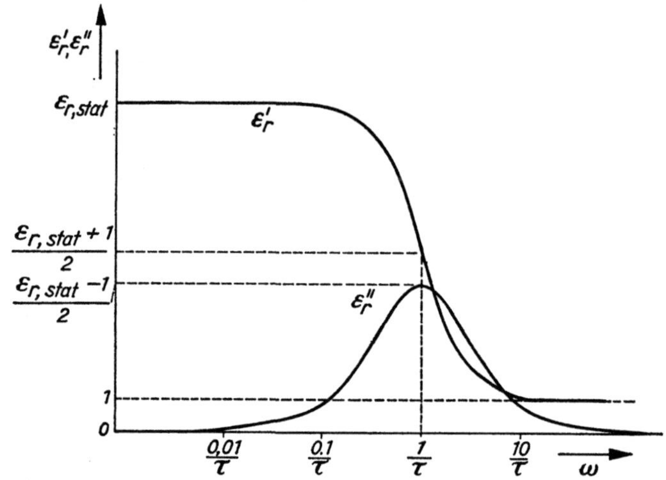

Abb. 11.3. Frequenzgang des Real- und Imaginärteils der Dielektrizitätszahl bei einer Relaxation mit der Zeitkonstanten τ

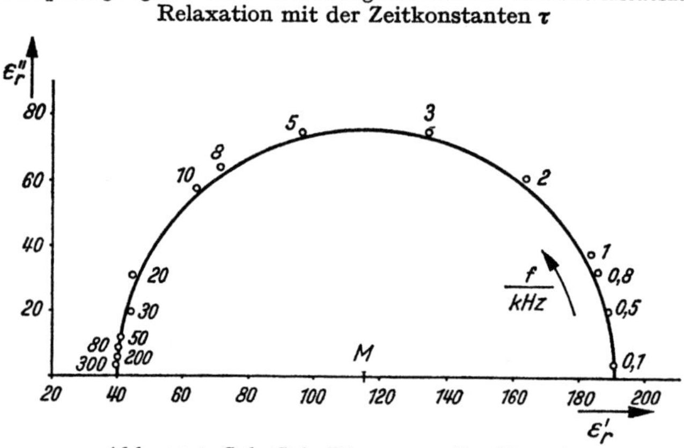

Abb. 11.4. Cole-Cole-Diagramm für Glyzerin

bei $\omega = \tau^{-1}$ ein Maximum. Er ist, wie in § 11.3 noch gezeigt wird, ein Maß für die absorbierte Energie und damit ein Maß für die dielektrischen Verluste im Werkstoff.

Eine häufig benutzte andere Darstellungsweise der komplexen Dielektrizitätszahl ist das sog. Cole-Cole-Diagramm (Abb. 11.4). Hier ist der Imaginärteil ε_r'' über dem Realteil ε_r' aufgetragen und die Frequenz als Parameter verwendet. Es entsteht dann, für den hier betrachteten Fall der Flüssigkeit Glyzerin mit einer einzigen Relaxationszeit, ein Halbkreiskurvenverlauf. Der Mittelpunkt M des Halbkreises liegt auf der reellen Achse des Diagramms. In der Praxis liegen jedoch fast immer Stoffe mit einer z.B. durch Inhomogenitäten verursachten mehr oder weniger breiten Streuung der Relaxationszeiten um eine mittlere Relaxationszeit vor. Das äußert sich in der Darstellung im Cole-Cole-Diagramm so, daß der Mittelpunkt des Kreises unter der ε_r'-Achse liegt.

11.2. Resonanz der Elektronen- und Ionenpolarisation

Das in § 6 benutzte Atommodell soll als Grundlage für die Berechnung der Frequenzabhängigkeit der Elektronenpolarisation P_E verwendet werden. Zur Aufstellung der Bewegungsgleichung der Elektronenwolke eines Atoms in einem elektrischen Wechselfeld ist es nützlich, sich klar zu machen, welche Kräfte auf die Elektronen wirken. Die Auslenkung aus der Gleichgewichtslage wird verursacht durch die Wechselfeldstärke E, die auf das Elektron die Kraft $|eE|$ ausübt. Auf jedes Elektron wirkt eine Rückstellkraft $|a\,x|$, wobei a eine Steifheitskonstante und x die Auslenkung aus der Gleichgewichtslage sind. Außerdem wirkt eine Trägheitskraft, die gleich dem Produkt aus der Masse $m = 9{,}1 \cdot 10^{-28}$ g des Elektrons und der Beschleunigung im betrachteten Auslenkungszustand ist: $|m\ddot{x}|$. Da ein bewegtes Teilchen in einem viskosen Medium durch Reibungskräfte gebremst wird, die in erster Näherung proportional zur Geschwindigkeit des Teilchens sind, sei für den betrachteten elektrischen Fall ebenfalls angenommen, daß Dämpfung und zwar auch proportional der Geschwindigkeit des bewegten Elektrons, vorhanden ist. Mit dem Reibungsfaktor b ist dann die Reibungskraft $|b\,\dot{x}|$. Es läßt sich dann folgende Bewegungsgleichung aufstellen:

$$m\ddot{x} + b\dot{x} + a\,x = |e|\,E(t). \tag{11.7}$$

Es sei nun angenommen, daß jedes Atom aus z Elektronen besteht und das Dielektrikum n Atome pro Volumeneinheit besitzt. Damit läßt sich gemäß (4.3) für die Polarisation P des Dielektrikums schreiben: $P = n\,p = n\,z\,|e|\,x$, so daß sich aus der Bewegungsgleichung (11.7) die Differentialgleichung für die Polarisation P ergibt:

$$\ddot{P}(t) + \frac{b}{m}\,\dot{P}(t) + \frac{a'}{m}\,P(t) = \frac{z\,e^2\,n}{m}\,E(t). \tag{11.8}$$

Weil in (11.8) $E(t)$ die von außen auf den Werkstoff einwirkende Feldstärke sein soll, während es in (11.7) die am Orte jedes Elektrons wirkende innere Feldstärke ist, mußte noch die Lorentz-Korrektur gemäß (7.2) berücksichtigt werden. Das ist dadurch geschehen, daß auf der linken Seite der Differentialgleichung (11.8) ein Zusatzterm proportional zur Polarisation aufgenommen und dazu statt a die neue Konstante a' eingeführt wurde.

Das anliegende elektrische Feld sei sinusförmig. Benutzt man dann für die lineare Differentialgleichung (11.8) wieder den Lösungsansatz der Form (11.3):

$$P(t) = \varepsilon_0 \operatorname{Re}\left[(\bar{\varepsilon}_r(\omega) - 1)\,E_0\,e^{j\omega t}\right],$$

so findet man:

$$\bar{\varepsilon}_r - 1 = \frac{z\,e^2\,n}{\varepsilon_0}\left[\frac{a' - \omega^2 m}{\omega^2 b^2 + (a' - \omega^2 m)^2} - j\,\frac{\omega b}{\omega^2 b^2 + (a' - \omega^2 m)^2}\right], \tag{11.9}$$

oder mit $\omega_{\text{res}} = \sqrt{\dfrac{a'}{m}}$:

$$\varepsilon_r' - 1 = \frac{z\,e^2\,n}{\varepsilon_0\,m}\;\frac{\omega_{\text{res}}^2 - \omega^2}{(\omega_{\text{res}}^2 - \omega^2)^2 + \dfrac{\omega^2 b^2}{m^2}}, \tag{11.10}$$

$$\varepsilon_r'' = \frac{z\,e^2\,n}{\varepsilon_0\,m}\;\frac{\dfrac{b}{m}\,\omega}{(\omega_{\text{res}}^2 - \omega^2)^2 + \dfrac{\omega^2 b^2}{m^2}}. \tag{11.11}$$

Die Verläufe von $\varepsilon_r' - 1$ und ε_r'' über der Frequenz, die durch (11.10) und (11.11) beschrieben werden, sind in Abb. 11.5, Kurven b, dargestellt.

Bei Vernachlässigung der Reibungskraft $b\dot{x}$ in der Bewegungsgleichung (11.7) wird die Dielektrizitätszahl rein reell (s. Kurve *a* in Abb. 11.5):

$$\varepsilon_r' - 1 = \frac{z e^2 n}{\varepsilon_0 m} \frac{1}{\omega_{res}^2 - \omega^2}.$$

Ihr Verlauf über der Frequenz zeigt bei $\omega = \omega_{res}$ eine Resonanz. Wenn man die Trägheitskraft $m\ddot{x}$ gegenüber der Reibungskraft $b\dot{x}$ und der Rückstellkraft $a x$ vernachlässigen kann, dann entspricht (11.8) der Relaxationsgleichung (11.1) und es ergibt sich:

$$\varepsilon_r' - 1 = \frac{z e^2 n}{\varepsilon_0} \frac{a'}{(a')^2 + b^2 \omega^2} = \frac{\varepsilon_{r,\,stat} - 1}{1 + \omega^2 \tau^2},$$

$$\varepsilon_r'' = \frac{z e^2 n}{\varepsilon_0} \frac{b\omega}{(a')^2 + b^2 \omega^2} = \frac{(\varepsilon_{r,\,stat} - 1)\,\omega\,\tau}{1 + \omega^2 \tau^2},$$

mit $\tau = b/a'$ und $\varepsilon_{r,\,stat} - 1 = z e^2 n/\varepsilon_0 a'$. Der Frequenzgang dieser einfachen Relaxation ist bereits in Abb. 11.3 dargestellt.

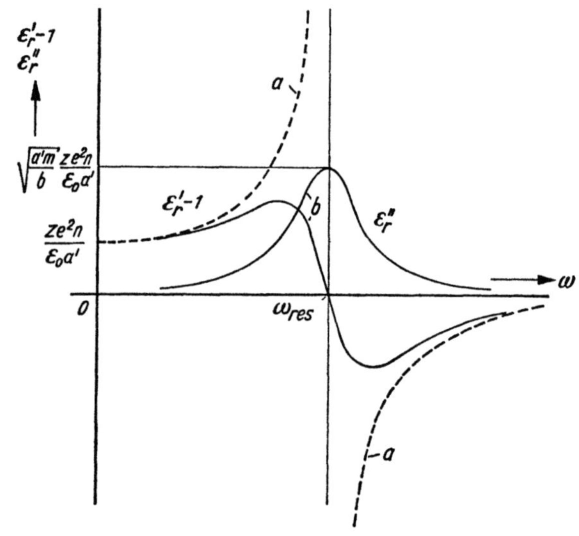

Abb. 11.5a u. b. Frequenzgang des Real- und Imaginärteils einer Dielektrizitätszahl bei a ungedämpfter und b gedämpfter Resonanz

11.3. Dielektrische Verluste

Eine übersichtliche Berechnung der dielektrischen Verluste ergibt sich, wenn man die Verlustleistung ermittelt, die von einem Dielektrikum in einem Plattenkondensator mit der Plattenfläche A und dem Plattenabstand d im elektrischen Wechselfeld absorbiert wird. Die dem Kondensator zugeführte Leistung P ist:

$$P(t) = U(t)\,I(t). \tag{11.12}$$

Aus der elektrischen Spannung:

$$U(t) = E(t)\,d \tag{11.13}$$

und dem Ladestrom:

$$I(t) = \dot{Q}(t) = \dot{D}(t)\,A \tag{11.14}$$

ergibt sich:

$$P(t) = E(t)\,\dot{D}(t)\,A\,d. \tag{11.15}$$

Bei harmonischer elektrischer Feldstärke ist die dielektrische Verschiebung:

$$D(t) = \varepsilon_0 \operatorname{Re}[\bar{\varepsilon}_r E_0 e^{j\omega t}], \tag{11.16}$$

und somit die zugeführte Leistung:

$$P(t) = \varepsilon_0 \operatorname{Re}[E_0 e^{j\omega t}] \cdot \operatorname{Re}[j\omega\, \bar{\varepsilon}_r E_0 e^{j\omega t}]\, A\, d.$$

Die mittlere vom Dielektrikum pro Volumeneinheit absorbierte Leistung $\bar{p}$ ist somit:

$$\bar{p} = \frac{1}{A d} \frac{1}{T} \int_0^T P(t)\, dt, \tag{11.17}$$

oder:

$$\bar{p} = \frac{\varepsilon_0}{2\pi} \int_0^{2\pi} E_0^2 (\omega\, \varepsilon_r'' \cos^2 \omega t - \omega\, \varepsilon_r' \sin \omega t \cos \omega t)\, d(\omega t). \tag{11.18}$$

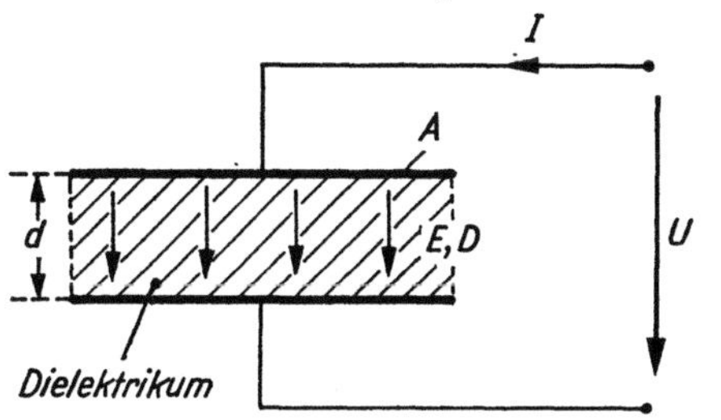

Abb. 11.6. Plattenkondensator, gefüllt mit verlustbehaftetem Dielektrikum

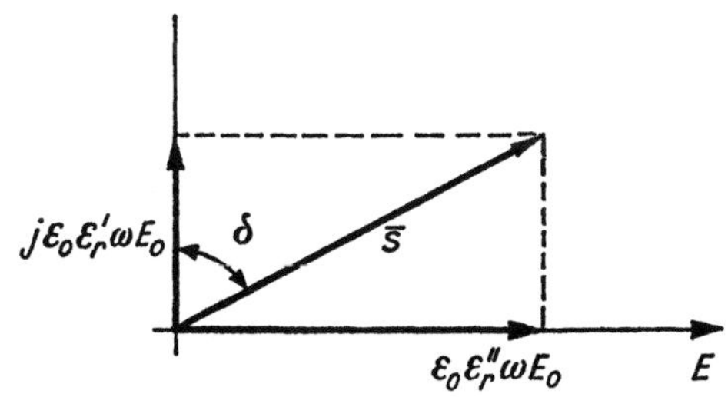

Abb. 11.7. Stromdichtezeiger in der komplexen Zahlenebene im Falle eines verlustbehafteten Dielektrikums

Die Berechnung dieses Integrals ergibt:

$$\bar{p} = \frac{\omega}{2}\, \varepsilon_0\, \varepsilon_r''\, E_0^2. \tag{11.19}$$

Die Energieabsorption des Dielektrikums ist also proportional dem Imaginärteil der komplexen Dielektrizitätszahl. Aus (11.14) und (11.16) folgt für die Stromdichte $S(t)$:

$$S(t) = \frac{I(t)}{A} = \varepsilon_0\, E_0\, \omega\, [\varepsilon_r'' \cos \omega t - \varepsilon_r' \sin \omega t], \tag{11.20}$$

oder in der komplexen Schreibweise:

$$\bar{S} = \varepsilon_0 (\varepsilon_r' - j\, \varepsilon_r'')\, j\, \omega\, E_0 = \varepsilon_0\, \varepsilon_r''\, \omega\, E_0 + j\, \varepsilon_0\, \varepsilon_r'\, \omega\, E_0. \tag{11.21}$$

Den Stromdichtezeiger in der komplexen Zahlenebene zeigt Abb. 11.7. Wenn keine dielektrischen Verluste auftreten, d.h. für $\varepsilon_r'' = 0$, ist die Stromdichte gegenüber der von außen anliegenden Feldstärke (und damit der Spannung) um 90° phasenverschoben. Der sog. Verlustwinkel δ wird mit wachsendem Wert von $\varepsilon_r''/\varepsilon_r'$ größer, d.h. der Phasenwinkel zwischen Feldstärke und Stromdichte wird kleiner. Für den sog. Verlustfaktor $\tan \delta$ ergibt sich aus Abb. 11.7:

$$\tan \delta = \varepsilon_r''/\varepsilon_r'. \tag{11.22}$$

Das einfachste Ersatzschaltbild eines Plattenkondensators mit verlustbehaftetem Dielektrikum besteht z.B. aus einer idealen Kapazität mit Ohmschem Parallelwiderstand. Dabei ist der Ohmsche Parallelwiderstand umgekehrt proportional zu $\omega\, \varepsilon_r''$ und die Kapazität direkt proportional zu ε_r'. (Der endliche Widerstand des verlustbehafteten Dielektrikums bei der Frequenz $\omega = 0$ ist in diesem Ersatzschaltbild nicht berücksichtigt.) Physikalisch betrachtet ist $\tan\delta$ hier ein Maß für das zeitliche „Nachhinken" der Polarisation hinter dem elektrischen Wechselfeld.

Typische Meßkurven für ein verlustbehaftetes Dielektrikum zeigt Abb. 11.8. Die hochwertigen Dielektrika auf Kunststoffbasis erreichen Verlustfaktoren $\tan\delta \leqq 5 \cdot 10^{-4}$. Bei den keramischen Dielektrika unterscheidet man solche für Typ I-Kondensatoren für frequenzbestimmende Kreise, bei denen der Verlustfaktor von der Größenordnung 10^{-3} ist, und solche für Typ II-Kondensatoren für Kopplungs- und Entkopplungszwecke, wobei größere Verlustfaktoren zugelassen sind.

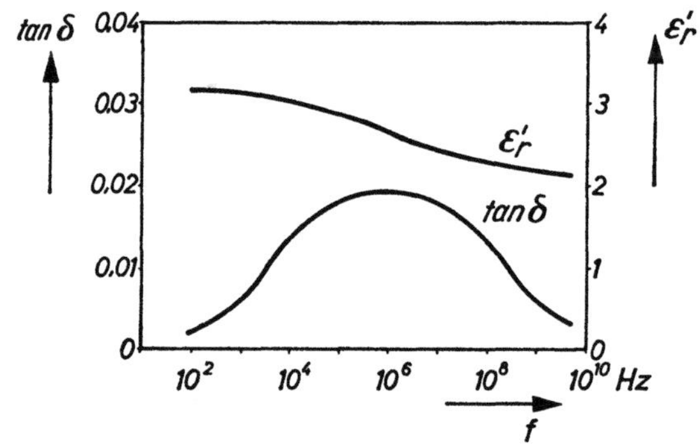

Abb. 11.8. Frequenzgang des Realteils der komplexen Dielektrizitätszahl und des Verlustfaktors von Mylar-Polyester-Folien [nach KRUEGER, R. C., and A. B. NESS: The Electrical, Physical and Chemical Properties of "Mylar" Polyester Film. Am. Inst. of Electr. Eng. 1952]

III. Elektronenenergieniveaus in Atomen und Kristallen

Das Verhalten von festen Stoffen in elektrischen oder magnetischen Feldern wird einerseits durch Kristallaufbau, Kristallfehler und polykristallinen Charakter bestimmt, wie in Kapitel I beschrieben wurde. Andererseits spielen natürlich die Eigenschaften der Kristallbausteine, also der Atome oder Ionen, eine bestimmende Rolle. Es soll deshalb jetzt etwas näher auf den Aufbau und die wichtigsten Eigenschaften der Atome eingegangen werden. Wesentliche Eigenschaften der Atome gehen qualitativ bereits aus dem wohlbekannten „Bohrschen Atommodell" hervor. Zur Erklärung der Wirkungsweise von Halbleiter- und magnetischen Werkstoffen reicht jedoch diese Modellvorstellung allein nicht aus. So soll im folgenden in groben Zügen eine Beschreibung des Elektronenaufbaus der Atome gegeben werden, wie sie aus der Wellenmechanik folgt.

§ 12. Das Wasserstoffatommodell von Bohr

Es ist schon sehr lange bekannt, daß das elektrische neutrale Atom aus einem positiv geladenen Atomkern mit ihn umgebenden negativen Elektronen besteht. Die Masse m eines Elektrons beträgt etwa $^1/_{1836}$ der Masse eines Wasserstoffkerns (RUTHERFORD, 1911). Aus den vieluntersuchten Lichtemissionsspektren der verschiedenen Elemente schloß BOHR im Jahre 1913, daß die Elektronen nur ganz bestimmte Energiezustände im Atom besitzen können. Er postulierte: a) Ein Atom besteht aus einem positiven Kern, um den in bestimmten, unveränderlichen Bahnen negativ geladene Elementarteilchen, die Elektronen, kreisen. In diesen Bahnen bewegen sich die Elektronen ohne Energieverlust, strahlen also keine Energie ab. Die einzelnen Bahnen lassen sich, mit der kernnächsten Bahn beginnend, mit $n=1, 2, 3$ usw. numerieren und stellen in dieser Reihenfolge Elektronenzustände mit zunehmender Energie dar. b) Die Elektronen können unter bestimmten Umständen von einer Bahn in eine andere „springen". Dabei absorbiert das Atom Energie oder es sendet Energie (Strahlung) aus.

Bewegt sich ein Elektron mit einer konstanten Geschwindigkeit v in einer Kreisbahn mit einem Radius r um einen Wasserstoffkern, dann wirken auf das Elektron die Zentrifugalkraft mv^2/r und die Coulombsche Anziehungskraft $e^2/4\pi\varepsilon_0 r^2$. Aus dem Gleichgewicht der beiden Kräfte errechnet sich der Bahnradius:

$$r=\frac{e^2}{4\pi\varepsilon_0 m v^2}. \tag{12.1}$$

Definiert man die potentielle Energie des Elektrons als Null für unendlich großen Abstand zwischen Elektron und Kern, dann ist sie auf der Kreisbahn:

$$W_{\text{pot}}=\int\limits_{\infty}^{r}\frac{e^2}{4\pi\varepsilon_0 r^2}\,dr=-\frac{e^2}{4\pi\varepsilon_0 r}. \tag{12.2}$$

Die kinetische Energie des Elektrons auf der gleichen Bahn ist:

$$W_{\text{kin}}=\tfrac{1}{2}m v^2, \tag{12.3}$$

und die Gesamtenergie:

$$W=\frac{1}{2}m v^2-\frac{e^2}{4\pi\varepsilon_0 r}. \tag{12.4}$$

Mit (12.1) ergibt sich daraus:

$$W=-\frac{e^2}{8\pi\varepsilon_0 r}. \tag{12.5}$$

Das negative Vorzeichen der Gesamtenergie gibt an, daß zur Befreiung des Elektrons aus dem Kernfeld die Energie $W=e^2/8\pi\varepsilon_0 r$ aufgebracht werden muß. Nach dem klassischen Modell würde das Elektron auf der Bahn allmählich durch elektromagnetische Strahlung Energie verlieren und sich damit spiralförmig zum Kern bewegen. Bohr postulierte, daß nur solche stabile Elektronenbahnen möglich sind, für die der Bahndrehimpuls des Elektrons ein ganzes Vielfaches von $h/2\pi$ ist, wobei $h=6{,}624\cdot 10^{-34}$ Ws² das sog. Plancksche Wirkungsquantum ist. Es können also nur solche Bahnen bestehen, für die zutrifft:

$$m v r=n\frac{h}{2\pi}, \tag{12.6}$$

mit $n=1, 2, 3, \ldots$, usw. Als mögliche Radien r_n der Elektronenbahnen ergeben sich dann aus (12.1):

$$r_n=\frac{\varepsilon_0 h^2}{\pi m e^2}n^2. \tag{12.7}$$

Die kleinste Bahn ($n=1$), die sog. Wasserstoffgrundbahn, hat somit einen Radius von 0,529 Å. Die weiteren möglichen Bahnen haben einen um n^2 größeren Radius. Aus (12.5) und (12.7) folgt dann, daß die Elektronenenergien W_n nur eine Reihe diskreter Werte besitzen können:

$$W_n=-\frac{m e^4}{8\varepsilon_0^2 h^2}\frac{1}{n^2}. \tag{12.8}$$

Damit ist die Energie des Elektrons auf der Grundbahn $W_1=-13{,}6$ eV, und somit ist auch die Ionisierungsenergie eines Wasserstoffatoms 13,6 eV, weil damit das Elektron vom Atomkern freigemacht werden kann. Die Zahl n wird Hauptquantenzahl genannt und bestimmt die Energie des Elektrons. Graphische Darstellungen der durch (12.8) gegebenen Energieniveaus des Elektrons im Wasserstoffatom gibt Abb. 12.1. Der Übergang eines Elektrons von einem Energieniveau zu einem anderen geschieht durch Abgabe oder Absorption diskreter Mengen von Energie.

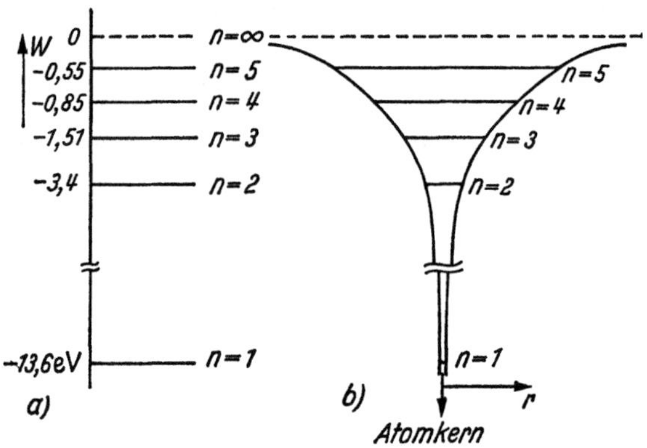

Abb. 12.1a u. b. Mögliche Energieniveaus des Elektrons im Wasserstoffatommodell von BOHR. a Energietermschema. b Potentialmulde, wobei die Länge der gezeichneten Energieniveaus proportional zu den Durchmessern der entsprechenden Elektronenbahnen ist

§ 13. Wellencharakter der Elektronenbewegung

Nach der zuerst von NEWTON vertretenen Teilchennatur des Lichts und der zuerst von HUYGENS angegebenen Wellennatur, definierte EINSTEIN im Jahre 1905 das Lichtquant. Monochromatische elektromagnetische Strahlung besteht danach aus einer Vielzahl von Strahlungsquanten, den sog. Photonen. Ein Photon einer Strahlung der Frequenz f hat die Energie:

$$W_{\text{Photon}} = hf, \qquad (13.1)$$

wobei h das Plancksche Wirkungsquantum ist. Die Intensität der Strahlung wird durch die Anzahl der Photonen bestimmt, welche pro Zeiteinheit ein zur Ausbreitungsrichtung senkrechtes Flächenelement durchsetzen.

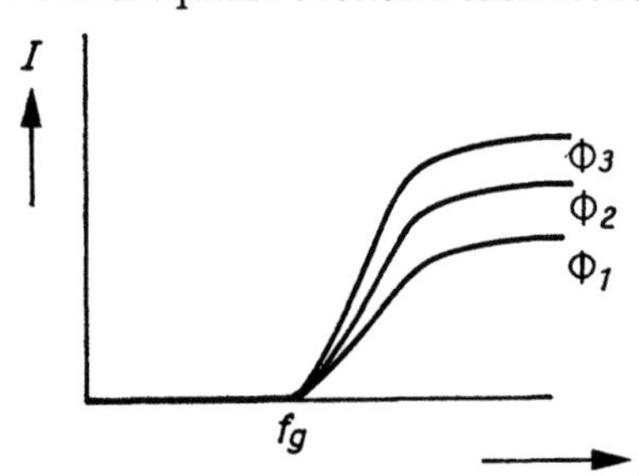

Abb. 13.1. Photostrom I als Funktion der Strahlungsfrequenz f. Parameter ist die Strahlungsintensität Φ

Wird die als Katode geschaltete Platte eines Plattenkondensators mit monochromatischem Licht verschiedener Frequenz bestrahlt, so hat der elektrische Strom I im Außenkreis qualitativ den in Abb. 13.1 dargestellten Verlauf als Funktion der Lichtfrequenz. Man erkennt, daß erst oberhalb einer Frequenz f_g des verwendeten Lichtes ein elektrischer Strom fließt, der dann von der Strahlungsintensität abhängig ist. Licht mit einer Frequenz unterhalb f_g kann also keine Elektronen aus der Kathode auslösen. Zum Freimachen eines Elektrons aus einem Festkörper ist eine bestimmte minimale Energiemenge nötig, die durch ein einzelnes Photon der Strahlung geliefert werden muß. Die Energiemenge eines jeden Photons ist sehr klein; bei Mikrowellen mit einer Wellenlänge von z. B. $\lambda = 3$ cm beträgt sie etwa $4 \cdot 10^{-5}$ eV, für Lichtwellen von 5000 Å etwa 2,5 eV. Abb. 13.2 gibt den Zusammenhang zwischen Wellenlänge λ, Photonenenergie W_{Photon} und der Frequenz f des Lichtes.

In der heutigen Vorstellung von Strahlung ist sowohl die Wellen- als auch die Teilchennatur enthalten. Im Jahre 1924 postulierte DE BROGLIE, daß die Dualität zwischen Wellen und Teilchen nicht nur in der Optik, sondern auch in der

Mechanik besteht. Masseteilchen verhalten sich bei ihrer freien Bewegung wie Wellen. Wenn Masseteilchen den Impuls $p = mv$ besitzen (m = Masse, v = Geschwindigkeit), dann ist deren Wellenlänge gegeben durch die sog. de Broglie-Beziehung:

$$\lambda = \frac{h}{p} = \frac{h}{mv}. \tag{13.2}$$

Ein Elektron, das einen Potentialunterschied U durchläuft, also die kinetische Energie $mv^2/2 = |e|\,U$ besitzt, hat den Impuls $p = \sqrt{2m|e|\,U}$. Damit ergibt sich

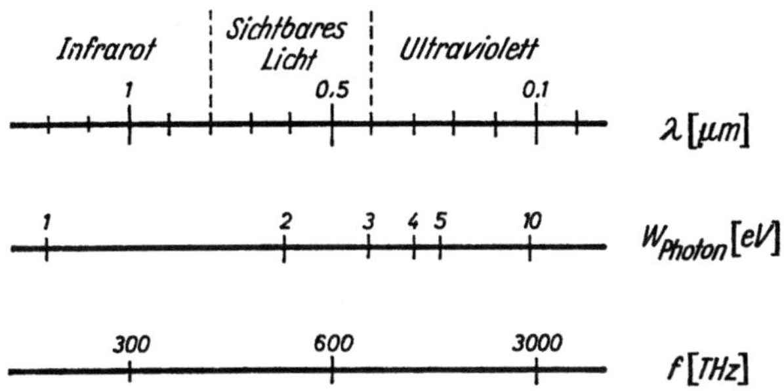

Abb. 13.2. Zusammenhang zwischen Wellenlänge λ, Photonenenergie W_{Photon} und Frequenz f des Lichtes

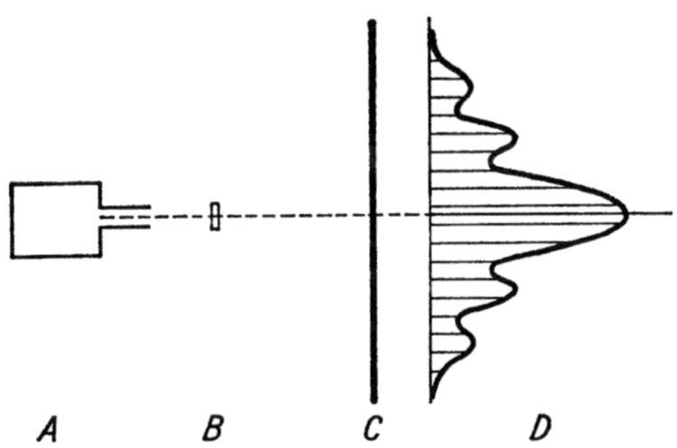

Abb. 13.3. Schematisch dargestellter Versuchsaufbau zur Messung der Beugung von Elektronenstrahlen an Einkristallen

aus (13.2) für die Wellenlänge λ:

$$\lambda = \frac{h}{\sqrt{2m|e|\,U}}, \tag{13.3}$$

und daraus die zugeschnittene Größengleichung:

$$\frac{\lambda}{\text{Å}} \approx \sqrt{\frac{150}{U/\text{Volt}}}. \tag{13.4}$$

Hieraus ergeben sich für nicht allzu schnelle Elektronen (von z.B. 10^4 eV Energie) Wellenlängen der Größenordnung von Bruchteilen von Angströms. Es muß also im Prinzip möglich sein, mit dieser Strahlung ähnliche Beugungsspektren von Kristallstrukturen aufzunehmen, wie es bereits mit elektromagnetischer Strahlung der Wellenlängen einiger Zehntel Angströms (Röntgenstrahlen) durchgeführt wurde. In der Tat stellten DAVISSON und GERMER bereits 1925 den Wellencharakter sich bewegender Elektronen experimentell durch Beugung von Elektronenstrahlen an

Nickeleinkristallgittern fest. Das Prinzip einer solchen Versuchsanordnung zeigt Abb. 13.3. Zusammenfassend läßt sich sagen, daß die gleichmäßige Bewegung eines Teilchens der Masse m mit der Energie W oder dem Bewegungsimpuls mv einer sich in der gleichen Richtung fortpflanzenden, ebenen Welle mit der Frequenz $f=W/h$ bzw. der Wellenlänge $\lambda=h/mv$ entspricht.

§ 14. Wellenmechanisches Modell des Wasserstoffatoms

Im Jahre 1926 hat SCHRÖDINGER nach vorbereitenden theoretischen Arbeiten von vielen namhaften Physikern wie z.B. BOHR, EINSTEIN, DE BROGLIE, BORN, HEISENBERG, KRAMERS, SLATER usw. eine neue Theorie der Bewegungslehre aufgestellt. Diese sog. Wellenmechanik beschreibt die Bewegung von Teilchen, die sehr geringe Abmessungen und sehr kleine Masse haben. Bei solchen Teilchen ist selbst bei relativ geringen Geschwindigkeiten die aus (13.2) berechnete Wellenlänge der Wellenbewegung sicher größer als die Abmessungen des Teilchens. So ist z.B. bei einem Elektron mit der kinetischen Energie von 1000 eV, also einer Geschwindigkeit von etwa $6\cdot 10^8$ cm/s das Verhältnis von Wellenlänge ($\approx 10^{-8}$ cm) zu Teilchen-„Durchmesser“ ($\approx 10^{-12}$ cm) ungefähr: 10^{+4}. Dagegen ist bei bewegten Teilchen mit relativ großer Masse die Wellenbeschreibung sehr unanschaulich, weil die Wellenlänge viel kleiner als die Abmessungen des Teilchens ist. Für z.B. ein Geschoß mit der Masse 10 g und der Geschwindigkeit 1000 m/s ergibt sich nämlich z.B. eine Wellenlänge von etwa 10^{-9} Å. Gerade bei den atomistischen Vorgängen muß man oft dem Wellencharakter der bewegten Teilchen bei der Bewegungsgleichung Rechnung tragen, was durch die Wellenmechanik geschieht. Mit Hilfe der Wellenmechanik ist es so auch ohne große mathematische Schwierigkeiten möglich, z.B. die Bewegung des Elektrons im Wasserstoffatom zu behandeln. Wie in § 12 beschrieben, konnte BOHR das Problem nur dadurch mit Hilfe der klassischen Mechanik lösen, daß er ein Postulat einführte. Es sollen hier nun nicht die Gesetze der Wellenmechanik eingehend behandelt, sondern nur Resultate der wellenmechanischen Berechnungen für das Wasserstoffatom qualitativ angegeben werden. Diese Resultate für das Wasserstoffatom bilden nämlich die Grundlage für die Erörterung des Elektronenaufbaus aller anderen Atome der Elemente des periodischen Systems.

Bewegt sich das Elektron in irgendeiner stationären Bahn um den Kern und ist mit der Elektronenbewegung eine Welle verbunden, dann muß diese Welle eine stehende Welle sein. Jedesmal wenn das Elektron wieder die gleiche Stelle auf seiner Bahn passiert, muß die begleitende Welle auch die gleiche Phasenlage haben. Die Bahnlänge des Elektrons muß also ein ganzzahliges Vielfaches der Wellenlänge der Welle sein. Wenn r der Radius einer kreisförmigen Bahn ist und λ die Wellenlänge der begleitenden Welle, dann muß gelten:

$$2\pi r = n\lambda, \tag{14.1}$$

mit $n=1, 2, 3, \ldots$ usw. Mit (13.2) folgt:

$$2\pi r = \frac{nh}{mv}. \tag{14.2}$$

Aus den auch hier gültigen Beziehungen (12.4) und (12.5) ergibt sich

$$\frac{1}{2}mv^2 = \frac{e^2}{8\pi\varepsilon_0 r}, \tag{14.3}$$

und aus (14.2) und (14.3) die schon aus § 12 bekannte Gl. (12.7) für die möglichen Radien r_n:

$$r_n = \frac{\varepsilon_0 h^2}{\pi m e^2} n^2. \tag{14.4}$$

Mit (12.5) lassen sich hieraus die erlaubten Energieniveaus W_n berechnen:

$$W_n = -\frac{m e^4}{8 \varepsilon_0^2 h^2} \frac{1}{n^2}. \tag{14.5}$$

Diese möglichen Energieniveaus stimmen mit den aus der Bohrschen Theorie errechneten überein. Dort wurden sie jedoch ad hoc eingeführt, während sie hier zwingend aus dem Wellencharakter der Elektronenbewegung folgen.

Die de Broglie-Beziehung (13.2) gibt die Wellenlänge für ein sich frei im Raum bewegendes Elektron an. Da ein Elektron, das sich im Potentialfeld eines Atomkerns befindet, nicht frei ist, sind also die Gln. (14.4) und (14.5) zu sehr vereinfacht abgeleitet worden. Die in vielen Büchern über Festkörperphysik angegebenen exakten Ableitungen, die von der Schrödinger-Gleichung ausgehen, liefern für das Elektron auch die Energieniveaus nach (14.5). Die exakten Ableitungen, auf die hier verzichtet werden soll, führen jedoch zu einer neuen Interpretation des bis jetzt benutzten Begriffes „Elektronenbahn". Der Wellencharakter sich frei bewegender Elektronen wurde durch das in Abb. 13.3 im Prinzip wiedergegebene Experiment der Elektronenbeugung bestätigt. Das Beugungsbild gibt an, wieviele Elektronen in einer bestimmten Zeit bestimmte Stellen der Auffangebene treffen. Damit gibt es aber gleichzeitig die Wahrscheinlichkeit dafür an, daß ein einzelnes Elektron an bestimmten Stellen der Ebene auftreffen wird. Die Aussagen der Wellenmechanik betreffen stets nur die Wahrscheinlichkeit, mit welcher sich ein Elektron in einem betrachteten Volumenelement ΔV befindet. So gibt die wellenmechanische Lösung des „Wasserstoffproblems" nur an, wie groß die Wahrscheinlichkeit ist, ein Elektron in einem Raumelement in der Umgebung des Kerns anzutreffen. Diese Wahrscheinlichkeit kann auch durch die mittlere zeitliche Raumladungsdichte ϱ beschrieben werden, die durch das Elektron verursacht wird. Dabei muß natürlich stets gelten, daß zu jeder Zeit die Gesamtladung im Raum gleich der Elektronenladung ist:

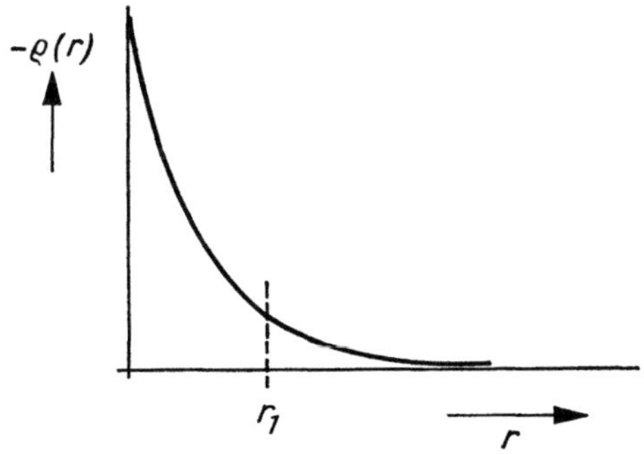

Abb. 14.1. Die vom Elektron herrührende, mittlere zeitliche Raumladungsdichte eines Wasserstoffatoms im Grundzustand als Funktion des Abstandes r vom Atomkern

$$\int_V \varrho \, dV = -|e|. \tag{14.6}$$

Es zeigt sich nun, daß im untersten Energieniveau ($n=1$) die mittlere zeitliche Raumladungsdichte ϱ nur eine Funktion des Abstandes r vom Kern ist:

$$\varrho(r) = a e^{-\frac{2r}{r_1}}, \tag{14.7}$$

und damit die in Abb. 14.1 gezeichnete Ortsabhängigkeit hat. Die Konstante r_1 ist der Radius der Wasserstoffgrundbahn aus (14.4); die Konstante a läßt sich aus (14.6) und (14.7) errechnen:

$$\int_{r=0}^{\infty} a e^{-\frac{2r}{r_1}} 4\pi r^2 dr = -|e|. \tag{14.8}$$

Der zeitliche Mittelwert $\Delta q(r)$ der elektrischen Ladung, die sich in einer Kugelschale mit dem Radius r und der Dicke Δr befindet, beträgt:

$$\Delta q(r) = \varrho(r)\, 4\pi r^2 \Delta r \tag{14.9}$$

oder mit (14.7) und (14.8):

$$\Delta q(r) = -\frac{4|e|\,r^2}{r_1^3}\, e^{-\frac{2r}{r_1}}\, \Delta r. \tag{14.10}$$

Das Maximum der in Abb. 14.2 dargestellten Funktion $-4\pi r^2 \varrho(r)$ liegt bei $r = r_1$ und gibt den Radius der Kugelschale an, in der im zeitlichen Mittel die meiste Ladung enthalten ist, wenn man alle Kugelschalen gleich dick annimmt.

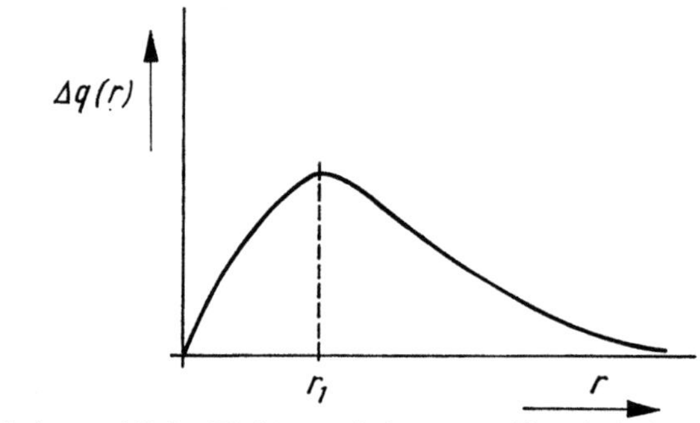

Abb. 14.2. Die mittlere zeitliche Elektronenladung pro Kugelschale mit dem Radius r und der konstanten Schalendicke Δr, s. auch (14.9), als Funktion des Abstandes r vom Atomkern

Elektronenenergie in eV	Hauptquantenzahl n	Anzahl der mögl. Energiezustände n^2	Bezeichng. der Zustände	Anzahl der einzelnen Energiezustände	Nebenquantenzahl l
0					
			4f	7	3
			4d	5	2
−0,85	4	16	4p	3	1
			4s	1	0
			3d	5	2
−1,51	3	9	3p	3	1
			3s	1	0
			2p	3	1
−3,4	2	4	2s	1	0
−13,6	1	1	1s	1	0

Abb. 14.3. Die Energiezustände für das Elektron im Wasserstoffatom

Befindet sich das Elektron des Wasserstoffatoms in einem höheren Energieniveau ($n = 2$ oder 3 usw.), so ergibt sich aus der Wellenmechanik, daß es im gleichen Energieniveau n^2 verschiedene sog. Elektronenzustände gibt. Zu jedem Elektronenzustand gehört eine bestimmte mittlere zeitliche Ladungsverteilung im Raum um den Kern. So gibt es für das zweite Energieniveau ($n = 2$) ebenso wie für das Energieniveau $n = 1$ einen Elektronenzustand mit kugelsymmetrischer Ladungsverteilung, einen sog. s-Zustand. Außerdem sind aber auch drei sog. p-Zustände möglich, die keine kugelsymmetrische Ladungsverteilung aufweisen und sich ohne Anwesenheit eines äußeren elektrischen oder magnetischen Feldes nicht voneinander unterscheiden lassen. Im dritten Energieniveau ($n = 3$) treten bereits $n^2 = 9$ mögliche Elektronenzustände auf, und zwar drei verschiedene Typen. Hier gibt es einen s-Zustand, der $3s$-Zustand genannt wird, drei p-Zustände (sog. $3p$-Zustände) und zusätzlich fünf sog. d-Zustände ($3d$-Zustände). Jeder Elektronenzustand entspricht, wie schon gesagt, einer bestimmten mittleren Ladungsverteilung im Raum, oder anders ausgedrückt, einer bestimmten Wahrscheinlichkeitsfunktion für die Anwesenheit des Elektrons an einem Ort im Raum. Die Folge der unterschiedlichen Aufenthaltswahrscheinlichkeiten des Elektrons ist, daß die verschiedenen Elektronenzustandstypen unterschiedlichen Bahndrehimpuls aufweisen. Ein Elektron im s-Zustand, also mit kugelsymmetrischer Ladungsverteilung, hat keinen Bahndrehimpuls. Für Elektronen im p-Zustand mißt man einen Bahndrehimpuls von $j = \frac{h}{2\pi}\sqrt{2} = \hbar\sqrt{2}$. Für den d-Zustand ergibt sich der Drehimpuls $\hbar\sqrt{6}$. Zur Beschreibung der Elektronenzustände wurde neben der Hauptquantenzahl n noch die den Bahndrehimpuls bestimmende Nebenquantenzahl l eingeführt, die die Werte von $l=0$ bis $l=n-1$ haben kann. In Abb. 14.3 ist ein Überblick über die verschiedenen Energiezustände gegeben, die das Elektron im Wasserstoffatom einnehmen kann.

§ 15. Elektronenaufbau der Elemente

Mit den Kenntnissen der Elektronenzustände im Wasserstoffatom lassen sich die Grundzustände der Elektronen in den anderen Elementen beschreiben. Helium ist das zweite Element des periodischen Systems. Die Kernladung ist um eine Elementarladung größer als die des Wasserstoffatoms; es befinden sich also auch zwei Elektronen in der Umgebung des Kerns. GOUDSMIT und UHLENBECK leiteten im Jahre 1925 aus experimentellen Ergebnissen erstmals ab, daß jedes Elektron einen Eigendrehimpuls der Größe $\hbar/2$ besitzt. Die Elektronen könnten also z.B. als Kugeln aufgefaßt werden, die sich um ihre eigene Achse drehen. Es dürfen sich nun in einem Atom nur dann zwei Elektronen gleichzeitig im gleichen Elektronenzustand befinden, wenn sie entgegengesetzten Drehimpuls (Spin) besitzen (das ist das sog. Pauli-Prinzip). Beim Helium können also beide Elektronen im $1s$-Zustand untergebracht werden, und zwar mit entgegengesetztem Spin. Damit ist die Elektronen-„Schale" ($n=1$), die sog. K-Schale voll besetzt.

Beim Lithium, dem dritten Element des periodischen Systems, müssen drei Elektronen untergebracht werden. Zwei davon können, wie bei Helium, in der K-Schale, also im $1s$-Zustand, existieren. Das dritte Elektron muß notwendigerweise den nächsthöheren Energiezustand einnehmen, der durch die Hauptquantenzahl $n=2$ charakterisiert wird. In § 14 wurde gezeigt, daß das Elektron des Wasserstoffatoms im Energieniveau $n=2$ vier energetisch völlig gleiche Zustände einnehmen kann, die sich nur in ihrer mittleren Ladungsverteilung im Raum unterscheiden. Das dritte Elektron des Lithiumatoms befindet sich nun aber nicht allein im kugelsymmetrischen Feld des Kerns (die dreifache Kernladung ändert nichts an der Symmetrie!), sondern auch noch im Potentialfeld der beiden Elektronen im $1s$-Zustand. Das hat zur Folge, daß in der sog. L-Schale ($n=2$) die drei $2p$-Zustände jetzt eine etwas höhere Energie haben als der $2s$-Zustand. Das dritte Elektron des Lithiums wird daher den $2s$-Zustand, den energetisch niedrigsten Zustand in der L-Schale, einnehmen.

Beim vierten Element, dem Beryllium, kann das zusätzliche vierte Elektron ebenfalls im $2s$-Zustand auftreten. Damit ist beim Beryllium dieser Zustand in der L-Schale voll aufgefüllt. Beim Element Bor wird dann der $2p$-Zustand in der L-Schale einmal besetzt. Die Elemente Kohlenstoff, Stickstoff, Sauerstoff und Fluor besitzen je ein weiteres Elektron im $2p$-Zustand, bis beim Neon mit insgesamt 10 Elektronen alle $2p$-Zustände und damit auch die ganze L-Schale gefüllt sind. Die Auffüllung der nächsten Zustände geht völlig folgerichtig bis zum

Element Argon weiter, bei dem die sog. M-Schale bis zum $3p$-Zustand voll ist (vgl. Tabelle 15.I).

Tabelle 15.I. *Elektronenaufbau der Elemente aus dem ersten Teil des Periodischen Systems*

Atomzahl	Element	Hauptschale									
		K	L		M			N			
		Hauptquantenzahl n									
		1	2		3			4			
		Nebenquantenzahl l									
		0	0	1	0	1	2	0	1	2	3
		Bezeichnung des Elektronenzustandes									
		$1s$	$2s$	$2p$	$3s$	$3p$	$3d$	$4s$	$4p$	$4d$	$4f$
1	H	1	—	—	—	—	—	—	—	—	—
2	He	2	—	—	—	—	—	—	—	—	—
3	Li	2	1	—	—	—	—	—	—	—	—
4	Be	2	2	—	—	—	—	—	—	—	—
5	B	2	2	1	—	—	—	—	—	—	—
6	C	2	2	2	—	—	—	—	—	—	—
7	N	2	2	3	—	—	—	—	—	—	—
8	O	2	2	4	—	—	—	—	—	—	—
9	F	2	2	5	—	—	—	—	—	—	—
10	Ne	2	2	6	—	—	—	—	—	—	—
11	Na	2	2	6	1	—	—	—	—	—	—
12	Mg	2	2	6	2	—	—	—	—	—	—
13	Al	2	2	6	2	1	—	—	—	—	—
14	Si	2	2	6	2	2	—	—	—	—	—
15	P	2	2	6	2	3	—	—	—	—	—
16	S	2	2	6	2	4	—	—	—	—	—
17	Cl	2	2	6	2	5	—	—	—	—	—
18	Ar	2	2	6	2	6	—	—	—	—	—
19	K	2	2	6	2	6	—	1	—	—	—
20	Ca	2	2	6	2	6	—	2	—	—	—
21	Sc	2	2	6	2	6	1	2	—	—	—
22	Ti	2	2	6	2	6	2	2	—	—	—
23	V	2	2	6	2	6	3	2	—	—	—
24	Cr	2	2	6	2	6	5	1	—	—	—
25	Mn	2	2	6	2	6	5	2	—	—	—
26	Fe	2	2	6	2	6	6	2	—	—	—
27	Co	2	2	6	2	6	7	2	—	—	—
28	Ni	2	2	6	2	6	8	2	—	—	—
29	Cu	2	2	6	2	6	10	1	—	—	—
30	Zn	2	2	6	2	6	10	2	—	—	—
31	Ga	2	2	6	2	6	10	2	1	—	—
32	Ge	2	2	6	2	6	10	2	2	—	—

Jetzt folgt eine Unregelmäßigkeit, denn entgegen der Erwartung besetzt das 19. Elektron im Element Kalium nicht den $3d$-Zustand, sondern den $4s$-Zustand, also den s-Zustand der N-Schale. Die Ursache davon sind die vielen bereits vorhandenen Elektronen um den Atomkern, die solche Potentialfelder verursachen, daß der $4s$-Zustand eine niedrigere Energie für das 19. Elektron erfordert als der $3d$-Zustand. Näheres über diese sog. Übergangselemente mit nicht ganz gefüllten $3d$-Zuständen folgt in § 25 im Zusammenhang mit dem Auftreten des Magnetismus.

Die chemischen Eigenschaften der Elemente werden hauptsächlich von den äußeren Elektronen der Elektronenhülle, den sog. Valenzelektronen bestimmt. Die Elemente, bei denen gerade ganze Elektronenschalen aufgefüllt sind, wie z.B.

Helium, Neon, Krypton, also die sog. Edelgase, sind nur unter extremsten Umwelteinflüssen zur chemischen Reaktion bereit. Das Element Argon hat zwar nur einen abgeschlossenen Elektronenzustand (den $3p$-Zustand), aber wegen des großen Energieabstandes zwischen $3p$- und $4s$-Zustand gehört es auch zu den Edelgasen.

Im allgemeinen geben die Elemente in chemischen Verbindungen soviele Elektronen ab oder nehmen soviele auf, daß sie möglichst abgeschlossene Schalen besitzen. So tritt, um nur einige Beispiele zu geben, Lithium in Verbindungen einwertig auf, gibt also ein Elektron ab. Natrium ist ebenfalls ein-, Magnesium zwei- und Aluminium dreiwertig. Fluor und Sauerstoff nehmen gerne Elektronen auf und sind ein- bzw. zweiwertig. Die wichtigsten Elemente der Halbleitertechnik, Germanium und Silizium, sind vierwertig.

Durch Einwirkung von Temperatur oder Strahlung können in einem Atom Elektronen in energetisch höheren Zuständen auftreten. Nach längerer oder kürzerer Zeit kehren die Elektronen unter Strahlungsemission wieder in ihren Grundzustand zurück. Häufig werden die Elemente des periodischen Systems durch die Anzahl der Elektronen in den Elektronenzuständen angegeben. Die Anzahl der Elektronen in den verschiedenen Elektronenzuständen werden durch hochgeschriebene Zahlen ausgedrückt. Zur Abkürzung werden meist die abgeschlossenen Zustände weggelassen. Einige Beispiele sind in Tabelle 15.II angegeben.

Tabelle 15.II. *Kurzschreibweise für die Elektronenkonfiguration einiger Elemente*

Element	Kurzbezeichnung	Element	Kurzbezeichnung
H	$(1s)^1$	Fe	$(3d)^6\,(4s)^2$
Be	$(2s)^2$	Cu	$(4s)^1$
Si	$(3s)^2\,(3p)^2$ oder $(3p)^2$	Ge	$(4s)^2\,(4p)^2$ oder $(4p)^2$
Cr	$(3d)^5\,(4s)^1$	Ag	$(4d)^{10}\,(5s)^1$

§ 16. Bändermodell für die Elektronenzustände in Kristallen

16.1. Aufspaltung der Elektronenenergieniveaus in Kristallen

In einem Atom nehmen die Elektronen die durch Haupt- und Nebenquantenzahl bestimmten Energieniveaus ein. Nähern sich zwei gleiche Atome einander, so befinden sich deren Elektronen nicht mehr allein im Potentialfeld des eigenen Kerns und der zugehörigen Elektronen, sondern auch im Potentialfeld des Nachbaratoms. Damit wird aus den beiden Einzelatomen ein Atomsystem. Am meisten werden natürlich die Potentialverhältnisse der äußeren Elektronen gestört. Die Folge davon ist, daß im Atomsystem eine Aufspaltung der ursprünglich gleichen Energieniveaus in zwei neue Energieniveaus stattfindet, von denen das eine etwas höher, das andere etwas tiefer als das ursprüngliche Niveau liegt. In Abb. 16.1 ist qualitativ diese Aufspaltung eines Energieniveaus in zwei neue Energieniveaus in Abhängigkeit vom Abstand a zwischen den beiden Atomen aufgetragen. Ein elektrotechnisches Analogon für diese Erscheinung ist die Kopplung von zwei Oszillatoren gleicher Frequenz. Dort entstehen zwei Frequenzen, die mit zunehmender Kopplung zwischen den Oszillatoren mehr und mehr nach oben bzw. nach unten von der Frequenz der ungekoppelten Oszillatoren abweichen (vgl. [*10*]).

In einem Einkristall bilden alle vorhandenen Atome zusammen ein Atomsystem. Es entstehen durch die Kopplung zwischen den Atomen aus dem Energieniveau des Einzelatoms soviele verschiedene Energieniveaus, wie es Atome im Kristall gibt, d.h. also bei n Atomen pro Volumeneinheit und dem Volumen V

entstehen nV verschiedene Energieniveaus. In Abb. 16.2 stelle W_0 das oberste Energieniveau für ein Elektron im isolierten Atom dar. Es entsteht dann in

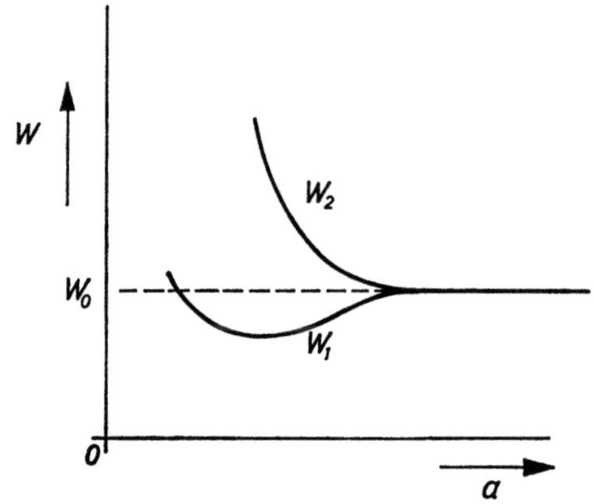

Abb. 16.1. Aufspaltung des Elektronenenergieniveaus W_0 für zwei isolierte Atome in zwei Energieniveaus W_1 und W_2, deren Höhe vom Abstand a zwischen den Atomen abhängt

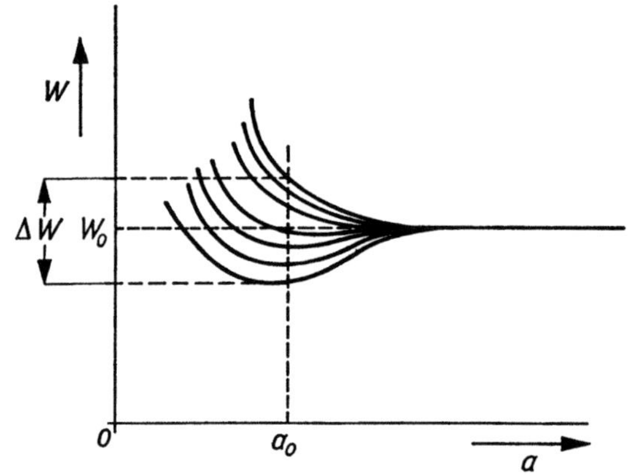

Abb. 16.2. Aufspaltung eines Energieniveaus W_0 eines Einzelatoms in ein Energieband der Breite ΔW bei einem Kristall mit der Gitterkonstanten a_0

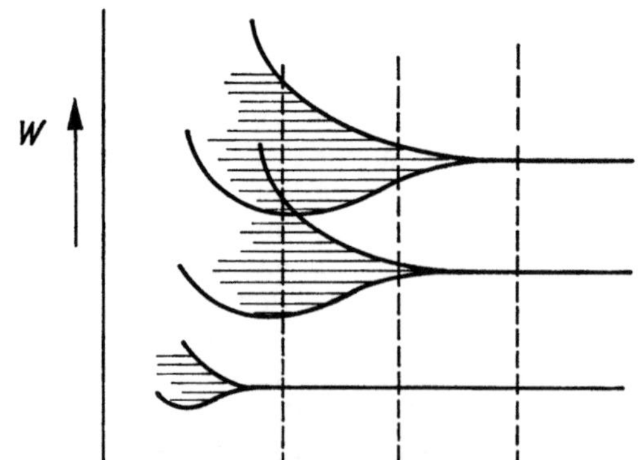

Abb. 16.3. Aufspaltung mehrerer Elektronenenergieniveaus von Einzelatomen in Energiebänder bei einem Kristall

einem Kristall mit der Gitterkonstanten a_0 ein Band von möglichen Energieniveaus der Breite ΔW, das $n\,V$ verschiedene Niveaus für die Elektronen enthält. Berücksichtigt man praktisch vorkommende Werte von z.B. $\Delta W = 5$ eV und $n \approx 10^{23}$ cm^{-3}, dann liegen die einzelnen Energieniveaus so dicht beieinander, daß innerhalb dieses Energiebandes praktisch alle Energiewerte für Elektronen erlaubt

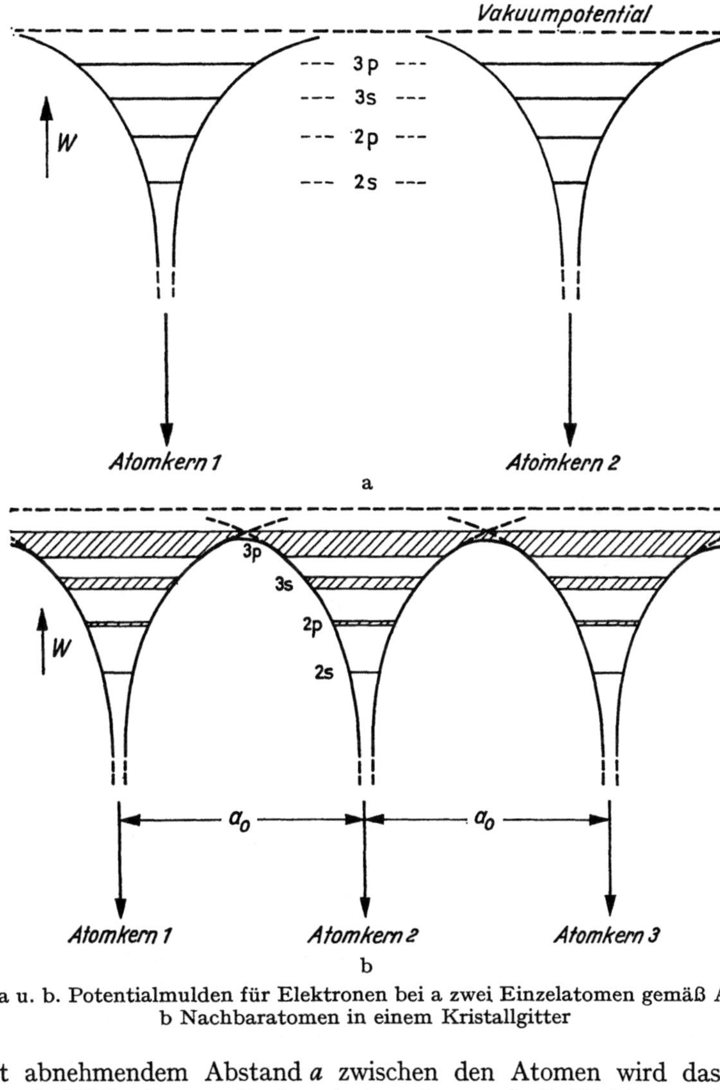

Abb. 16.4a u. b. Potentialmulden für Elektronen bei a zwei Einzelatomen gemäß Abb. 12.1b, b Nachbaratomen in einem Kristallgitter

sind. Mit abnehmendem Abstand a zwischen den Atomen wird das erlaubte Energieband ΔW breiter; außerdem treten aber auch die Elektronen der Atome in tieferliegenden Energieniveaus in Wechselwirkung miteinander und verursachen auch eine Aufspaltung dieser Einzelniveaus in Energiebänder (s. Abb. 16.3). Für $a = a_1$ sind die Energieniveaus noch die gleichen wie für isolierte Atome. Für $a = a_2$ sind die oberen Energieniveaus in zwei Energiebänder aufgespalten, die sich für $a \leqq a_3$ überlappen. Es gibt also für die Elektronen in einem Kristall sog. „erlaubte" und „verbotene" Energiebänder. Die Anzahl der Elektronenzustände in den verschiedenen Energieniveaus der „erlaubten "Bänder wird in § 18.2 berechnet.

Eine anschauliche Darstellung der Energieniveaus und -bänder für die Elektronen in einem Kristall läßt sich aus einer Erweiterung der Abb. 12.1b gewinnen. In Abb. 16.4a sind die Potentialmulden zweier weit voneinander entfernter Atome dargestellt. Alle Elektronen befinden sich in diskreten Energieniveaus und gehören nur jeweils einem Atom an. In Abb. 16.4b befinden sich zwei Atome in einem Gitterabstand a_0 des Kristalles voneinander. Die unteren Energieniveaus (im Beispiel: $2s$) sind weiterhin diskret und unbeeinflußt von der Nachbarschaft der anderen Atome. Für die $2p$- und $3s$-Niveaus finden bereits geringe Aufspaltungen in Energiebänder statt, d.h. alle $2p$- und $3s$-Elektronen haben geringfügig unterschiedliche Energien. Allerdings gehören diese Elektronen noch relativ fest zu ihren „Stamm"-Atomen. Die $3p$- und höherenergetischen Elektronen gehören infolge ihrer weiträumigen Ladungsverteilung (großer „Bahnradius") nicht mehr den Einzelatomen an. Die hohen Energieniveaus haben sich jeweils zu einem breiten Band aufgespalten. In diesen Bändern können die Energien der Elektronen höher sein als der „Potentialberg" zwischen den Atomen und diese Elektronen können sich deshalb frei durch das ganze Kristall bewegen.

16.2. Tatsächliche Lage der Energiebänder in verschiedenen Kristallen

Zur Erklärung der elektrischen Eigenschaften von Kristallen ist es notwendig, die Energiebänder für Elektronen in den verschiedenen Kristallen zu kennen. Diese lassen sich mit Hilfe der Wellenmechanik berechnen, wenn man die Energieniveaus der Elektronen im Einzelatom und die Kristallstruktur berücksichtigt. Da die Berechnungen für einfachste Kristallstrukturen bereits umfangreich sind, werden hier nur die Ergebnisse für einige wichtige Werkstoffe aufgeführt.

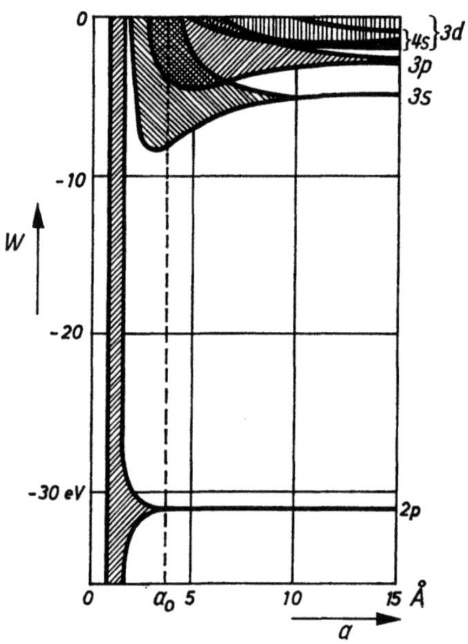

Abb. 16.5. Lage der möglichen Elektronenenergieniveaus bei Natriumatomen im einfach kubischen Gitter in Abhängigkeit vom Gitterabstand a. Die Gitterkonstante des Metalls Natrium ist $a_0 = 3{,}67$ Å (nach [*11*], S. 189)

Als Einführung diene das Natriumkristall. Das Natriumatom hat die Elektronenkonfiguration $(2p)^6(3s)^1$ und das Kristall ist kubisch raumzentriert. Die berechneten möglichen Energieniveaus sind in Abb. 16.5 als Funktion der als variabel angenommenen Gitter-„Konstanten" a dargestellt. Man erkennt, daß für die beobachtete Gitterkonstante des Natriumkristalls, $a_0 = 3{,}67$ Å, das $2p$-Niveau und damit natürlich auch die nicht gezeichneten $1s$- und $2s$-Niveaus noch fast als diskrete Niveaus wie im Einzelatom auftreten. Alle höheren Energieniveaus sind in Bänder aufgespaltet. Von allen möglichen $3s$-Zuständen im $3s$-Band des Kristalls sind nur die Hälfte durch Elektronen besetzt, weil der $3s$-Zustand eines einzelnen Natriumatoms auch nur halb besetzt ist. Alle höheren möglichen Bänder sind leer.

Beim Kupfer mit der Elektronenkonfiguration $(3d)^{10}(4s)^1$ und der kubisch flächenzentrierten Kristallstruktur liegen etwas kompliziertere Verhältnisse vor. Wie Abb. 16.6 zeigt, liegt bei der beobachteten Gitterkonstanten $a_0 = 2{,}55$ Å eine

Überlappung des $3d$- und des $4s$-Energiebandes vor. Von den möglichen unteren Bändern sind alle bis einschließlich dem $3d$-Band voll mit Elektronen besetzt. Im $4s$-Band ist nur die Hälfte der möglichen Energieniveaus durch Elektronen aufgefüllt, da der $4s$-Zustand des Kupferatoms nur ein Elektron $(4s)^1$ enthält.

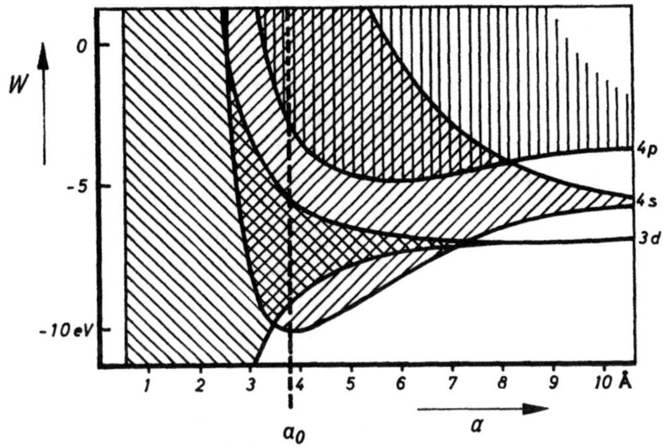

Abb. 16.6. Lage der möglichen Elektronenenergieniveaus für Kupferatome im kubisch flächenzentrierten Kristallgitter in Abhängigkeit vom Gitterabstand a. Die Gitterkonstante des Metalls Kupfer ist $a_0 = 2{,}55$ Å [nach KRUTTER, H. M.: Phys. Rev. **48**, 664 (1935)]

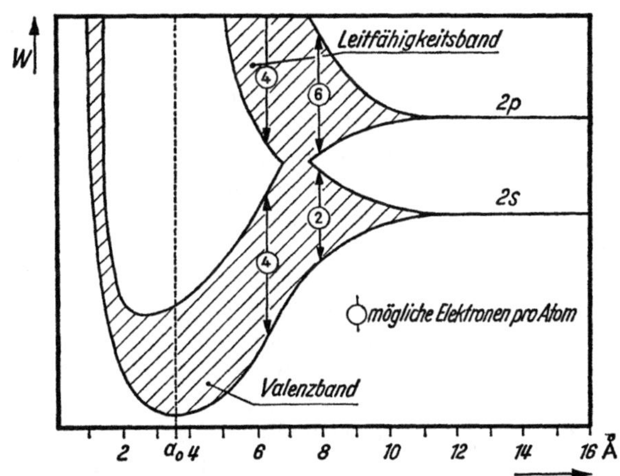

Abb. 16.7. Lage der möglichen Elektronenenergieniveaus für Kohlenstoffatome im Diamantgitter in Abhängigkeit vom Gitterabstand a. Die Gitterkonstante von Diamant ist $a_0 = 3{,}56$ Å [nach KIMBALL, G. E.: J. Chem. Phys. **3**, 560 (1935)]

Bei Silber liegen sehr ähnliche Verhältnisse vor wie bei Kupfer, nur daß hier, entsprechend der Konfiguration $(4d)^{10}(5s)^1$, das $4d$-Band voll und das $5s$-Band halb mit Elektronen gefüllt sind.

Kohlenstoff hat die Elektronenkonfiguration $(2s)^2(2p)^2$ und hat in der kristallinen Erscheinungsform als Diamant die sog. Diamant-Struktur (s. Abb. 2.6). Die Berechnung der möglichen Energieniveaus für die Elektronen in dieser Struktur liefert Ergebnisse, die in Abb. 16.7 dargestellt sind. Mit abnehmendem Gitterabstand a findet zuerst in gewohnter Weise eine Aufspaltung der Einzelniveaus in Energiebänder statt, wobei im $2s$-Niveau zwei Elektronen und im $2p$-Band sechs Elektronen pro Atom untergebracht werden könnten. Bei einem Gitterabstand von etwa 7,5 Å tritt Überlappung der Energiebänder auf. Nun zeigt sich aber eine ungewöhnliche Erscheinung insofern, als bei kleinerem Gitterabstand von ca. 6,7 Å wieder zwei erlaubte Energiebänder vorliegen, zwischen denen ein mit abnehmendem Gitterabstand breiter werdende verbotene Energiezone auftritt. Dabei entsprechen diese beiden erlaubten Bänder aber nicht mehr dem $2s$- bzw. $2p$-Band, sondern es können jetzt im tieferliegenden Band, dem sog. Valenzband, vier Elektronen pro Atom untergebracht werden. (Im $2s$-Band wären es nur zwei Elektronen.) Im höherenergetischen Band, dem sog. Leitfähigkeitsband, können ebenfalls nur vier Elektronen pro Atom existieren. Beim Diamant mit der Gitterkonstanten $a_0 = 3{,}56$ Å ist die verbotene Energiezone bereits etwa 6 eV breit. Alle vier bei Kohlenstoff vorhandenen $2s$- und $2p$-Elektronen sind demzufolge im Valenzband untergebracht, während das Leitfähigkeitsband leer ist.

Silizium mit der Elektronenkonfiguration $(3s)^2(3p)^2$, Germanium $(4s)^2(4p)^2$ und (graues) Zinn $(4d)^{10}(5s)^2(5p)^2$ haben ebenfalls Diamantstruktur. Für diese Werkstoffe ergeben sich als Funktion des Gitterabstandes sehr ähnliche Diagramme wie in Abb. 16.7, nur daß die gezeichnete komplizierte Aufspaltung die entsprechenden höheren Niveaus betrifft. Infolge der größeren Gitterkonstanten von Silizium ($a_0 = 5{,}42$ Å) und Germanium ($a_0 = 5{,}62$ Å) sind die verbotenen Bänder zwischen den vollbesetzten Valenz- und den leeren Leitungsbändern nur noch etwa 1,1 eV bzw. 0,7 eV breit. Bei grauem Zinn mit $a_0 = 6{,}46$ Å ist der Bandabstand schließlich verschwindend klein geworden.

IV. Elektrische Leiter, Halbleiter und Isolatoren

In Festkörpern ist der Atomabstand so gering, daß die Elektronen in den äußeren Schalen mit entsprechenden Elektronen von Nachbaratomen in Wechselwirkung treten. Wenn diese Valenzelektronen von einem Nachbaratom fest aufgenommen werden, dann besteht zwischen den Atomen die sog. Ionenbindung (heteropolare Bindung). Ein Beispiel für diese Art der Bindung ist das Kochsalz, bei dem das $3s$-Elektron des Natriums sich ständig beim Chlor-Atom befindet. Befinden sich die Valenzelektronen im zeitlichen Mittel nur mehr oder weniger lange Zeit bei den Nachbaratomen, dann liegt die sog. kovalente oder homöopolare Bindung vor. Beispiele dafür sind die Bindungen in organischen Stoffen. Bei einer weiteren Bindungsart, der sog. Metallbindung, haben sich die Valenzelektronen ganz von den Atomen freigemacht und bewegen sich frei durch den Kristall. Inhalt dieses Kapitels ist es, das sehr unterschiedliche Verhalten der Valenzelektronen in Werkstoffen unter Einfluß eines elektrischen Feldes zu behandeln und damit die sehr verschiedenen Größenordnungen der elektrischen Leitfähigkeit bei Leitern, Halbleitern und Isolatoren zu erklären.

§ 17. Klassische Behandlung der freien Elektronen im Metall

Die klassische Modellvorstellung zur Erklärung der elektrischen Leitfähigkeit (nach DRUDE, 1900) betrachtet die Leitungselektronen als Gasteilchen, die sich ungebunden zwischen den im Gitter fest angeordneten Ionen herumbewegen, dabei mit diesen zusammenprallen und elastisch hin- und hergestoßen werden. Man spricht von einem freien Elektronengas. Ohne anliegendes elektrisches Feld wird die mittlere Geschwindigkeit der Elektronen in jeder Raumrichtung Null sein, weil keine Bewegungsrichtung bevorzugt ist. Bei Anlegen eines elektrischen Feldes E, z.B. in der negativen x-Richtung, wirkt auf jedes Elektron eine Kraft der Größe $|e|\,E$, welche eine Beschleunigung des Elektrons in Gegenfeldrichtung verursacht. Dieser Transport negativer Ladung entspricht einem Strom I in Feldrichtung. Berücksichtigt man außer der Beschleunigungskraft $m\ddot{x}$ der Elektronen vorläufig rein formal noch eine Reibungskraft, die proportional der Geschwindigkeit ist, dann ergibt sich mit dem Reibungsfaktor b als Bewegungsgleichung für ein Elektron:

$$m\ddot{x}+b\dot{x}=|e|E. \tag{17.1}$$

Da $\ddot{x}$ und $\dot{x}$ die mittlere Beschleunigung bzw. die mittlere Geschwindigkeit sein sollen, spricht man vorteilhaft von der Driftgeschwindigkeit v_D und der Driftbeschleunigung $\dot{v}_D$. Aus (17.1) wird dann:

$$m\dot{v}_D+b v_D=|e|E. \tag{17.2}$$

Mit $\tau=m/b$ und der Randbedingung, daß beim Anlegen des Feldes, also zur Zeit $t=0$, die Driftgeschwindigkeit v_D Null ist, ergibt sich die Lösung dieser Differentialgleichung zu:

$$v_D(t)=\frac{|e|E}{m}\tau(1-e^{-t/\tau}). \tag{17.3}$$

Die Zeitkonstante τ gibt an, ab wann die Driftgeschwindigkeit um weniger als $1/e$ vom statischen Endwert abweicht, und sie ist direkt proportional zu der mittleren Zeit, die zwischen den Zusammenstößen eines Elektrons mit den Atomen vergeht. Der statische Endwert der Driftgeschwindigkeit wird asymptotisch für $t\gg\tau$ erreicht und ist:

$$v_{D,\,\mathrm{stat}}=\frac{|e|}{m}\tau E. \tag{17.4}$$

Die dazugehörende elektrische Stromdichte S ist:

$$S=n|e|v_{D,\,\mathrm{stat}}, \tag{17.5}$$

wobei n die Anzahl der Leitungselektronen pro Volumeneinheit ist. Aus (17.4) und (17.5) folgt:

$$S=\frac{n e^2 \tau}{m}E, \tag{17.6}$$

d.h. die Stromdichte ist proportional der elektrischen Feldstärke. Nach dem Ohmschen Gesetz, $S=\sigma E$, ergibt sich dann für die isotrope elektrische Leitfähigkeit σ:

$$\sigma=\frac{n e^2 \tau}{m}. \tag{17.7}$$

Die Zeitkonstante τ läßt sich also bei bekannter Dichte der Leitungselektronen und bekannter Leitfähigkeit des Werkstoffs berechnen. Aus Tabelle 15.I ergibt sich, daß z.B. beim Kupferatom alle Energieniveaus bis einschließlich der M-Schale voll mit Elektronen besetzt sind. Die 4s-Elektronen bilden das freie Elektronengas, alle anderen Elektronen sind fest an jedes Atom gebunden. Somit trägt nur ein Elektron jedes Atoms zur Leitfähigkeit bei. Da Kupfer ein kubisch flächenzentriertes Gitter aufweist, stellt eine Elementarzelle des Gitters vier Elektronen zur Verfügung. Mit der Gitterkonstanten $a=3{,}6$ Å ergibt sich die Dichte n der Leitungselektronen zu $n=4/a^3\approx 8{,}5\cdot 10^{22}\,\mathrm{cm}^{-3}$. Mit der Leitfähigkeit von Kupfer bei Raumtemperatur $\sigma=6{,}4\cdot 10^5\,(\Omega\,\mathrm{cm})^{-1}$ berechnet sich τ zu: $\tau=\frac{m\sigma}{n e^2}\approx 2{,}6\times 10^{-14}$ s. Nach Anlegen einer elektrischen Spannung an ein Kupferkristall steigt der Strom mit einer Relaxationszeit von etwa 10^{-14} s an; bis zu Frequenzen von $f=1/\tau\approx 10^{14}$ Hz sind die Laufzeiteffekte der Leitungselektronen in Kupfer also praktisch vernachlässigbar.

Der in (17.4) auftretende Faktor $|e|\tau/m$ wird Elektronenbeweglichkeit μ genannt. Für Kupfer ergibt sich für die Beweglichkeit μ der Leitungselektronen: $\mu = |e|\tau/m \approx 42\ \mathrm{cm^2/Vs}$.

Der Reibungsterm $b\dot{x}$ in (17.1) wird durch die Zusammenstöße der Elektronen mit den Atomen und durch Verunreinigungen im Metall verursacht. Abb. 17.1 zeigt den spezifischen Widerstand von reinem Kupfermetall und von Kupfer mit 0,5 Atomprozent Eisen in Abhängigkeit von der Temperatur. Der spezifische Widerstand ϱ läßt sich durch die Matthiessensche Regel (s. auch [*21*] und [*22*]) ausdrücken:

$$\varrho = \varrho_G(T) + \varrho_F, \tag{17.8}$$

worin $\varrho_G(T)$ der temperaturabhängige Teil des spezifischen Widerstandes ist, der durch die thermische Bewegung der Atome im Gitter verursacht wird, und ϱ_F ein konstanter Betrag, der von den Fremdatomen herrührt.

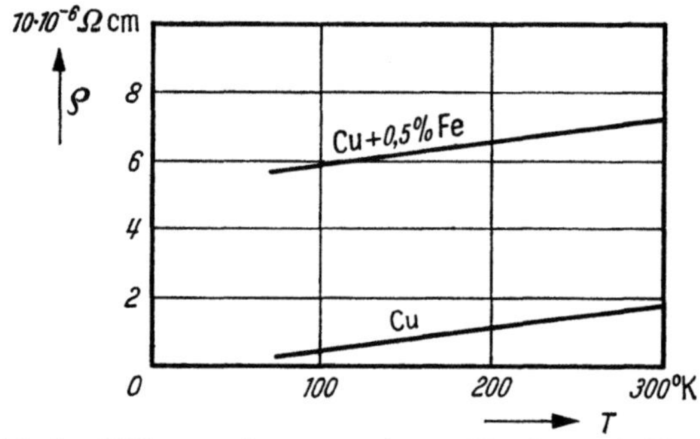

Abb. 17.1. Der spezifische Widerstand ϱ von reinem Kupfer und Kupfer mit 0,5% Eisen-Verunreinigung in Abhängigkeit von der Temperatur

Die Resultate der klassischen Berechnung der Leitfähigkeit von Metallen stimmen recht genau mit den Ergebnissen aus der wellenmechanisch fundierten Theorie überein. Mit dem klassischen Modell läßt sich aber nicht der Unterschied zwischen elektrischem Leiter, Halbleiter und Isolator erklären. Für die Werkstoffe mit der besten elektrischen Leitfähigkeit, die Metalle, mißt man spezifische Widerstände von etwa $\varrho \approx 10^{-6}\ \Omega\mathrm{cm}$, für beste Isolatoren dagegen $\varrho \approx 10^{17}\ \Omega\mathrm{cm}$ (vgl. Tabelle 19.I). Eine solch große Differenz zwischen gleichen physikalischen Größen zweier verschiedener Werkstoffe findet man sehr selten in der Natur. Diese Differenz läßt sich nicht ohne weiteres mit der verschiedenen Dichte oder Beweglichkeit von Elektronen in einem Elektronengas erklären. Außerdem müßte, wenn der Unterschied zwischen elektrischem Leiter und Isolator nur vom freien Elektronengas im Leiter herrührt, die spezifische Wärme eines Leiters generell wesentlich höher sein als die eines Isolators. Wie in § 1 schon bemerkt, ist das jedoch nicht der Fall.

§ 18. Wellenmechanische Beschreibung der freien Elektronen im Metall

18.1. Diskrete Energieniveaus für die Leitungselektronen

Es sollen wieder nur die freien Elektronen betrachtet werden, also die, welche nicht fest an die Atomkerne im Metall gebunden sind. Beim Kupfer sind das beispielsweise die 4*s*-Elektronen. Ein großer Potentialunterschied V sorgt dafür, daß diese Elektronen das Metall nicht verlassen. Berücksichtigt man vorerst nur eine Raumdimension eines Kristalls, dann befinden sich die Elektronen in einem „Potentialtopf" der Höhe V und der Länge a (s. Abb. 18.1). Die Energie W der sich mit einer Geschwindigkeit v in dem erlaubten Topf bewegenden Elektronen ist gegeben durch:

$$W = \tfrac{1}{2} m v^2. \tag{18.1}$$

In der klassischen Betrachtungsweise könnten gemäß § 1 die Elektronen jede Energie besitzen, d.h. jeder Energiewert für die Elektronen wäre erlaubt. Beim absoluten Nullpunkt der Temperatur hätten z.B. alle Elektronen die Geschwindigkeit $v=0$ und damit auch die Energie $W=0$. Es muß aber der Wellencharakter der Elektronenbewegung mit all seinen Konsequenzen berücksichtigt werden. Die Bewegungsgleichungen für ein Elektron im gezeichneten Potentialtopf lassen sich wellenmechanisch exakt aufstellen und lösen (s. z.B. [*12*]). In § 15 wurde gefun-

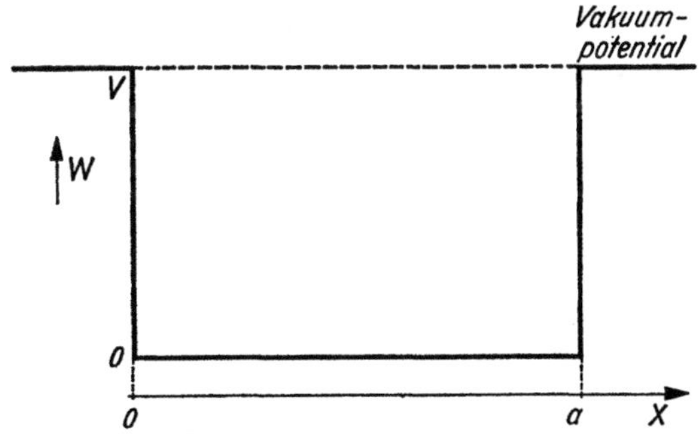

Abb. 18.1. Die potentielle Energie von freien Elektronen in einem Metall. Außerhalb des Metalles, das durch die eindimensionale Koordinate $0 < x < a$ dargestellt ist, ist die potentielle Energie der Elektronen um den Wert V höher als innerhalb des Metalles

den, daß die Elektronen im Potentialfeld des Wasserstoffkerns nur bestimmte Energien haben können. Für den Potentialtopf läßt die Wellenmechanik entsprechend nur solche Zustände der Elektronen zu, für die gilt, daß jeweils ein ganzes Vielfaches der halben Wellenlänge die Abmessung a des Kristalls ergibt. Bildlich gesprochen bedeutet das, daß nur stehende Elektronenwellen im Metall möglich sind und damit jeweils an den Begrenzungsflächen des Metalls Wellenknoten auftreten müssen. Die möglichen Wellenlängen λ der Elektronen sind somit durch:

$$\lambda = 2a/n, \tag{18.2}$$

mit $n = 1, 2, 3, \ldots$ usw., gegeben. Mit der de Broglie-Beziehung (13.2) errechnen sich aus (18.1) und (18.2) die möglichen Elektronenenergien zu:

$$W_n = \frac{h^2}{8 m a^2} n^2. \tag{18.3}$$

Diese Berechnung für einen eindimensionalen Raum läßt sich für einen dreidimensionalen Raum erweitern. In einem Kristall bilden sich in allen drei Raumrichtungen stehende Elektronenwellen aus. Nach (18.1) ergibt sich dann die Elektronenenergie:

$$W = \tfrac{1}{2} m (v_x^2 + v_y^2 + v_z^2). \tag{18.4}$$

Bei einem würfelförmigen Kristall mit der Seitenlänge a folgen aus (18.2) für die Wellenlängen λ_x, λ_y und λ_z in den indizierten Raumrichtungen die Bedingungen:

$$n_x \lambda_x = n_y \lambda_y = n_z \lambda_z = 2a, \tag{18.5}$$

mit $n_x, n_y, n_z = 1, 2, 3, \ldots$, usw. Damit ergibt sich für die möglichen Energiewerte der Elektronen:

$$W = \frac{h^2}{8 m a^2} (n_x^2 + n_y^2 + n_z^2). \tag{18.6}$$

Für die Elektronen gibt es also nur diskrete Energieniveaus, die durch alle möglichen Werte von $n_x^2 + n_y^2 + n_z^2$ bestimmt sind.

18.2. Lage des Fermi-Niveaus und Anzahl der möglichen Elektronenzustände in den verschiedenen Energieniveaus bei Metallen

Innerhalb eines durch $(n_x^2 + n_y^2 + n_z^2)$ festgelegten Energieniveaus können die Elektronen verschiedene Elektronenzustände einnehmen, die durch verschiedene Kombinationen der Quantenzahlen n_x, n_y, n_z gegeben sind. Für wachsende Werte von $(n_x^2 + n_y^2 + n_z^2)$ gibt es eine mehr als linear anwachsende Zahl von unterschied-

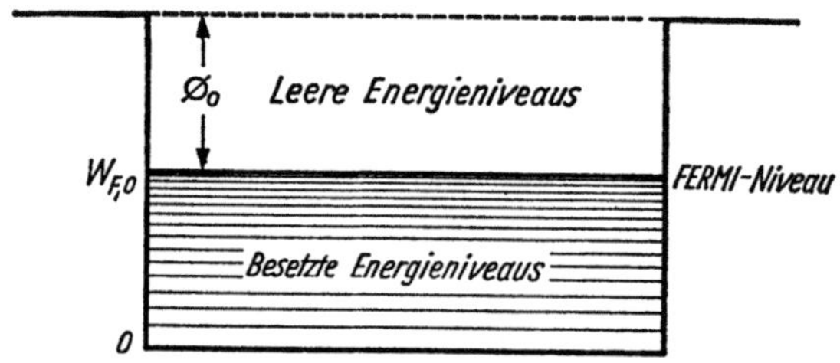

Abb. 18.2. Relative Lage der Energieniveaus für die freien Elektronen in einem Metall. Das höchste besetzte Niveau $W_{F,0}$, das Fermi-Niveau, liegt um das Austrittspotential Φ_0 unterhalb des Potentials für Elektronen im freien Raum

lichen möglichen Elektronenzuständen mit gleicher Energie. Jeder Elektronenzustand kann nach PAULI von zwei Elektronen besetzt sein, die entgegengesetztes Spinmoment haben. Beim Nullpunkt der absoluten Temperatur, also wenn die Elektronen keine zusätzliche thermische Energie besitzen, werden soviele der möglichen Energieniveaus vom untersten Niveau an durchgehend besetzt sein, daß alle freien Elektronen des Kristalls untergebracht sind. Unterhalb eines bestimmten Energieniveaus werden also alle Niveaus besetzt und oberhalb alle Niveaus leer sein. Das höchste noch ganz oder teilweise besetzte Energieniveau wird Fermi-Niveau, die entsprechende Energie Fermi-Energie $W_{F,0}$ genannt, wobei der Index 0 andeuten soll, daß es sich um eine Energie bei der Temperatur $T = 0°$K handelt. Die Fermi-Energie $W_{F,0}$ eines Werkstoffs gibt damit praktisch den Energieunterschied zwischen den freien Elektronen mit der höchsten Energie und den freien Elektronen mit der niedrigsten Energie bei $T = 0°$ K an. Die Energie, die ein Elektron mit der Energie $W_{F,0}$ noch aufnehmen muß, um den Potentialtopf zu verlassen, d.h. also um aus dem Metall auszutreten, wird Austrittspotential Φ_0 genannt (s. Abb. 18.2). Wenn n die Dichte der freien Elektronen im Metall ist, dann befinden sich im Volumen V insgesamt $n V$ freie Elektronen. Da nach PAULI höchstens jeweils zwei Elektronen denselben Elektronenzustand besetzen können, müssen also mindestens $n V/2$ Elektronenzustände für die Unterbringung der Elektronen zur Verfügung stehen. In einem dreidimensionalen Diagramm, auf dessen Achsen die Quantenzahlen n_x, n_y und n_z aufgetragen sind, entspricht jeder mögliche Elektronenzustand einem Raumpunkt, der durch positive, ganzzahlige Werte von n_x, n_y und n_z gegeben ist. Alle Elektronenzustände (n_x, n_y, n_z), für die $(n_x^2 + n_y^2 + n_z^2)$ konstant ist, liegen auf einer Kugeloberfläche mit dem Radius $R = \sqrt{n_x^2 + n_y^2 + n^2}$ (s. Abb. 18.3). Die Elektronen mit der höchsten vorkommenden Energie, der Fermi-

Energie $W_{F,0}$, liegen dann auf einer Kugeloberfläche mit dem Radius $R_{max} = \sqrt{(n_x + n_y^2 + n_z^2)_{max}}$, dem Radius der sog. Fermi-Kugel. Bei der sehr großen Elektronendichte im Metall ($n \approx 10^{22}$ cm^{-3}) ist die Anzahl der benötigten Elektronenzustände so groß, daß das Volumen der Achtelkugel mit dem Radius R_{max} der Anzahl dieser benötigten Zustände entspricht. Das Volumen dieser Achtel-„Zuständekugel" ist dimensions los, weil es der ebenfalls dimensionslosen Größe einer Anzahl Zustände entspricht. Es gilt also:

$$\frac{nV}{2} = \frac{1}{8} \cdot \frac{4}{3} \pi R_{max}^3. \tag{18.7}$$

Aus (18.6) folgt:

$$W_{F,0} = \frac{h^2}{8ma^2} (n_x^2 + n_y^2 + n_z^2)_{max}, \tag{18.8}$$

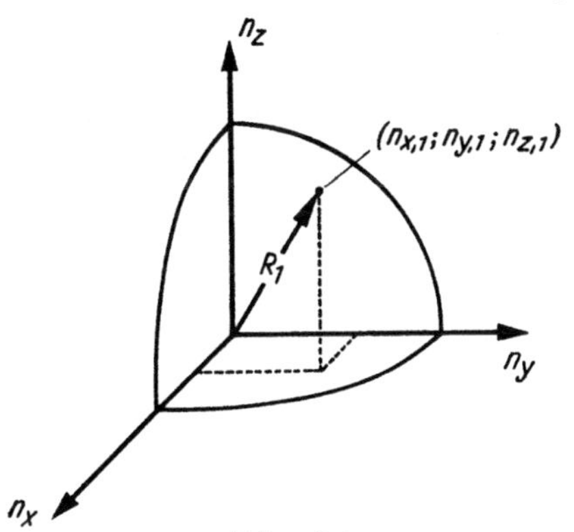

Abb. 18.3

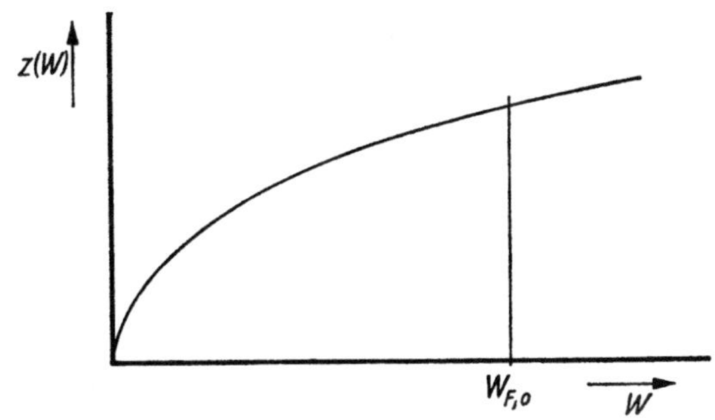

Abb. 18.4

Abb. 18.3. Die Fermi-Kugel

Abb. 18.4. Zustandsdichte $z(W)$ für die freien Elektronen in einem Metall in Abhängigkeit von der Elektronenenergie W

und aus (18.7) und (18.8):

$$\frac{nV}{2} = \frac{\pi}{6} \left(\frac{8ma^2 W_{F,0}}{h^2} \right)^{\frac{3}{2}}. \tag{18.9}$$

Für $V = a^3$ berechnet sich daraus die Fermi-Energie für das Metall:

$$W_{F,0} = \frac{h^2}{8m} \left(\frac{3}{\pi} n \right)^{\frac{2}{3}}. \tag{18.10}$$

Die Fermi-Energie $W_{F,0}$ ist nicht vom Volumen des Metalles abhängig, was physikalisch vernünftig ist, und stellt damit eine Materialkonstante dar. Führt man die Berechnung des Fermi-Niveaus für Kupfer durch, dann erhält man mit der in § 17 berechneten Elektronendichte $n = 8{,}5 \cdot 10^{22}$ cm^{-3} den Wert $W_{F,0} = 7{,}05$ eV, der experimentell gut bestätigt wird. Der Fermi-Energie $W_{F,0}$ läßt sich nach $W_{F,0} = k\, T_{F,0}$ auch eine Fermi-Temperatur $T_{F,0}$ zuordnen, die z.B. bei Kupfer $T_{F,0} \approx 8{,}2 \cdot 10^4$ °K beträgt. Die Geschwindigkeit $v_{F,0}$ der sog. Fermi-Elektronen, d.h. die Geschwindigkeit der Elektronen mit der Energie $W_{F,0}$ berechnet sich aus $\frac{1}{2} m v_{F,0}^2 = W_{F,0}$. Für Kupfer gilt $v_{F,0} \approx 1{,}6 \cdot 10^8$ cm/s. Im Unterschied zur klassischen Elektronengastheorie haben die freien Elektronen als Folge ihres Wellencharakters bei $T = 0$ °K nicht die Energie Null, sondern füllen alle „erlaubten", d.h. wellenmechanisch möglichen Energieniveaus in Kupfer bis etwa 7 eV auf. Berücksichtigt man die große Anzahl der vorhandenen Leitungselektronen, so kann man sagen, daß die Gesamtheit der möglichen diskreten Energieniveaus ein stetiges Energieband darstellt.

Die Anzahl n_z der Elektronenzustände pro Volumeneinheit, die von Elektronen mit Energien unterhalb einer beliebigen Energie $W \leqq W_{F,0}$ eingenommen werden können, berechnet sich aus (18.10):

$$n_z = \frac{4\pi}{3h^3}(2m)^{\frac{3}{2}} W^{\frac{3}{2}}. \tag{18.11}$$

(Allerdings gilt diese Berechnung nicht mehr für sehr kleine Werte von W, weil dann die Anzahl der Zustände so klein ist, daß sie nicht mehr dem Volumen der Achtel-„Zuständekugel" entspricht.) Die Anzahl $z(W)$ der Elektronenzustände pro Energieeinheit bei der Energie W und pro Volumeneinheit des Kristalls ergibt sich aus (18.11) zu:

$$z(W) = \lim_{\Delta W \to 0} \frac{\Delta n_z}{\Delta W} = \frac{dn_z}{dW} = \frac{2\pi}{h^3}(2m)^{\frac{3}{2}} W^{\frac{1}{2}}. \tag{18.12}$$

Die Integration dieser sog. Zustandsdichte $z(W)$, s. Abb. 18.4, von der Energie Null bis zur Fermi-Energie liefert wieder die Dichte n der freien Elektronen im Metall:

$$2\int_0^{W_{F,0}} z(W)\,dW = n, \tag{18.13}$$

denn unterhalb der Fermi-Energie sind bei $T = 0°$ K alle Energiezustände besetzt und oberhalb $W_{F,0}$ unbesetzt.

18.3. Besetzungsgrad der möglichen Elektronenzustände in Abhängigkeit von der Temperatur

Da im Metall beim Nullpunkt der Temperatur alle zugelassenen Elektronenzustände bis zu solchen mit der Energie $W_{F,0}$ besetzt und solche mit höherer Energie unbesetzt sind, ist, wie in Abb. 18.5b für $T = 0°$ K dargestellt, der Besetzungsgrad f bis zur Energie $W_{F,0}$ gleich eins und bei höheren Energien gleich Null. Die Fermi-Energie kann als konstant betrachtet werden, da sie, gemäß (18.10), nur über die Elektronendichte n von der Temperatur abhängt. Die Elektronendichte n ist umgekehrt proportional zum Volumen des Werkstoffes.

Somit ist der Temperaturkoeffizient der Fermi-Energie bei Metallen:

$$\frac{1}{W_{F,0}} \frac{dW_{F,0}}{dT} = -\frac{2}{3} \frac{1}{V} \frac{dV}{dT}. \tag{18.14}$$

Da der Volumenausdehnungskoeffizient $\frac{1}{V}\frac{dV}{dT}$ meist von der Größenordnung 10^{-5} Grad^{-1} ist, kann die Änderung der Fermi-Energie im Temperaturbereich von $T = 0$ bis $T = 400$ °K in den weiteren Betrachtungen vernachlässigt und statt $W_{F,0}$ nur W_F geschrieben werden.

Bei einer Temperatur $T > 0$ °K haben klassisch gesehen alle Elektronen eine zusätzliche kinetische Energie, die pro Elektron bei z.B. $T = 300$ °K den Wert $kT = 0{,}025$ eV hat. Diese Energie ist im Vergleich zur Größe der Fermi-Energie W_F von einigen Elektronenvolt (z.B. Kupfer: $W_F \approx 7$ eV) sehr gering. Wegen der beschriebenen Besetzungsgrade der verschiedenen Energieniveaus ist es verständlich, daß nur die Elektronen thermische Energie aufnehmen können, die bereits die Energie des Fermi-Niveaus oder nur eine wenig geringere Energie besitzen. Elektronen mit niedrigerer Energie würden nach Aufnahme von thermischer Energie Elektronenzustände einnehmen, die bereits von anderen Elektronen voll besetzt sind. Es wird dann auch verständlich, daß sich die spezifischen Wärmen von elektrischen Leitern und Nichtleitern nur unwesentlich voneinander unterscheiden werden, weil nur eine geringe Zahl der freien Elektronen Energie aufnehmen kann.

Der in Abb. 18.5b eingezeichnete Verlauf des Besetzungsgrades $f(W)$ für $T > 0$ °K wird durch die Funktion:

$$f(W) = \frac{1}{e^{(W-W_F)/kT} + 1} \tag{18.15}$$

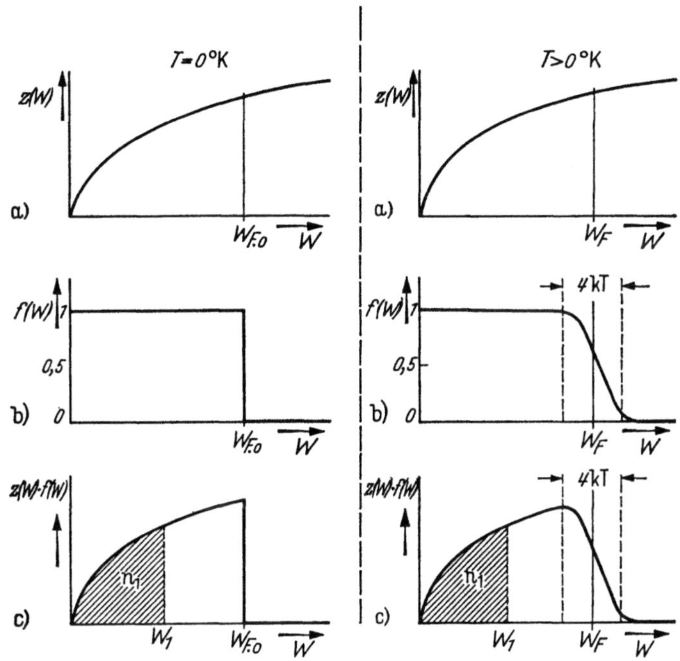

Abb. 18.5. a Mögliche Zustandsdichte $z(W)$ für die freien Elektronen in einem Metall, b Besetzungsgrad $f(W)$ der Elektronenzustände und c Anzahl $z(W) \cdot f(W)$ der Elektronen pro Energie- und Volumeneinheit in Abhängigkeit von der Elektronenenergie W bei $T = 0°$ K und $T > 0°$ K

gegeben. Dieses Fermi-Diracsche Verteilungsgesetz gibt an, welcher Teil der möglichen Elektronenzustände in einem Energiebereich zwischen W und $W + \Delta W$ bei der Temperatur T im thermischen Gleichgewicht wirklich von Elektronen besetzt ist. Man erkennt, daß die Funktion $f(W)$ punktsymmetrisch bezüglich des Punktes $(W_F; \frac{1}{2})$ ist und der Abfall von $f(W) = 1$ auf $f(W) = 0$ im wesentlichen in einem Energiebereich der Größe 4 kT erfolgt. Die Fermi-Energie W_F in (18.15) ist die Energie, bei der die Hälfte aller möglichen Elektronenzustände besetzt ist. Die Fermi-Dirac-Funktion geht für $W - W_F \gg kT$ über in die Boltzmann-Funktion:

$$f(W) = e^{-(W-W_F)/kT}, \tag{18.16}$$

(s. Abb. 18.6), die sich auch aus der klassischen Maxwell-Verteilung (1.7) für große Werte von W_F/kT ergibt. Bei $T = 0$ °K ergab die Integration der Energiezustandsdichte $z(W)$ von der Energie Null bis zur Fermi-Energie W_F, gemäß (18.13), die Gesamtzahl n aller freien Elektronen pro Volumeneinheit des Metalls. Bei Temperaturen $T > 0$ °K ergibt erst die Integration über den Energiebereich $W = 0$ bis $W = \infty$ diese Elektronendichte n. Der Grund dafür ist, daß zwar die Zustandsdichtefunktion $z(W)$, die gleiche wie bei $T = 0$ °K geblieben ist, daß aber bei höheren

Temperaturen der Besetzungsgrad für $W < W_F$ kleiner als 1 und für $W > W_F$ nicht Null ist. Damit wird aus (18.13) für $T > 0°$ K:

$$2\int_0^\infty z(W)\, f(W)\, dW = n. \tag{18.17}$$

Die Anzahl der Elektronen n_1 pro Volumeneinheit, die geringere Energien als W_1 haben, ergibt sich aus:

$$n_1 = 2\int_0^{W_1} z(W)\, f(W)\, dW, \tag{18.18}$$

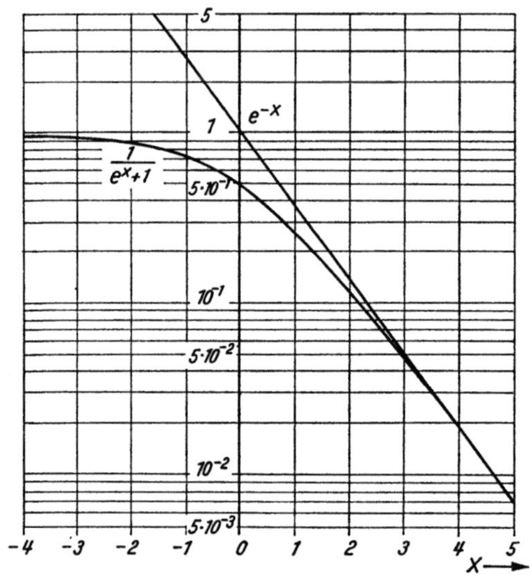

Abb. 18.6. Die Fermi-Dirac-Function $\frac{1}{e^x + 1}$ und die Boltzmann-Funktion e^{-x}

wie es schematisch in Abb. 18.5c angegeben ist. In Abb. 18.5 ist zusammengestellt, wie sich bei $T = 0$ °K und bei $T > 0$ °K die Anzahl $z(W)\, f(W)$ der mit Elektronen besetzten Zustände pro Energie- und Volumeneinheit aus der Elektronenzustandsdichte $z(W)$ durch Multiplikation mit dem Besetzungsgrad $f(W)$ ergibt.

§ 19. Eigenhalbleiter

Die spezifische Leitfähigkeit von Halbleitern liegt bei Raumtemperatur, wie aus Tabelle 19.I hervorgeht, zwischen der Leitfähigkeit von Metallen, also sehr guten elektrischen Leitern, und der von Isolatoren. Bei relativ hohen oder niedrigen Temperaturen lassen sich Halbleiter jedoch aufgrund der Größe ihrer elektrischen Leitfähigkeit kaum mehr von elektrischen Leitern bzw. Isolatoren unterscheiden. Aus dem Temperaturgang der elektrischen Leitfähigkeit geht hervor, daß sich der Leitfähigkeitsmechanismus von Halbleitern wesentlich von dem der Metalle unterscheiden muß.

19.1. Elektronen- und Löcherleitung

Die technisch wichtigen Halbleiter, das Silizium und das Germanium, sind Elemente der vierten Spalte des Periodischen Systems, sind chemisch vierwertig und haben Diamantstruktur (s. Abb. 2.6). Wie aus Tabelle 15.I hervorgeht, besitzt Silizium vier Elektronen in der M-Schale und Germanium ebensoviele in

Tabelle 19.I. *Die elektrische Leitfähigkeit σ einiger Werkstoffe bei Raumtemperatur.* [Repräsentative Werte aus der Literatur]

Metalle 10^5 $(\Omega cm)^{-1}$		Halbleiter $(\Omega cm)^{-1}$		Isolatoren $(\Omega cm)^{-1}$	
Li	1,1	Si	$2 \cdot 10^{-5}$	Diamant	10^{-16}
Na	2,2	Ge	$2{,}1 \cdot 10^{-2}$	Glimmer	10^{-17}
K	1,4	Sn (grau)	$5 \cdot 10^{5}$	Glas	10^{-11}
Al	4,0	InSb	$5 \cdot 10^{-7}$	Quarz	$3 \cdot 10^{-17}$
Fe	1,0	CuO	$5 \cdot 10^{-7}$		
Ni	1,6	FeO	$1 \cdot 10^{-4}$		
Zn	2,1	Graphit	$4{,}6 \cdot 10^{-3}$		
Cu	6,4 —5,8				
Ag	6,7				
Cd	1,3				
W	2,0				
Au	5,0				
Pb	0,53				

der N-Schale. Diese Elektronen verursachen kovalente Bindung zwischen den Atomen des Gitters und sind beim Nullpunkt der Temperatur alle an der chemischen Bindung beteiligt. Es stehen dann keine Elektronen für den Leit-

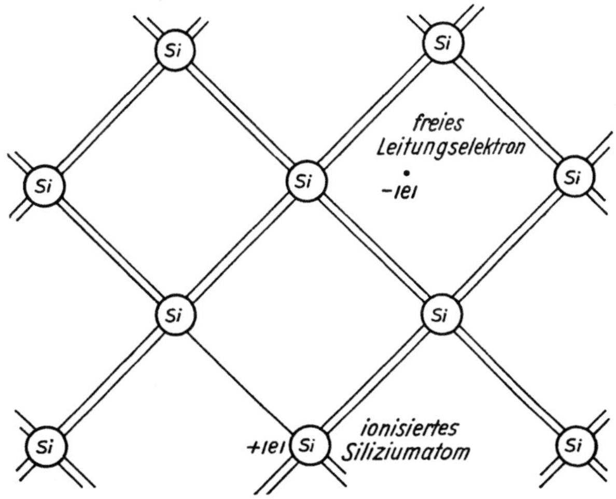

Abb. 19.1. Bildliche Darstellung der Ionisierung eines einzelnen Atoms im Si-Gitter. Jeder Strich zwischen zwei Atomen stellt eine durch ein gemeinsames Elektron verursachte chemische Bindung zwischen Nachbaratomen dar

fähigkeitsmechanismus zur Verfügung, d.h. der Halbleiter besitzt bei $T=0$ °K Isolatoreigenschaften. Wie in § 16.2 besprochen und in Abb. 16.7 dargestellt, sind sowohl bei Germanium als auch bei Silizium die vier Valenzelektronen im Valenzband untergebracht, das vom Leitungsband durch eine verbotene Energiezone getrennt ist. In Tabelle 19.II sind die Breiten W_B der verbotenen Zonen für einige wichtige Halbleiterwerkstoffe angegeben. Mit steigender Temperatur brechen mehr und mehr der chemischen Bindungen im Kristall auf und die Elektronen, die diese Bindungen verursacht hatten, werden (fast) frei im Kristall beweglich. Mit jedem frei werdenden Elektron entsteht ein ionisiertes Atom (s. Abb. 19.1). Die positive Ladung der ionisierten Atome ist nun als sog. „Defektelektron" oder positiv geladenes „Loch" ebenfalls im Festkörper (fast)

Tabelle 19.II. *Breite W_B der verbotenen Zone für einige Halbleiterwerkstoffe bei Raumtemperatur.* Zum Vergleich ist der Isolator Diamant aufgenommen. [Repräsentative Werte aus der Literatur]

Werkstoff	W_B in eV	Werkstoff	W_B in eV	Werkstoff	W_B in eV
Diamant	6 ... 7	Sn (grau)	0,08	Cu_2O	2,1
Si	1,1 ... 1,2	InSb	0,18	GaAs	1,45
Ge	0,65 ... 0,72	InAs	0,33	GaSb	0,8

frei beweglich. Ein ionisiertes Atom kann nämlich vom neutralen Nachbarn ein Elektron übernehmen, d.h. seine eigenen Bindungen wieder voll absättigen, so daß nun das Nachbaratom ionisiert ist und also ein Transport von positiver

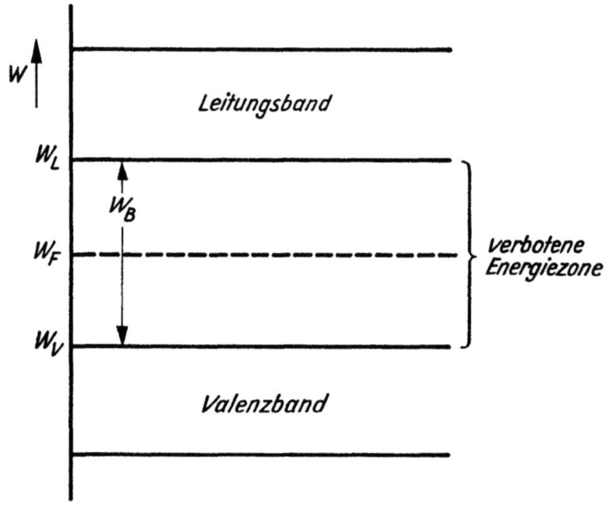

Abb. 19.2. Bändermodell für einen Eigenhalbleiter

Ladung vom ersten zum zweiten betrachteten Atom stattgefunden hat. Unter Einfluß eines elektrischen Feldes bewegt sich ein „Loch" von Atom zu Atom in Feldrichtung. Unter Einfluß eines elektrischen Feldes gibt es also im Kristall Elektronen- und Löcherleitung. Kommt ein freies Elektron bei seiner Bewegung durch den Kristall in die „Nähe" eines ionisierten Atomes, dann kann das Elektron „eingefangen" werden, d.h. es nimmt wieder an der chemischen Bindung teil und ist wieder fest an das Atom gebunden. Diese Erscheinung der Vereinigung von Elektron und Defektelektron wird Rekombination genannt. Bei jeder Rekombination geht ein Ladungsträgerpaar verloren. Im thermischen Gleichgewicht des Halbleiters wird der Verlust an Ladungsträgerpaaren laufend durch Erzeugung neuer Paare ausgeglichen; die Rekombinationsrate ist dann also gleich der Erzeugungsrate.

Mit steigender Temperatur des Halbleiters nehmen immer mehr Elektronen des Valenzbandes soviel thermische Energie auf, daß sie die verbotene Energiezone W_B überwinden und ins Leitfähigkeitsband gelangen können (s. Abb. 19.2). Gleichzeitig ist damit am oberen Rande des Valenzbandes ein möglicher Elektronenzustand leer geworden; man sagt, daß ein „Loch" im Valenzband entstanden ist. Damit ist also der Besetzungsgrad der Elektronen im Leitungsband nicht mehr Null und der Besetzungsgrad der Elektronen im Valenzband nicht mehr 1 wie bei 0 °K. Nach mehr oder weniger langer Zeit „fallen" die Elektronen aus dem Leitfähigkeitsband ins Valenzband zurück, d.h. Elektron und Defektelektron rekombinieren. Hierbei wird Energie in Form von Strahlung und Wärme wieder frei. Bei einer konstanten Temperatur, d.h. im thermischen Gleichgewicht sind die Erzeugung neuer Trägerpaare mit der Rekombination im Gleichgewicht und damit die Dichte der Ladungsträger in den beiden Bändern nicht zeitabhängig.

19.2. Anzahl der Ladungsträger im Leitfähigkeitsband und im Valenzband

In § 18.3 wurde für die Dichte $z(W)$ der Elektronenzustände völlig freier Elektronen im Metall die Formel (18.12) gefunden. Die zur elektrischen Leitfähigkeit beitragenden Elektronen bewegen sich nun aber in einem Festkörper im Potential der Atome. Wie aus der exakten wellenmechanischen Berechnung von Elektronenbewegungen in Kristallen folgt, ist der Einfluß dieses periodischen

Tabelle 19.III. *a) Die effektiven Elektronenmassen bei Metallen. b) Die effektiven Elektronen- und Löchermassen von Silizium und Germanium.* [*Literaturwerte*]

		$\frac{m_{E,\,\mathrm{eff}}}{m}$				$\frac{m_{E,\,\mathrm{eff}}}{m}$; $\frac{m_{L,\,\mathrm{eff}}}{m}$
a)	Li	1,2—1,5	b)	Si	Elektronen:	0,19—0,98*
	Na	0,94—1,2			Löcher:	0,16—0,52*
	K	0,58—1,1		Ge	Elektronen:	0,08—1,60*
	Al	0,97			Löcher:	0,04—0,34*
	Zn	0,85				
	Cu	1,0—1,47				

* Abhängig von der Bewegungsrichtung der Ladungsträger im Kristall.

„Stör"-Potentials besonders stark auf die Elektronen, die eine Energie nahe dem höchsten oder niedrigsten Energiewert eines Energiebandes besitzen. Es läßt sich meist dadurch berücksichtigen, daß die Elektronenmasse m durch eine effektive Elektronenmasse $m_{E,\,\mathrm{eff}}$ ersetzt wird. Mit Hilfe dieser effektiven Masse kann dann auch z.B. wieder klassisch entsprechend § 17 die Elektronendriftbeschleunigung $\vec{\dot{v}}_D$ durch ein elektrisches Feld $\vec{E}$ in einem Festkörper berechnet werden.

Bei Metallen haben die zur Leitfähigkeit beitragenden Elektronen meist eine Energie in Bandmitte und der Unterschied zwischen effektiver Elektronenmasse $m_{E,\,\mathrm{eff}}$ und Elektronenmasse m ist gering (s. Tabelle 19.III a). Bei Halbleiterwerkstoffen kann die effektive Elektronenmasse $m_{E,\mathrm{eff}}$ der Leitungselektronen wesentlich von der Masse m abweichen und im Werkstoff stark von der Kristallrichtung abhängig sein (s. Tabelle 19.III b). In einem Halbleiter verhalten sich die Elektronen, die sich im Leitfähigkeitsband energetisch wenig oberhalb der Bandkante W_L befinden, ähnlich wie freie Elektronen, wenn man ihnen eine effektive Masse $m_{E,\,\mathrm{eff}}$ zuschreibt. Deshalb ist unter der meistens gültigen Annahme, daß sich nur relativ wenige Elektronen im Leitungsband befinden, d.h. tatsächlich nur kleine Elektronenenergien $W-W_L$ auftreten, in guter Näherung die Elektronenzustandsdichte $z_E(W)$ im Leitfähigkeitsband entsprechend (18.12):

$$z_E(W) = \frac{2\pi}{h^3}\,(2m_{E,\,\mathrm{eff}})^{\frac{3}{2}}\,(W-W_L)^{\frac{1}{2}}. \tag{19.1}$$

Außerdem ist der Besetzungsgrad der Elektronenzustände wie bei freien Elektronen durch die Fermi-Dirac-Funktion (18.15) bestimmt, wobei hier allerdings noch keine Aussage über die Bezugsenergie W_F (Fermi-Energie) gemacht werden kann, die deshalb vorerst als reine Systemgröße ohne besondere physikalische Bedeutung beibehalten werden soll. Es soll noch angenommen werden: $W-W_F \gg kT$, d.h. also, daß im Energiediagramm das Fermi-Niveau wesentlich tiefer liegt als der unterste Rand W_L des Leitfähigkeitsbandes, was, wie sich später zeigen wird, meistens der Fall ist. Damit gilt für den Besetzungsgrad vereinfachend die Boltzmann-Funktion (18.16). Die Anzahl n der Elektronen pro Volumeneinheit des Werkstoffs im Leitfähigkeitsband berechnet sich nun entsprechend (18.17) aus:

$$n = 2\int_{W_L}^{\infty} z_E(W)\, f_E(W)\, dW = \int_{W_L}^{\infty} \frac{4\pi}{h^3}\,(2m_{E,\,\mathrm{eff}})^{\frac{3}{2}}\,(W-W_L)^{\frac{1}{2}}\, e^{\frac{-(W-W_F)}{kT}}\, dW. \qquad (19.2)$$

Durch Normierung erhält man:

$$n = \frac{4\pi}{h^3}\,(2m_{E,\,\mathrm{eff}}\,kT)^{\frac{3}{2}} \int_{W_L/kT}^{\infty} \left(\frac{W-W_L}{kT}\right)^{\frac{1}{2}} e^{W_F/kT}\, e^{-W/kT}\, d\left(\frac{W}{kT}\right).$$

Setzt man $(W-W_L)/kT = x$, so folgt:

$$n = 4\pi\left(\frac{2m_{E,\,\mathrm{eff}}\,kT}{h^2}\right)^{\frac{3}{2}} e^{\frac{W_L-W_F}{kT}} \int_0^{\infty} x^{\frac{1}{2}}\, e^{-x}\, dx.$$

Das Integral ist eine Gammafunktion und hat die Lösung: $\frac{1}{2}\sqrt{\pi}$. Damit gilt:

$$n = 2\left(\frac{2\pi m_{E,\,\mathrm{eff}}\,kT}{h^2}\right)^{\frac{3}{2}} e^{-(W_L-W_F)/kT}. \qquad (19.3)$$

Die Anzahl der Elektronen im Leitfähigkeitsband hängt also von der Lage von W_L und W_F relativ zueinander ab und nicht von der Breite W_B der verbotenen Energiezone oder der absoluten Größe von W_L und W_F. Außerdem ist keinerlei Aussage darüber gemacht, woher die Elektronen ins Leitfähigkeitsband gekommen sind.

Eine analoge Berechnung führt zu der Anzahl p der Löcher im Valenzband pro Volumeneinheit des Werkstoffs. Die Defektelektronen im Valenzband verhalten sich in der Nähe des oberen Randes des Valenzbandes ähnlich wie freie Elektronen eines Elektronengases. Allerdings muß dabei eine „effektive Löchermasse" $m_{L,\,\mathrm{eff}}$ berücksichtigt werden, die sich meist ebenfalls von m und außerdem auch von $m_{E,\,\mathrm{eff}}$ unterscheidet. Die Fermi-Dirac-Statistik macht Aussagen über den Besetzungsgrad von Elektronenzuständen. Die Wahrscheinlichkeit $f_L(W)$, daß in einem bestimmten Elektronenzustand ein „Loch" auftritt, ist gleich der Wahrscheinlichkeit, daß in diesem Zustand ein Elektron fehlt. Damit gilt:

$$f_L(W) = 1 - f_E(W) \approx e^{-(W_L-W)/kT}. \qquad (19.4)$$

Auch hier kann wieder die Fermi-Dirac-Statistik durch die Boltzmann-Statistik angenähert werden, wenn die Differenz zwischen der Fermi-Energie und dem oberen Rande W_V des Valenzbandes groß ist und somit gilt $W_F - W \gg kT$. Die Anzahl der Löcher pro Volumeneinheit im Valenzband berechnet sich dann aus:

$$p = 2\int_{W_V}^{0} z_L(W)\,\big(1-f_E(W)\big)\, dW \qquad (19.5)$$

zu:

$$p = 2\left(\frac{2\pi m_{L,\,\mathrm{eff}}\,kT}{h^2}\right)^{\frac{3}{2}} e^{(W_V-W_F)/kT}. \qquad (19.6)$$

Auch bei dieser Berechnung wurden keine Betrachtungen darüber angestellt, woher die Löcher im Valenzband stammen, bzw. wohin die Elektronen gekommen sind, die die Löcher hervorgerufen haben. Sowohl die Elektronendichte n im Leitfähigkeitsband als auch die Löcherdichte p im Valenzband sind sehr stark von der Temperatur des Halbleiters abhängig. Die Multiplikation von (19.3) und (19.6) führt mit $W_L - W_V = W_B$ auf:

$$np = 4\left(\frac{2\pi k T}{h^2}\right)^3 (m_{L,\,\mathrm{eff}}\, m_{E,\,\mathrm{eff}})^{\frac{3}{2}}\, e^{-W_B/kT}. \tag{19.7}$$

Das Produkt np bei einem Halbleiter ist, abgesehen von der Temperaturabhängigkeit, eine konstante Größe, die durch die Materialeigenschaften des Halbleiters wie Breite der verbotenen Zone W_B und effektive Elektronen- und Löchermassen, $m_{E,\,\mathrm{eff}}$ und $m_{L,\,\mathrm{eff}}$, bestimmt ist. Es läßt sich also für einen bestimmten Halbleiterwerkstoff schreiben:

$$pn = \text{konstant}, \quad \text{wenn} \quad T = \text{konstant}. \tag{19.8}$$

In einem Halbleiterwerkstoff ist für eine bestimmte Temperatur immer, unabhängig von der Herkunft der Elektronen und Löcher, das Produkt aus Elektronendichte im Leitfähigkeitsband und Löcherdichte im Valenzband eine Konstante und insbesondere unabhängig von der Lage des Fermi-Niveaus W_F. Es bleibt jetzt noch das Problem, die Lage von W_F zu bestimmen.

19.3. Lage des Ferminiveaus beim Eigenhalbleiter

In den Gln. (19.3) für die Elektronendichte n und (19.6) für die Löcherdichte p ist die bis jetzt noch unbekannte Größe W_F, das Fermi-Niveau, enthalten. Da außerdem, wie noch gezeigt wird, die Lage des Fermi-Niveaus eine wichtige Rolle bei den Vorgängen an Kontaktstellen unterschiedlicher Halbleiter spielt, soll die Lage dieses Bezugsenergieniveaus beim Eigenhalbleiter berechnet werden. Beim Eigenhalbleiter stammt jedes Elektron im Leitfähigkeitsband aus dem Valenzband, in dem es dafür ein Loch zurückgelassen hat. Folglich gilt für den Eigenhalbleiter:

$$n = p = n_i, \tag{19.9}$$

wobei n_i die sog. Eigenleitungsträgerdichte des Eigenhalbleiters ist. Aus (19.3), (19.6) und (19.9) ergibt sich für das Fermi-Niveau W_F des Eigenhalbleiters:

$$W_F = \frac{1}{2}\,(W_L + W_V) + \frac{3}{4}\,kT \ln\left(\frac{m_{L,\,\mathrm{eff}}}{m_{E,\,\mathrm{eff}}}\right). \tag{19.10}$$

Da in (19.10) der zweite Term fast immer gegenüber dem ersten Term vernachlässigt werden kann, ist das Fermi-Niveau W_F temperaturunabhängig und liegt in der Mitte der verbotenen Energiezone:

$$W_F \approx \tfrac{1}{2}(W_L + W_V). \tag{19.11}$$

Diese Tatsache ist nachträglich eine Rechtfertigung für die Verwendung der Boltzmann-Statistik anstelle der Fermi-Dirac-Statistik in § 19.2. Für den Eigenhalbleiter berechnet man n und p aus (19.7) und (19.9) zu:

$$\left.\begin{aligned} n = p = n_i &= 2\left(\frac{2\pi m k T}{h^2}\right)^{\frac{3}{2}} \left(\frac{m_{E,\,\mathrm{eff}}\, m_{L,\,\mathrm{eff}}}{m^2}\right)^{\frac{3}{4}} e^{-W_B/2kT} \\ &= 4{,}83 \cdot 10^{15}\,\frac{1}{\mathrm{cm}^3}\left(\frac{T}{{}^\circ\mathrm{K}}\right)^{\frac{3}{2}} \left(\frac{m_{E,\,\mathrm{eff}}\, m_{L,\,\mathrm{eff}}}{m^2}\right)^{\frac{3}{4}} e^{-W_B/2kT}. \end{aligned}\right\} \tag{19.12}$$

Daraus ergibt sich bei Raumtemperatur für Silizium: $n_i \approx 6{,}5 \cdot 10^{10}\ \mathrm{cm}^{-3}$ und für Germanium: $n_i \approx 2{,}4 \cdot 10^{13}\ \mathrm{cm}^{-3}$. Wie in § 19.2 berechnet wurde, gilt für jeden Halbleiter, solange $(W_L - W_F) \gg kT$ und $(W_F - W_V) \gg kT$, daß bei konstanter Temperatur das Produkt $(n\,p)$ konstant ist. Für Silizium ist also bei Raumtemperatur: $n\,p \approx 4{,}2 \cdot 10^{21}\,\text{cm}^{-6}$ und für Germanium: $n\,p \approx 5{,}8 \cdot 10^{26}\,\text{cm}^{-6}$.

19.4. Elektrische Leitfähigkeit von Eigenhalbleitern

Die in § 17 durchgeführte klassische Behandlung der Leitfähigkeit von Metallen läßt sich nun auf Halbleiter übertragen, wobei allerdings berücksichtigt werden muß, daß zwei verschiedene Arten von Ladungsträgern auftreten, nämlich Elektronen und Löcher. Wenn man in (17.7) die Zeitkonstante τ durch zwei unterschiedliche Relaxationszeiten τ_E und τ_L für die beiden Ladungsträgerarten ersetzt

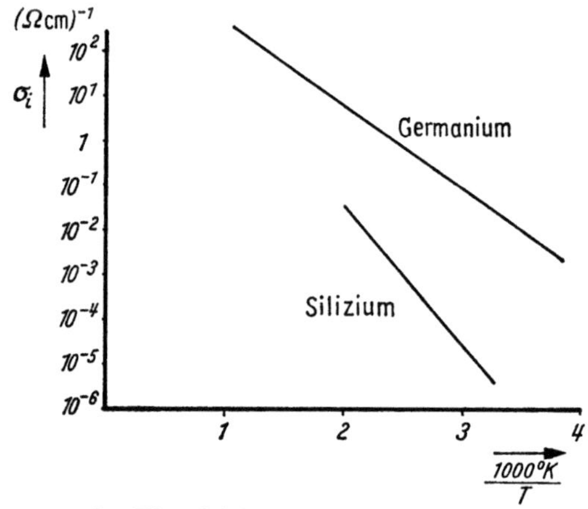

Abb. 19.3. Temperaturgang der Eigenleitfähigkeit σ_i von Silizium [nach PUTLEY, E. H., and W. H. MITCHELL: Proc. Phys. Soc. (London) **72**, 193 (1958)] und Germanium [nach MORIN, F. J., and J. P. MAITA: Phys. Rev. **94**, 1525 (1954)]

und statt m die verschiedenen effektiven Massen $m_{E,\text{eff}}$ und $m_{L,\text{eff}}$ einführt, so ergibt sich rein formal für die Leitfähigkeit σ eines Halbleiters:

$$\sigma = \frac{n\,e^2\,\tau_E}{m_{E,\text{eff}}} + \frac{p\,e^2\,\tau_L}{m_{L,\text{eff}}}. \tag{19.13}$$

Führt man noch, wie in § 17, die Beweglichkeiten μ_E und μ_L der Elektronen bzw. der Löcher ein, so folgt:

$$\sigma = n|e|\,\mu_E + p|e|\,\mu_L. \tag{19.14}$$

Mit (19.9) und (19.12) ergibt sich für die Leitfähigkeit σ_i eines Eigenhalbleiters:

$$\sigma_i = n_i|e|\,(\mu_E + \mu_L) = 2|e|\,(\mu_E + \mu_L)\left(\frac{2\pi m k T}{h^2}\right)^{\frac{3}{2}} \cdot \left(\frac{m_{E,\text{eff}}\, m_{L,\text{eff}}}{m^2}\right)^{\frac{3}{4}} e^{-W_B/2kT}. \tag{19.15}$$

Wenn $\sigma_{i,0}$ die Eigenleitfähigkeit bei irgendeiner Temperatur T_0 (z.B. Raumtemperatur) ist, dann läßt sich (19.15) normiert schreiben:

$$\frac{\sigma_i}{\sigma_{i,0}} = \left(\frac{T}{T_0}\right)^{\frac{3}{2}} e^{\frac{W_B}{2kT_0}\left(1 - \frac{T_0}{T}\right)}.$$

Wird in einem Diagramm $\sigma_i/\sigma_{i,0}$ im logarithmischen Maßstab über T_0/T aufgetragen, dann ist die Steigung der Kurve gegeben durch:

$$\frac{d}{d\,\frac{T_0}{T}}\left(\ln \frac{\sigma_i}{\sigma_{i,0}}\right) = -\,\frac{W_B + 3kT}{2kT_0}. \tag{19.16}$$

Solange gilt $W_B \gg 3kT$, d.h. für nicht zu hohe Temperaturen, ist die Kurve eine Gerade mit der Steigung:

$$\frac{d}{d\frac{T_0}{T}}\left(\ln\frac{\sigma_i}{\sigma_{i,0}}\right) \approx -W_B/2kT_0. \tag{19.17}$$

Damit läßt sich bei einem Eigenhalbleiter die Breite der verbotenen Zone aus Leitfähigkeitsmessungen bei zwei verschiedenen Temperaturen ermitteln:

$$W_B = -\frac{2k\ln\frac{\sigma_{i,1}}{\sigma_{i,2}}}{\frac{1}{T_1}-\frac{1}{T_2}}. \tag{19.18}$$

In Abb. 19.3 ist der Temperaturverlauf der Eigenleitfähigkeit von Silizium und Germanium dargestellt, aus dem sich W_B ermitteln läßt. Der Temperaturgang der elektrischen Leitfähigkeit von Eigenhalbleitern unterscheidet sich wesentlich von dem der Metalle. Während bei den Metallen die Leitfähigkeit infolge der zunehmenden Gitterschwingungen mit steigender Temperatur abnimmt, wird die Leitfähigkeit von Eigenhalbleitern mit steigender Temperatur trotz der zunehmenden Gitterschwingungen größer, weil die Anzahl der Ladungsträger mit der Temperatur anwächst.

§ 20. Störstellenhalbleiter

Die elektrischen Eigenschaften eines Halbleiterwerkstoffs können noch mehr als die eines Metalls durch Verunreinigungen des Werkstoffs beeinflußt und sogar bestimmt werden. So wird z.B. die elektrische Leitfähigkeit von Silizium bereits durch Zusatz von Bor in der Atomkonzentration 10^{-5} bei Raumtemperatur etwa um den Faktor 10^3 vergrößert. Deshalb läßt sich die Eigenleitfähigkeit, besonders bei tiefen Temperaturen, nur bei außerordentlich hoher Reinheit des Halbleiterwerkstoffs bestimmen. Diese hohe Reinheit wird nur durch Anwendung besonderer chemischer und physikalischer Reinigungsverfahren erreicht (s. z.B. [*13*]). Die Herstellung von Halbleiterbauelementen verlangt als Ausgangsmaterial Halbleiterwerkstoffe höchster Reinheit. Durch „Verunreinigung" mit bestimmten Mengen von sog. Dotierungselementen werden dann der gewünschte Leitungstyp und die gewünschte elektrische Leitfähigkeit des Werkstoffs hervorgerufen. Einen Einblick in die Technologie dieser Dotierung gibt [*14*].

20.1. Störstellenleitung

Setzt man Schmelzen von Germanium oder Silizium geringe Mengen von Elementen aus der dritten oder fünften Gruppe des Periodischen Systems der Elemente zu, dann werden die Fremdatome anstelle von 4-wertigen Germanium- oder Siliziumatomen im Gitter eingebaut. Beim Einbau eines Atoms eines 5-wertigen Elements, wie z.B. Phosphor, Arsen oder Antimon können vier Valenzen dieses Fremdatoms abgesättigt werden, d.h. vier Elektronen des Fremdatoms nehmen an der kovalenten Bindung mit dem Si-Nachbarn im Gitter teil, wie es durch die Striche zwischen den Atomen in Abb. 20.1 schematisch dargestellt ist. Das fünfte Elektron gehört weiterhin zum Fremdatom, nimmt aber nicht an der chemischen Bindung im Gitter teil. Die Bindung zwischen diesem fünften Elektron und dem Fremdatom ist sehr schwach, d.h. die Ionisierungsenergie des Atoms ist sehr gering, weil sich das Elektron im Felde einer positiven Ladung in einem Medium mit großer Dielektrizitätszahl bewegt, z.B. ist $\varepsilon_r = 12$ für Silizium und $\varepsilon_r = 16$ für Germanium.

Damit verringert sich die Coulombsche Anziehungskraft zwischen dem Elektron und dem Störstellenatom sehr stark und das Elektron kann sich relativ weit vom Atom entfernen. Wegen dieser großen Entfernung hat die Elektronenhülle des Fremdatoms nur noch geringen Einfluß auf das Verhalten seines fünften Valenzelektrons; das Elektron „kreist" also sozusagen um eine einfache positive Ladung an der Stelle des Atomkerns. Die Ionisierungsenergie läßt sich deshalb mit Hilfe des Bohrschen Wasserstoffatommodells abschätzen. Nach (12.8) ist die Ionisierungsenergie eines Elektrons auf der Wasserstoffgrundbahn gleich 13,6 eV. Berücksichtigt man die Dielektrizitätszahl des Mediums, so ergibt sich eine Ionisierungs-

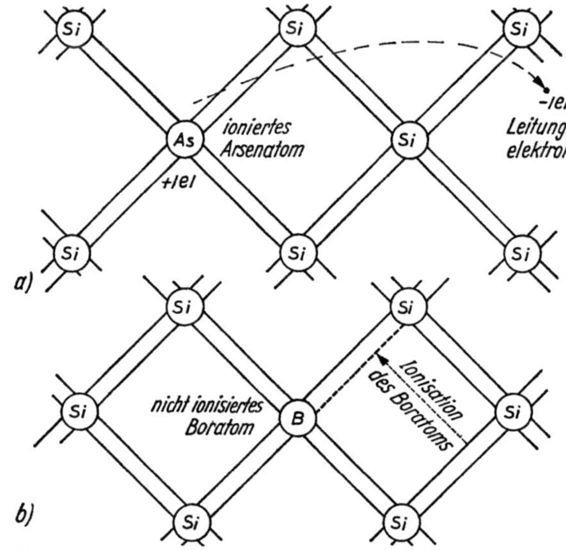

Abb. 20.1. a Donator- und b Akzeptoratom in Silizium

energie von etwa 0,05 eV. Obwohl diese Abschätzung sehr grob ist, läßt sich aus Tabelle 20.I doch erkennen, daß etwa die richtige Größenordnung ermittelt wurde.

Tabelle 20.I. *Ionisierungsenergien verschiedener Störstellenelemente in Silizium und Germanium.* Nach [23], S. 243

Störstellenelemente		Ionisierungsenergie in eV	
		in Silizium	in Germanium
Donatoren	P	0,044	0,012
	As	0,049	0,0127
	Sb	0,039	0,0096
Akzeptoren	B	0,045	0,0104
	Al	0,057	0,0102
	Ga	0,065	0,0108
	In	0,16	0,0112

Da die Ionisierungsenergie der Fremdatome so gering ist, reicht bereits geringe thermische Energie aus, um die nicht an der chemischen Bindung beteiligten Valenzelektronen von ihren Atomen abzulösen und frei im Kristallgitter beweglich zu machen. Die Störstellenatome liefern also Elektronen für die elektrische Leitfähigkeit und werden Elektronenspender oder Donatoren genannt. Bei genügend niedriger Temperatur, wo noch fast ausschließlich Ionisation der Fremdatome auftritt und die Ionisation der Atome des Grundmaterials vernachlässigt werden kann, wird man über reine Elektronenleitung sprechen. Der Stoff ist dann ein *n*-Leiter. Die Ionen der Fremdatome, die positiv geladen sind, sind im Gitter verankert und können nicht zur Leitfähigkeit beitragen.

Beim Einbau von 3-wertigen Fremdatomen, wie z.B. Bor, Aluminium, Gallium oder Indium, anstelle eines 4-wertigen Germanium- oder Siliziumatoms, stehen für die chemische Bindung nur drei Valenzelektronen zur Verfügung. Es fehlt also beim Störstellenatom ein Valenzelektron zur Aufrechterhaltung der chemischen Bindungen. In Abb. 20.1 ist das durch einen fehlenden Strich zwischen dem Boratom und einem Siliziumnachbarn angedeutet. Bei ausreichend hoher Temperatur des Werkstoffes kann ein Atom des Grundmaterials in der Nachbar-

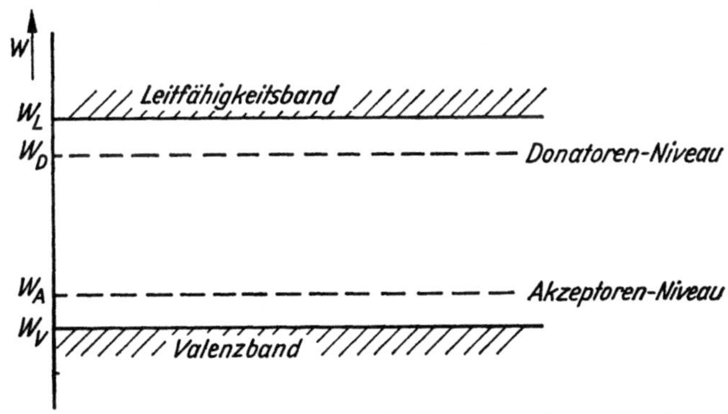

Abb. 20.2. Relative Lage der Donatoren- und Akzeptorenniveaus in einem Halbleiter

schaft der Störstelle ionisiert werden, d.h. eine abgesättigte chemische Bindung bricht auf. Das Elektron, das diese Bindung verursachte, nimmt also soviel thermische Energie auf, daß es sich freimacht und dann als viertes Valenzelektron die chemische Bindung zwischen dem Fremdatom und seinen Nachbaratomen vervollständigt. Die zum Aufbrechen der chemischen Bindung notwendige Energie ist in der Nachbarschaft einer Störstelle wesentlich geringer als im ungestörten Grundgitter und hat die gleiche Größenordnung wie die Ionisierungsenergie eines 5-wertigen Atoms im Grundgitter. Durch die Ionisierung eines Atoms des Grundmaterials ist ein Elektronenzustand im Valenzband frei geworden. Ein unbesetzter Elektronenzustand im Valenzband ist nach § 19.1 ein Defektelektron oder Loch. Unter Einfluß eines elektrischen Feldes entsteht dann im Werkstoff Löcherleitung. Da die 3-wertigen Fremdatome Valenzelektronen der Nachbaratome aufnehmen können, werden sie Akzeptoren genannt. Die durch die Akzeptoren verursachte elektrische Leitfähigkeit ist reine *p*-Leitung.

Energetisch betrachtet bedeutet die Dotierung eines Halbleiters mit Donatoren oder Akzeptoren, daß innerhalb der verbotenen Energiezone des Grundmaterials diskrete Elektronenenergieniveaus auftreten, die im Falle der Donatordotierung bei $T=0$ °K mit Elektronen besetzt sind (mit einem Valenzelektron des Fremdatoms) oder im Falle der Akzeptordotierung erlaubt und bei $T=0$ °K unbesetzt sind. Im Energieschema liegen diese Dotierungsniveaus etwa 0,01 bis 0,05 eV (s. Tabelle 20.I), unterhalb der unteren Kante W_L des Leitfähigkeitsbandes bzw. oberhalb der oberen Kante W_V des Valenzbandes. Üblicherweise wird das Donatoren- bzw. Akzeptorenniveau im Bändermodell gestrichelt eingezeichnet, um das lokalisierte Auftreten dieser Elektronenzustände im Werkstoff anzudeuten (s. Abb. 20.2). Mit wachsender Temperatur nehmen bei Donatordotierung immer mehr Elektronen im Donatorniveau W_D soviel thermische Energie auf, daß sie die Energiedifferenz $W_L - W_D$ überwinden und damit ins Leitfähigkeitsband gelangen können. Bei Akzeptordotierung nehmen mit wachsender Temperatur immer mehr Elektronen im Valenzband Energie auf, die ausreicht, um die Energiedifferenz $W_A - W_V$ zu überwinden. Dadurch werden immer mehr Akzeptorstellen mit Elektronen aufgefüllt und es entstehen Löcher (Defektelektronen) im Valenzband, die frei im Werkstoff beweglich sind. Im thermischen Gleichgewicht ist die Erzeugungsrate von Ladungsträgern genau so groß wie die Rekombinationsrate von Ladungsträgern mit den Fremdionen. Mit weiter wachsender Temperatur tritt dann die sog. Störstellenerschöpfung auf, d.h. alle Fremdatome sind ionisiert. Die auch schon bei tieferen Temperaturen vorliegende geringe Ladungsträger-Paarbildung durch Ionisierung von Grundgitteratomen ist nach Erschöpfung der Störstellen für die weitere Zunahme der elektrischen Leitfähigkeit verantwortlich. Bei sehr hohen Temperaturen ist die Ladungsträgerdichte aus der Paarbildung wesentlich größer als die Dichte der Störstellenladungsträger und der Werkstoff läßt sich fast nicht mehr von einem Eigenhalbleiter des gleichen Grundmaterials bei gleicher Temperatur unterscheiden. Bei hohen Temperaturen verhält sich ein Störstellenhalbleiter wie ein Eigenhalbleiter.

20.2. Lage des Fermi-Niveaus beim Störstellenhalbleiter

In § 19.2 wurde die Anzahl der Ladungsträger im Leitfähigkeitsband und im Valenzband eines Halbleiters mit Hilfe einer noch unbekannten Fermi-Energie W_F berechnet ohne Angaben über die Herkunft der Elektronen im Leitfähigkeitsband bzw. der Löcher im Valenzband zu machen. Beim dotierten Halbleiter stammen die Elektronen im Leitfähigkeitsband und die Löcher im Valenzband sowohl aus den Störstellenniveaus als auch aus dem Valenz- bzw. Leitfähigkeitsband, wobei es von der Höhe der Temperatur abhängt, ob die Störstellenniveaus oder die Energiebänder den Hauptteil der Ladungsträger liefern. Um die Berechnungen der Lage des Fermi-Niveaus W_F nicht zu sehr zu komplizieren, sei angenommen, daß der Halbleiterwerkstoff nur mit Donatoren dotiert ist, und zwar mit d Donatoren pro Volumeneinheit. Wegen der Elektroneutralität ist pro Volumeneinheit die Anzahl n der Elektronen im Leitfähigkeitsband gleich der Summe aus der Anzahl p der Löcher im Valenzband und der Anzahl p_D der ionisierten Störstellenatome:

$$n = p + p_D. \tag{20.1}$$

Die Wahrscheinlichkeit f_D, daß ein Elektron im Donatorniveau fehlt, d.h. also, eine Störstelle ionisiert ist, wird wieder gegeben durch die Fermi-Dirac-Funktion:

$$f_D = 1 - f(W_D) = 1 - \frac{1}{e^{(W_D - W_F)/kT} + 1},$$

wobei die Fermi-Energie W_F zunächst immer noch eine reine Systemgröße ist. Die Anzahl der ionisierten Störstellenatome ist damit:

$$p_D = f_D\, d = d\,\frac{1}{1 + e^{(W_F - W_D)/kT}}. \tag{20.2}$$

Die Anzahl der Elektronen im Leitfähigkeitsband und die Anzahl der Löcher im Valenzband wurden in § 19.2 berechnet und sind unter den Voraussetzungen $(W_L - W_F) \gg kT$ und $(W_F - W_V) \gg kT$ durch (19.3) und (19.6) gegeben. Zur Bestimmung der Fermi-Energie W_F im Störstellenhalbleiter steht damit (20.1) in folgender Form zur Verfügung:

$$2\left(2\pi\, m_{E,\text{eff}}\frac{kT}{h^2}\right)^{\frac{3}{2}} e^{\frac{W_F-W_L}{kT}} = 2\left(2\pi\, m_{L,\text{eff}}\frac{kT}{h^2}\right)^{\frac{3}{2}} e^{\frac{W_V-W_F}{kT}} + d\,\frac{1}{1+e^{\frac{W_F-W_D}{kT}}}\,. \tag{20.3}$$

Diese Gleichung ist für W_F transzendent und läßt sich nicht explizit lösen. Deshalb sollen zwei Spezialfälle betrachtet werden.

a) Bei sehr niedrigen Temperaturen werden fast alle Elektronen im Leitfähigkeitsband aus dem Donatorenniveau stammen und nur eine ganz geringe Anzahl aus dem Valenzband. Das heißt die Anzahl der Löcher wird verschwindend klein sein, so daß gilt: $p \ll p_D$. Nimmt man auch noch an: $(W_F - W_D) > kT$ dann vereinfacht sich (20.3) für sehr niedrige Temperaturen zu:

$$2\left(2\pi\, m_{E,\text{eff}}\frac{kT}{h^2}\right)^{\frac{3}{2}} e^{\frac{W_F-W_L}{kT}} \approx d\, e^{\frac{W_D-W_F}{kT}}\,. \tag{20.4}$$

Die Auflösung nach W_F ergibt:

$$W_F \approx \frac{W_D+W_L}{2} + \frac{1}{2}kT\ln\frac{d}{2\left(2\pi m_{E,\text{eff}}\frac{kT}{h^2}\right)^{\frac{3}{2}}}\,. \tag{20.5}$$

Bei genügend niedriger Temperatur liegt das Fermi-Niveau also in der Mitte zwischen dem Donatorenniveau und dem unteren Rande des Leitfähigkeitsbandes.

b) Bei genügend hoher Temperatur sind die Störstellenniveaus erschöpft und die Anzahl der Elektronen im Leitungsband unterscheidet sich fast nicht mehr von der Anzahl der Löcher im Valenzband, $p_D \ll p$ und $n \approx p$. Damit ist der letzte Term in (20.3) vernachlässigbar und es ergibt sich für die Fermi-Energie:

$$W_F = \frac{W_L+W_V}{2} + \frac{3}{4}kT\ln\left(\frac{m_{L,\text{eff}}}{m_{E,\text{eff}}}\right). \tag{20.6}$$

Bei hohen Temperaturen liegt das Fermi-Niveau des Störstellenhalbleiters also wie beim Eigenhalbleiter in der Mitte zwischen Valenz- und Leitungsband, wenn $m_{L,\text{eff}}$ und $m_{E,\text{eff}}$ von der gleichen Größenordnung sind.

Beim Störstellenhalbleiter ist also die Lage des Fermi-Niveaus im Bändermodell sehr stark temperaturabhängig. Je geringer der Abstand des Donatorenniveaus vom Leitfähigkeitsband $(W_L - W_D)$ und je geringer die Störstellenkonzentration d ist, desto eher tritt mit steigender Temperatur Störstellenerschöpfung ein, d.h. desto eher zeigt der Werkstoff Eigenhalbleiterverhalten. In Abb. 20.3a ist am Beispiel des n-dotierten Siliziums der Verlauf des Fermi-Niveaus in Abhängigkeit von der Temperatur bei unterschiedlicher Störstellenkonzentration aufgetragen. Bei p-Dotierung des Halbleiters gelten völlig analoge Betrachtungen wie bei n-Dotierung. Im Bändermodell liegt für die gebräuchlichen Akzeptoren in Silizium oder Germanium das Akzeptorniveau einige Zehntel Elektronenvolt oberhalb des oberen Randes des Valenzbandes (s. Abb. 20.3b). Bei tiefen Temperaturen liegt das Fermi-Niveau in der Mitte zwischen der oberen Kante des Valenzbandes und dem Akzeptorniveau. Je nach Stärke der Dotierung steigt das Fermi-Niveau unterschiedlich schnell mit wachsender Temperatur gegen die Mitte des verbotenen Bandes.

Wenn das Grundmaterial sowohl mit Donatoren als auch mit Akzeptoren dotiert ist, werden theoretische Betrachtungen recht kompliziert, insbesondere wenn die Dotierungsgrade von der gleichen Größenordnung aber nicht genau gleich groß sind. Es soll deshalb nur qualitativ etwas zu diesem Problem gesagt werden. Wenn z.B. ein Halbleiterwerkstoff mit 3- und 5-wertigen Elementen gleichstark dotiert ist ($a = d$) und die Störstellenniveaus gleich weit von den entsprechenden Bandkanten entfernt sind, dann verhält er sich wie ein Eigenhalbleiter, d. h. das Fermi-Niveau liegt bei allen Temperaturen in der Mitte der verbotenen Zone. Man nennt einen solchen Werkstoff „kompensiert eigenleitend". Allerdings ist die elektrische Leitfähigkeit des Werkstoffs nicht so groß wie die des reinen Grundmaterials, weil die „Verunreinigungen" die Beweglichkeiten der Ladungsträger herabsetzen. Immerhin stellt die „Kompensation" eine Möglichkeit dar, einem nicht ganz chemisch reinen (also noch gering dotierten) Halbleiterwerkstoff

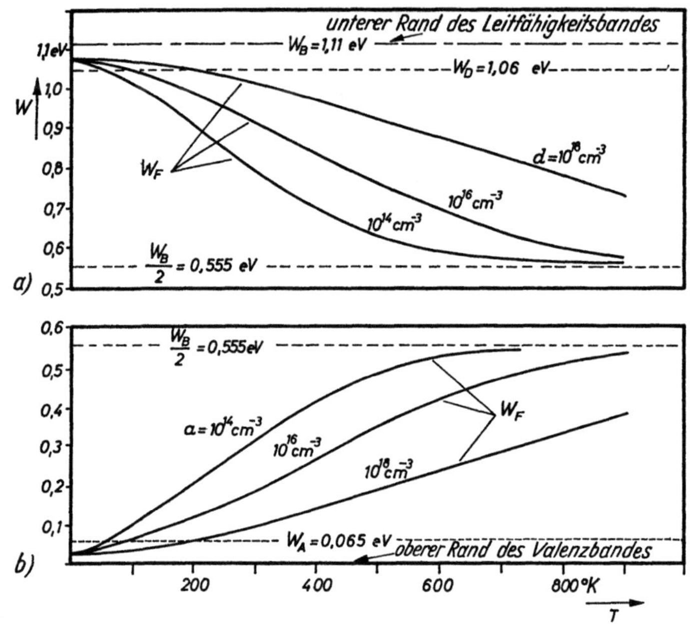

Abb. 20.3a u. b. Relative Lage des Fermi-Niveaus W_F in Abhängigkeit von der Temperatur und dem Dotierungsgrad a in donatordotiertem und b in akzeptordotiertem Silizium (nach [*15*], S. 318 und 323)

durch Dotierung mit geeigneten Störstellenelementen Eigenleitungscharakter zu geben. Bei unterschiedlicher Dotierung liegt das Fermi-Niveau bei tiefen Temperaturen stets in der Nähe des Störstellenniveaus der höheren Dotierung. Mit steigender Temperatur kann das Fermi-Niveau dann einen komplizierten Verlauf haben, je nachdem wie hoch die Dotierungsunterschiede sind. Jedoch geht es mit höheren Temperaturen stets vom Niveau der höheren Dotierung zum Eigenleitungsniveau in der Mitte der verbotenen Zone. In fast allen technisch interessanten Fällen verhalten sich die zweifach dotierten Halbleiterwerkstoffe bei Temperaturen oberhalb Zimmertemperatur wie Halbleiter mit einer „effektiven" Dotierungskonzentration, die der Differenz aus Donator- und Akzeptorkonzentration entspricht. Physikalisch bedeutet das, daß bei diesen Temperaturen so viele Elektronen aus den Donatorenniveaus Löcher des Akzeptorenniveaus besetzen, bis die geringere der Störstellenkonzentrationen erschöpft ist.

20.3. Elektrische Leitfähigkeit des Störstellenhalbleiters

Es sei wieder angenommen, daß ein Störstellenhalbleiter mit reiner Donatordotierung vorliegt und daß die Beweglichkeiten der beiden Ladungsträgertypen temperaturunabhängig und von gleicher Größenordnung sind. Dann wird die elektrische Leitfähigkeit bei genügend tiefen Temperaturen weitgehend von den Elektronen im Leitfähigkeitsband bestimmt sein ($n \gg p$). Die Zunahme der Leitfähigkeit σ mit der Temperatur ist bei tiefen Temperaturen eine Folge der wachsenden Anzahl ionisierter Donatoren. Die Kurve $\ln \frac{\sigma}{\sigma_0}$ als Funktion von $\frac{T_0}{T}$ ist in diesem Temperaturbereich eine Gerade, deren Neigung in Analogie zu (19.17) diesmal ein Maß für den Energieunterschied ($W_L - W_D$) zwischen dem Donatorenniveau und dem unteren Rande des Leitfähigkeitsbandes ist.

Bei relativ hohen Temperaturen ist der Werkstoff ein Eigenhalbleiter. Die Störstellen sind vollständig von Elektronen erschöpft und es gilt $n \approx p$. Der

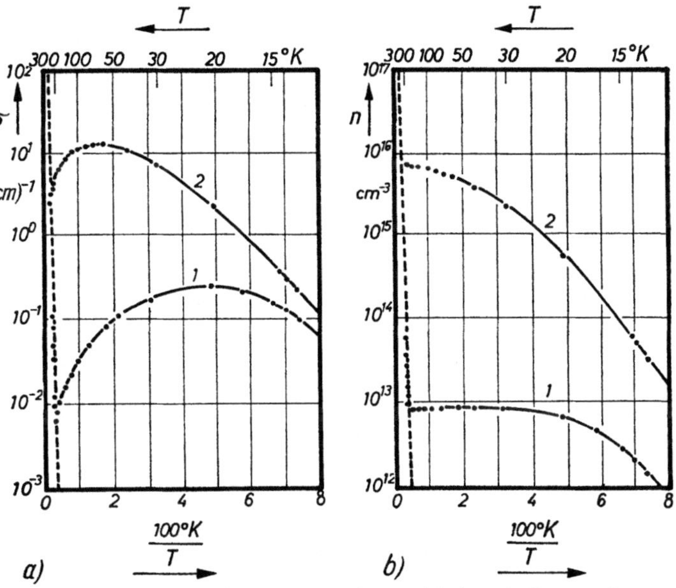

Abb. 20.4. a Spezifische Leitfähigkeit σ von zwei verschieden dotierten Germaniumproben und b die durch Hall-Messungen ermittelte Elektronendichte n in den gleichen Proben in Abhängigkeit von der Temperatur [nach DEBIJE, P. P., and E. CONWELL: Phys. Rev. **93**, 693 (1954)]. Probe 1: $d = 10^{13}$ cm^{-3}; $a = 10^{12}$ cm^{-3}; Probe 2: $d = 7{,}5 \cdot 10^{15}$ cm^{-3}; $a = 10^{14}$ cm^{-3}

Verlauf der Leitfähigkeit mit der Temperatur ist also der gleiche wie der in § 19.4 errechnete, d.h. über $\frac{T_0}{T}$ im Diagramm aufgetragen stellt $\ln \frac{\sigma}{\sigma_0}$ eine Gerade mit der Steigung (19.17) dar.

In Abb. 20.4a sind die Leitfähigkeiten zweier verschieden dotierter Germaniumproben in einem größeren Temperaturbereich wiedergegeben. Man erkennt bei beiden Proben den bei logarithmischer Auftragung von σ über T_0/T erwarteten linearen Verlauf der Kurven für sehr tiefe und hohe Temperaturen. Im Temperaturbereich zwischen etwa 15 und 350 °K zeigt sich ein Leitfähigkeitsverlauf, der sich nicht allein durch die Betrachtung der Ladungsträgerdichten deuten läßt. Die Ladungsträgerdichten n (Elektronendichten) für die gleichen Proben sind als Funktion von T_0/T in Abb. 20.4b dargestellt. Beim schwach dotierten Werkstoff (Probe 1) tritt bereits bei etwa 20 °K völlige Erschöpfung der Störstellen ein, beim höher dotierten Werkstoff (Probe 2) erwartungsgemäß erst bei wesentlich höherer Temperatur ($T \approx 100$ °K). Oberhalb von etwa $T = 350$ °K steigt bei beiden Proben die Ladungsträgerdichte dann wieder sehr stark an, weil die Eigenleitung eintritt.

Die Leitfähigkeiten der Proben in Abb. 20.4a zeigen bis etwa zur Temperatur der Störstellenerschöpfung die gleichen qualitativen Verläufe wie die der Elektronendichten in Abb. 20.4b. Mit weiter wachsender Temperatur wird jedoch der Temperaturkoeffizient von σ bis zum Eintritt der Eigenleitung negativ, d.h. der Werkstoff hat „metallischen" Charakter. Diese Erscheinung beruht auf der mit steigender Temperatur abnehmenden Beweglichkeit μ der Ladungsträger, die sich hier insbesondere deshalb stark bemerkbar macht, weil die Ladungsträgeranzahl in diesem Temperaturbereich fast konstant bleibt. Erst der große Ladungsträgerzuwachs bei eintretender Eigenleitung „überdeckt" die weiter abnehmende Beweglichkeit so, daß wieder ein positiver Temperaturkoeffizient von σ auftritt.

In einem Störstellenhalbleiter ist die Dichte n der Elektronen im Leitfähigkeitsband stets verschieden von der Dichte p der Löcher im Valenzband. Die Ladungsträger mit der größeren Konzentration werden Majoritätsträger, die mit der kleineren Konzentration Minoritätsträger genannt. Nach § 19.3 ist deren Produkt gleich dem Quadrat der Ladungsträgerdichte, die bei der betrachteten Temperatur in nichtdotierten Halbleiterwerkstoff vorliegt. Bei Raumtemperatur gilt z.B. für Germanium: $n_i^2 \approx 5{,}8 \cdot 10^{26}\,\mathrm{cm}^{-6}$. Somit läßt sich beispielsweise verstehen, daß zur Erklärung der Leitfähigkeit in Abb. 20.4a bei nicht zu tiefen Temperaturen allein die Betrachtung der Ladungsträgerdichte n ausreicht. Die effektive Dotierung des Werkstoffs 2 ist: $d-a = 7{,}4 \cdot 10^{15}\,\mathrm{cm}^{-3}$. Damit ergibt sich für Raumtemperatur, wo praktisch alle Störstellen ionisiert sind: $n \approx d-a \approx 7{,}4 \cdot 10^{15}\,\mathrm{cm}^{-3}$. Die Löcherkonzentration p berechnet sich dann zu: $p = \frac{n_i^2}{n} = \frac{5{,}8 \cdot 10^{26}\,\mathrm{cm}^{-6}}{7{,}4 \cdot 10^{15}\,\mathrm{cm}^{-3}} \approx 8 \cdot 10^{10}\,\mathrm{cm}^{-3}$. Die Dichte der Minoritätsträger ist also in diesem Beispiel wesentlich kleiner als die der Majoritätsträger und auch kleiner als die Eigenleitungsträgerdichte n_i bei gleicher Temperatur. Häufig reicht deshalb zur Berechnung der Leitfähigkeit von dotierten Halbleitern die Berücksichtigung der Majoritätsträger aus.

20.4. Bestimmung der Ladungsträgerdichte mit Hilfe des Hall-Effektes

Die elektrische Leitfähigkeit von Festkörpern ist durch die Konzentration der Ladungsträger und durch deren Beweglichkeit bestimmt. Leitfähigkeitsmessungen allein reichen nicht aus zur Bestimmung der beiden Faktoren und geben keine Aufschlüsse über die Art der Ladungsträger, d.h. es kann nicht zwischen Elektronen- und Löcherleitung unterschieden werden. Wenn im Werkstoff nur eine Art von Ladungsträgern vorliegt, gestattet die Messung des sog. Hall-Effektes bei bekannter Größe der Leitfähigkeit eine getrennte Angabe von Trägerkonzentration n (bzw. p) und Trägerbeweglichkeit μ.

Der Hall-Effekt beruht auf der Erscheinung, daß auf elektrische Ladungen q, welche sich mit der Driftgeschwindigkeit $\vec{v}_D$ bewegen, in einem magnetischen Feld der Induktion $\vec{B}$ eine Lorentz-Kraft $\vec{F}$ ausgeübt wird:

$$\vec{F} = q\, \vec{v}_D \times \vec{B}. \tag{20.7}$$

Die Richtung der Lorentz-Kraft hängt außer von den Richtungen der Driftgeschwindigkeit $\vec{v}_D$ und der Induktion $\vec{B}$ auch noch vom Vorzeichen der elektrischen Ladung ab. Es sei die in Abb. 20.5 dargestellte Versuchsanordnung vorgegeben, wobei der Probenwerkstoff Löcher-(p)-leitung besitzen soll. Die an den Kontaktflächen A_1 und A_2 angelegte Spannung U erzeugt ein elektrisches Feld E_x und verursacht eine Löcherdriftgeschwindigkeit $v_{D,\,\mathrm{stat},\,x}$ in Feldrichtung, die ihrerseits gemäß (17.5) eine über den Querschnitt ab der Probe konstante Stromdichte S_x hervorruft:

$$S_x = p|e| v_{D,\,\mathrm{stat},\,x}. \tag{20.8}$$

Durch die Probe fließt also der Strom:

$$I_x = p|e| v_{D,\,\mathrm{stat},\,x}\, a b. \tag{20.9}$$

Die Induktion B_z verursacht nach (20.7) eine Lorentz-Kraft in y-Richtung:

$$F_{L,\,y} = -|e| v_{D,\,\mathrm{stat},\,x} B_z. \tag{20.10}$$

Die positiven Ladungen werden durch die Kraft $F_{L,\,y}$ zur vorderen Seitenfläche der Probe in Abb. 20.5 getrieben, wodurch dort eine Anhäufung positiver Ladung und auf der hinteren Seitenfläche eine Verarmung an positiver Ladung, also eine

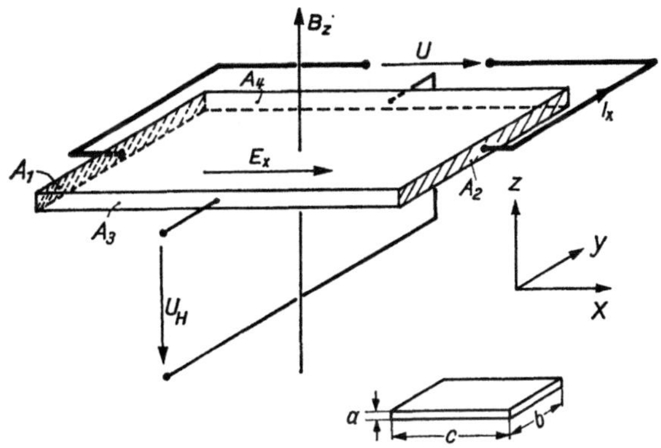

Abb. 20.5. Zur Messung der Hall-Konstanten

Anhäufung negativer Ladung entsteht. Diese Ladungen erzeugen ein elektrisches Feld E_y, das auf die Ladungsträger die Kraft $F_{C,\,y}$ ausübt:

$$F_{C,\,y} = |e| E_y. \tag{20.11}$$

Die Ladungsanhäufung wächst nach Anlegen der Spannung U an die Probe solange, bis beide Kräfte gleich groß geworden sind. Die dann zwischen den beiden Seitenflächen A_3 und A_4 der Probe meßbare sog. Hall-Spannung U_H ist:

$$U_H = E_y b = v_{D,\,\mathrm{stat},\,x} B_z b. \tag{20.12}$$

Eliminiert man $v_{D,\,\mathrm{stat},\,x}$ mit (20.9), dann ergibt sich:

$$U_H = \frac{I_x B_z}{p|e| a}. \tag{20.13}$$

Das Verhältnis:

$$R_H = \frac{E_y}{S_x B_z} \tag{20.14}$$

wird Hall-Koeffizient genannt, und ergibt sich mit (20.8), (20.9) und (20.12) zu:

$$R_H = \frac{U_H a}{I_x B_z} = \frac{1}{p|e|}. \tag{20.15}$$

Durch Messung der Hall-Spannung U_H läßt sich bei bekannten Werten des Stromes I_x durch die Probe und der magnetischen Induktion B_z sowie der Probenabmessung a die Ladungsträgerdichte ermitteln. Der nach (20.14) definierte Hall-Koeffizient hat bei Löcherleitung einen positiven Wert. Wie sich leicht zeigen läßt, nehmen bei Elektronenleitung in der Probe die nach Abb. 20.5 eingeführte Hall-Spannung und der Hall-Koeffizient negative Werte an. Es ist also dann:

$$R_H = -\frac{1}{n|e|}\,. \tag{20.16}$$

Bei einem Werkstoff mit nur einer Sorte von Ladungsträgern läßt sich also durch die Hall-Spannungsmessung sowohl der vorliegende Leitungstyp (p- oder n-Leitung) als auch die Dichte der Ladungsträger ermitteln. Wenn ein Werkstoff mit beiden Ladungsträgern vorliegt, dann lassen sich deren Konzentrationen nicht unmittelbar getrennt bestimmen, denn es gilt für den Hall-Koeffizienten allgemein (s. z.B. [*30*]):

$$R_H = \frac{(p\,\mu_L^2 - n\,\mu_E^2)}{|e|(p\,\mu_L + n\,\mu_E)^2}\,. \tag{20.17}$$

Es muß dann im Einzelfall entschieden werden, ob eine der Größen $n\mu_E^2$ oder $p\mu_L^2$ vernachlässigt werden kann. Bei den in § 20.3 betrachteten Proben gilt beispielsweise bei Raumtemperatur $n\mu_E^2 \gg p\mu_L^2$, wenn man berücksichtigt, daß in Germanium $\mu_E \approx 3800\ \text{cm}^2/\text{Vs}$ und $\mu_L \approx 1800\ \text{cm}^2/\text{Vs}$ betragen. Die Hallkonstante bei 300 °K für die Probe 1 in Abb. 20.4b ist $R_{H,1} \approx 7{,}5 \cdot 10^5\ \text{cm}^3/\text{As}$ und für die Probe 2: $R_{H,2} \approx 900\ \text{cm}^3/\text{As}$, bei $T = 20$ °K dagegen $R_{H,1} \approx 9{,}3 \cdot 10^5\ \text{cm}^3/\text{As}$ bzw. $R_{H,2} \approx 1{,}2 \cdot 10^4\ \text{cm}^3/\text{As}$.

§ 21. Halbleiterkontakte

Die Halbleiterwerkstoffe Silizium und Germanium haben große technische Bedeutung gewonnen, weil sich aus ihnen für die Elektrotechnik wichtige Bauelemente zur Gleichrichtung und Verstärkung von elektrischen Leistungen herstellen lassen. Die Wirkungsweise dieser Bauelemente beruht auf den elektrischen Eigenschaften von Kontakten zwischen verschiedenartig oder unterschiedlich stark dotierten Halbleiterwerkstoffen.

21.1. Das Kontaktpotential

Es ist möglich, einen Halbleitereinkristall so zu dotieren, daß zwei Bereiche mit verschiedener Dotierung, nämlich ein Bereich mit n- und ein Bereich mit p-Dotierung unmittelbar aneinandergrenzen [*14*]. Die Grenzschicht zwischen den beiden Bereichen wird ein $p-n$-Übergang oder $p-n$-Kontakt genannt. Zum leichteren Verständnis der Vorgänge wird angenommen, daß zwei verschieden aber homogen dotierte Stücke des gleichen Kristalls vorliegen, die zur Herstellung des $p-n$-Übergangs in Kontakt gebracht werden können und dann ein Einkristall bilden. Für die beiden räumlich voneinander getrennten Halbleiterstücke mit n- und p-Dotierung zeigt Abb. 21.1a die bekannten Elektronenenergiediagramme. Im n-Teil liegt das Fermi-Niveau höher innerhalb der verbotenen Zone als im p-Teil, d.h. der Besetzungsgrad gleich hoher Elektronenenergieniveaus im Leitungsband ist im n-Teil wesentlich größer als im p-Teil. Im n-Teil herrscht also gegenüber dem p-Teil hoher Elektronenüberschuß. Eine analoge Betrachtung zeigt, daß im p-Teil Löcherüberschuß gegenüber dem n-Teil vorliegt. Folglich sind die in Abb. 21.1a gezeigten Diagramme nicht gültig, wenn n- und p-Teil in einem Kristall aneinandergrenzen. Vielmehr werden solange Elektronen vom n- in den p-Teil und Löcher vom p- in den n-Teil fließen, bis an der Kontaktstelle die Besetzungswahrscheinlichkeit der Energieniveaus mit Elektronen in beiden Teilen gleich groß geworden ist, d.h. bis sich ein in beiden Teilen gleich hohes, durchgehendes Fermi-Niveau eingestellt hat. Die in den p-Teil eingeflossenen Elektronen haben alle unmittelbar in der Nähe der Kontaktstelle vorhandenen Akzeptorstellen aufgefüllt und die in den n-Teil eingeflossenen Löcher haben die in der Nähe der Kontaktstelle liegenden Donatorstellen besetzt. Damit verhält sich der Werkstoff

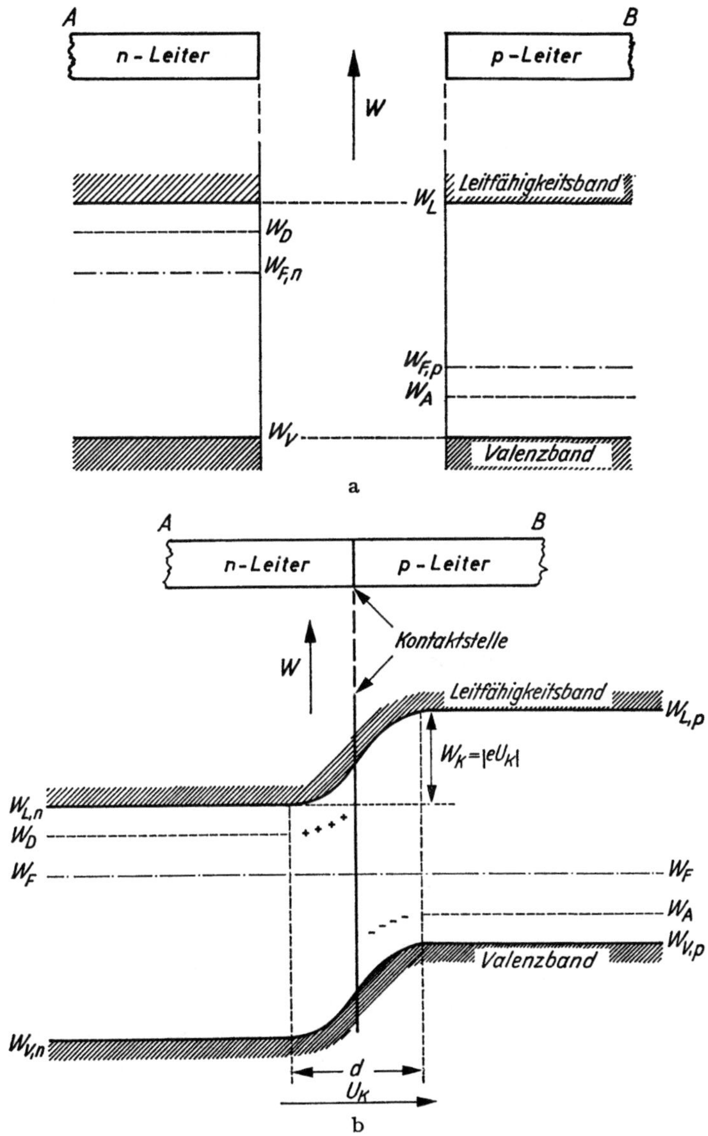

Abb. 21.1a—c. Relative Lage der Fermi-Niveaus in n- und p-dotierten Halbleiterkristallen. a Isolierte Kristalle mit den Fermi-Niveaus $W_{F,n}$ bzw. $W_{F,p}$, b nach der Kontaktierung, c nach Anlegen einer elektrischen Spannung U in Durchlaßrichtung

bei gleich starker Dotierung im n- und p-Teil in der Nähe der Kontaktstelle wie ein Eigenhalbleiter und das Fermi-Niveau liegt in der Bandmitte. Je größer die Entfernung von der Kontaktstelle ist, desto mehr sind die ursprünglichen Dotierungen erhalten geblieben, d.h. desto weniger unterscheidet sich die relative Lage des Fermi-Niveaus in der verbotenen Energiezone der beiden Kristallteile von der im isolierten p- bzw. n-Teil. In Abb. 21.1 b ist das Elektronenenergiediagramm für den thermischen Gleichgewichtszustand in den aneinandergrenzenden, unterschiedlich dotierten Halbleitern dargestellt. Durch die Einstellung des Fermi-Niveaus auf durchgehend gleiche Höhe wurde eine Verschiebung der Bandkanten W_L und W_v im n- und p-Teil relativ zueinander erzwungen. Im ungestörten p-Teil — weit von der Kontaktstelle entfernt — liegt der untere Rand des Leitungsbandes um den Energiebetrag $W_K = W_{F,n} - W_{F,p}$ höher als im ungestörten n-Teil. An der Übergangszone der Breite d hat sich also für die Majoritätsträger im n- und p-Teil eine Energiebarriere der Höhe W_K aufgebaut, oder anders ausgedrückt, vom

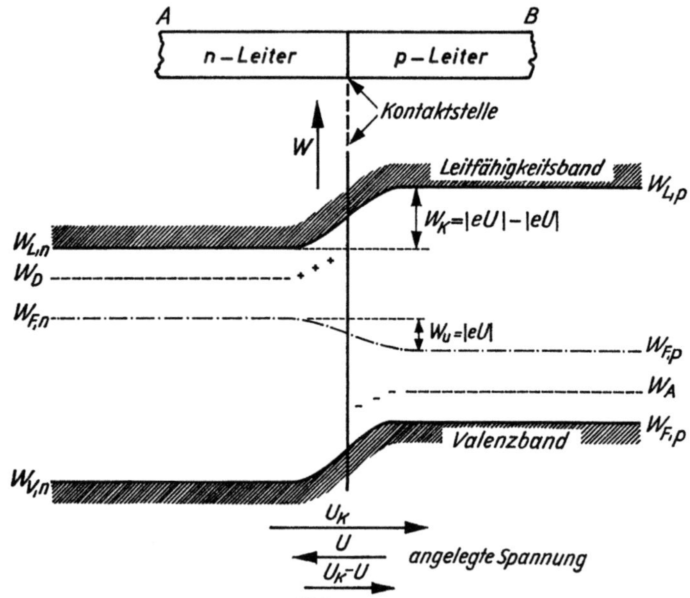

Abb. 21.1 c

n- zum p-Teil hat sich eine Kontaktspannung U_K der Größe $U_K = W_K/|e|$ ausgebildet. Die beim Gedankenexperiment der Kontaktierung im ersten Augenblick auftretenden, sehr großen Majoritätsträgerflüsse werden durch die sich aufbauende Energiebarriere stark gedrosselt. Für die als Minoritätsträger vorhandenen Elektronen im p-Teil und Löcher im n-Teil ist keine Energiebarriere vorhanden. Es findet, unabhängig von W_K, stets ein Elektronendiffusionsfluß $\Phi_{E,0}$ vom n- zum p-Teil und ein Löcherdiffusionsfluß $\Phi_{L,0}$ vom n- zum p-Teil statt. Diese beiden Diffusionsflüsse werden im thermischen Gleichgewicht durch die in entgegengesetzter Richtung fließenden „gedrosselten" Majoritätsträgerflüsse kompensiert.

Die Breite d der Übergangszone, die sog. Barrierenbreite, hat die Größe $d \approx 10^{-4} \ldots 10^{-6}$ cm und ist abhängig von der Störstellenkonzentration in den beiden Halbleiterteilen. Hohe Dotierungsgrade verursachen dünne Übergangszonen, weil die bei der Kontaktierung einfließenden Überschußladungsträger dann ganz in der Nähe der Kontaktstelle durch die vielen Störstellen „gebunden" werden können. Da die Kontaktspannungen bei Silizium und Germanium einige Zehntel Volt betragen (W_K = einige Zehntel Elektronenvolt), bilden sich in der Übergangszone elektrische Feldstärken der Größenordnung $E_K \approx 10^3 \ldots 10^5$ V/cm. Die zwischen den beiden Halbleiterenden A und B der Abb. 21.1 b auftretende Kontaktspannung erzeugt keinen Stromfluß in einem geschlossenen äußeren

Stromkreis, weil die Kontaktspannungen an den Kontaktstellen zwischen p-Teil und Metall und zwischen Metall und n-Halbleiter zusammen die Spannung U_K kompensieren, wenn alle Kontaktstellen gleiche Temperatur besitzen.

21.2. p—n-Gleichrichtung

Legt man an den im vorigen Paragraphen beschriebenen $p-n$-Kontakt eine Gleichspannung U, so zeigt er je nach Polarität der Spannung einmal einen sehr großen und einmal einen sehr kleinen elektrischen Widerstand.

Zuerst sei angenommen, der **p**-Teil des Kontakteiementes sei **p**ositiv gegenüber dem n-Teil, bzw. also der **n**-Teil **n**egativ gegenüber dem p-Teil gepolt. Damit werden alle Elektronenenergien im n-Teil um den Betrag $W_U = |e\,U|$ erhöht und die Potentialbarriere in der Übergangszone erniedrigt (s. Abb. 21.1c). Der Diffusionsfluß $\Phi_{E,p\to n}$ der Minoritätsträger (Elektronen) vom p- zum n-Teil bleibt von dieser Erniedrigung der Barriere unbeeinflußt, d.h. der Elektronenfluß $\Phi_{E,0}$ bleibt für diese Richtung erhalten. Der vom n- in den p-Teil fließende Elektronenfluß $\Phi_{E,n\to p}$ ist jedoch wegen der um W_U niedriger gewordenen Barriere um den Faktor $e^{W_U/kT}$ gewachsen. Es gilt also:

$$\Phi_{E,p\to n} = \Phi_{E,0}$$

und

$$\Phi_{E,n\to p} = \Phi_{E,0}\, e^{\frac{W_U}{kT}} = \Phi_{E,0}\, e^{\frac{|eU|}{kT}}\,.$$

Somit fließt also jetzt durch den $p-n$-Kontakt ein Gesamtelektronenstrom Φ_E entgegen der Richtung der angelegten Spannung U:

$$\Phi_E = \Phi_{E,n\to p} - \Phi_{E,p\to n} = \Phi_{E,0}\left(e^{\frac{|eU|}{kT}} - 1\right). \tag{21.1}$$

Eine völlig analoge Betrachtung für die Löcher liefert:

$$\Phi_{L,n\to p} = \Phi_{L,0}$$

und

$$\Phi_{L,p\to n} = \Phi_{L,0}\, e^{\frac{W_u}{kT}} = \Phi_{L,0}\, e^{\frac{|eU|}{kT}}\,.$$

Der gesamte Löcherfluß in Richtung der angelegten Spannung ist dann:

$$\Phi_L = \Phi_{L,0}\left(e^{\frac{|eU|}{kT}} - 1\right), \tag{21.2}$$

und als positiver Ladungstransport direkt proportional einem in der gleichen Richtung fließenden elektrischen Strom I_L. Der Elektronenfluß Φ_E als negativer Ladungstransport ist einem konventionellen Strom I_E in entgegengesetzter Richtung proportional. Damit ist der von der angelegten Spannung U hervorgerufene elektrische Strom I die Summe aus den Strömen, die von den Elektronen- und Löcherflüssen hervorgerufen werden:

$$I = I_E + I_L = (I_{E,0} + I_{L,0})\left(e^{\frac{|eU|}{kT}} - 1\right). \tag{21.3}$$

Durch den $p-n$-Kontakt fließt also ein Strom I, der exponentiell mit der am Kontakt anliegenden Spannung U anwächst, und es ergibt sich die in Abb. 21.2 im ersten Quadranten abgebildete Strom-Spannungscharakteristik des Halbleiterkontaktes. Bei dieser Polung der Spannung ist der Kontakt in „Durchlaßrichtung" geschaltet.

Wird der p-Teil des Kontaktelementes negativ gegenüber dem n-Teil gepolt, dann erhöht sich die Energiebarriere um den Betrag $W_U = |eU|$, weil die Elektronenenergien im n-Teil um diesen Betrag erniedrigt werden. Es bleibt auch hier wieder der Elektronenfluß durch die Minoritätsträger aus dem p-Teil unbeeinflußt durch die anliegende Spannung, aber der Elektronenfluß vom n- zum p-Teil wird um den Faktor $e^{-W_U/kT}$ gegenüber dem Fall $U=0$ kleiner:

$$\Phi_{E,p\to n} = \Phi_{E,0},$$

$$\Phi_{E,n\to p} = \Phi_{E,0}\, e^{-W_U/kT} = \Phi_{E,0}\, e^{\frac{-|eU|}{kT}}$$

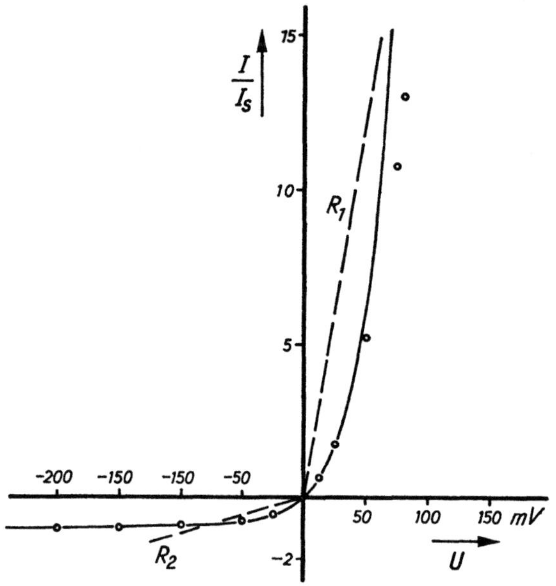

Abb. 21.2. Kennlinie einer Halbleiterdiode, aus Gl. (21.3) für $T = 17°$ C berechnet. Die o-Werte sind an einer Germaniumdiode mit $I_s \approx 1{,}7$ μA gemessen. Die idealisierten Kennlinien gelten für $U_{\max} = 75$ mV

Der Gesamtelektronenfluß entgegen der Richtung der Spannung U durch den Kontakt ist also:

$$\Phi_E = \Phi_{E,0}\left(1 - e^{\frac{-|eU|}{kT}}\right). \tag{21.4}$$

Analog ergibt sich für den Gesamtlöcherfluß in Richtung der Spannung U:

$$\Phi_L = \Phi_{L,0}\left(1 - e^{\frac{-|eU|}{kT}}\right). \tag{21.5}$$

Für den elektrischen Gesamtstrom I durch den $p-n$-Kontakt in Spannungsrichtung findet man dann:

$$I = (I_{E,0} + I_{L,0})\left(1 - e^{\frac{-|eU|}{kT}}\right). \tag{21.6}$$

Bei dieser Polung ist der Kontakt in „Sperrichtung“ geschaltet; die gleich große Spannung U ruft einen wesentlich geringeren Strom als bei Polung in Durchlaßrichtung hervor. Der Strom I steigt mit wachsender Spannung in Sperrichtung bis zum Sättigungsstrom $I_s = I_{E,0} + I_{L,0}$, der bei $|eU| \approx 4kT$, d.h. $|U| \approx 0{,}1$ V, erreicht ist, wie in Abb. 21.2 im dritten Quadranten dargestellt.

Ordnet man der Durchlaßrichtung positive und der Sperrichtung negative Spannungs- und Stromwerte zu, dann läßt sich die Strom-Spannungscharakteristik des $p-n$-Kontaktes in einer Formel ausdrücken:

$$I = I_s\left(e^{\frac{|e|U}{kT}} - 1\right). \tag{21.7}$$

Dabei ist I_s der Betrag des Sättigungsstromes in der Sperrichtung. Die Strom-Spannungscharakteristik des Systems ist also nichtlinear und stellt einen Gleichrichter (Diode) dar (s. Abb. 21.3). In Durchlaßrichtung hat der $p-n$-Kontakt einen kleinen und in Sperrichtung einen großen Ohmschen Widerstand.

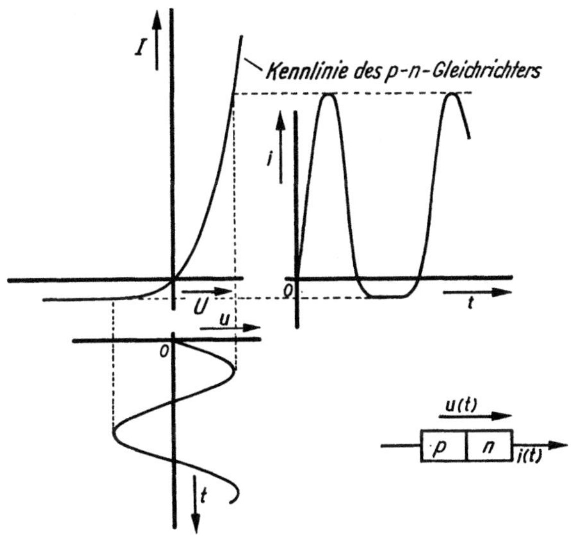

Abb. 21.3. Strom $i(t)$ durch einen p-n-Gleichrichter bei angelegter Spannung $u(t)$

Für die in Abb. 21.2 eingezeichneten groben linearen Annäherungen der Kennlinien (für $U_{\max} = 75$ mV) ergibt sich beispielsweise bereits ein Widerstandsverhältnis von etwa 1:20. Für Spannungswerte bis über $U = 100$ mV weichen die Kennlinien von Halbleiterdioden mehr und mehr von den in Abb. 21.1 gezeichneten theoretischen Kennlinien ab. Für z. B. $U = 1{,}5$ V ist die Annäherung der Diodenkennlinien durch zwei Geraden durch den Koordinatenursprung sehr gut und liefert in der Praxis Widerstandsverhältnisse von etwa 1:1000 und mehr. Auf die Gründe für die Abweichungen der theoretischen und praktischen Kennlinien ,auf Belastungsgrenzen der Diode (wie Durchbruchsspannung des Kontaktes, maximale Verlustleistung usw.) und auf die Kapazität der Sperrschicht, die die Hochfrequenzanwendungen der Diode beschränkt oder in der Varaktordiode ausgenutzt wird, soll hier nicht näher eingegangen werden [*15*], [*16*].

Es stellt sich noch die Frage, was z.B. mit den Elektronen geschieht, die bei Durchlaßbetrieb des $p-n$-Kontaktes die Übergangszone überwunden haben und damit als Minoritätsträger im p-Teil auftreten. Die in den p-Teil eingedrungenen Elektronen verschwinden durch einen starken Rekombinationsprozeß mit den hier als Majoritätsträgern vorhandenen Löchern. In einiger Entfernung von der Übergangszone wird wieder die Elektronenkonzentration $n_{p,u}$ des ungestörten p-Materials vorhanden sein. Die im p-Teil direkt an der Übergangszone — in Abb. 21.4 bei $x=0$ — auftretende Elektronenkonzentration ist (s. z.B. [*11*]):

$$n_{n\to p} = n_{p,u}\, e^{\frac{|eU|}{kT}}. \tag{21.8}$$

Durch die Rekombination nehmen nun die im Überschuß vorhandenen Elektronen n nach einer e-Funktion mit dem Abstand x von der Übergangszone ab:

$$n = n_{p,u}\left(e^{\frac{|eU|}{kT}} - 1\right) e^{\frac{-x}{L_n}}. \tag{21.9}$$

Die in dieser Gleichung auftretende Größe L_n wird „Diffusionslänge" der Elektronen genannt und gibt die Entfernung von der Übergangszone an, in der die Überschußkonzentration der Elektronen auf die Größe $\frac{n_{n\to p} - n_{p,u}}{\mathrm{e}}$ mit $\mathrm{e} = 2{,}718\ldots$ abgefallen ist. Der Begriff Diffusionslänge ist deshalb eingeführt, weil die Bewegung der Überschußelektronen im p-Teil bis zur Rekombination im

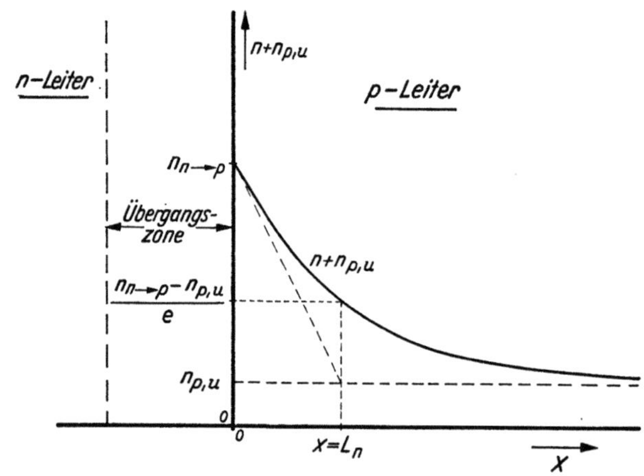

Abb. 21.4. Abnahme der Elektronenkonzentration $n + n_{p,u}$ im p-Teil eines p-n-Kontaktes als Funktion des Abstandes x von der Übergangszone bei Durchlaßbetrieb

wesentlichen eine Diffusionsbewegung ist und keine Bewegung in einem elektrischen Feld. Innerhalb des p-Teils gibt es nämlich wegen der hohen Konzentration der Majoritätsträger fast keinen Abfall der von außen an das $p-n$-Element angelegten Spannung und folglich auch nur ein verschwindend schwaches elektrisches Feld. Die Diffusionslänge L_n bei technischen Halbleitern liegt in der Größenordnung 10^{-2} cm. Der Ladungstransport im p-Teil außerhalb der Rekombinationszone findet durch Löcherleitung statt. Über die Gleichspannungsquelle gelangen die Elektronen dann wieder in den n-Teil und dort durch Elektronenleitung an die Kontaktstelle zurück.

21.3. Verstärkungseffekte

Ein wichtiges Halbleiterbauelement ist der Transistor, der hauptsächlich als Verstärker für elektrische Signale verwendet wird. Er besteht aus einem Silizium- oder Germaniumeinkristall in dem sich zwei $p-n$-Übergänge in dichter räumlicher Nachbarschaft befinden, und zwar so, daß der mittlere Halbleiterteil, also im $n-p-n$-Transistor der p-Teil, außerordentlich dünn ausgebildet ist. Ohne auf spezielle Ausführungsformen einzugehen, soll hier die Verstärkerwirkung eines Transistors anhand eines $n-p-n$-Bauelementes phänomenologisch erläutert werden. In Abb. 21.5a sind die zuerst getrennt voneinander angenommenen, verschiedenartig und verschieden stark dotierten „Einzelteile" des

Transistoreinkristalles mit ihren Energiediagrammen dargestellt. Die Dotierungen der Teile mögen sich von links nach rechts etwa wie $10^4:10:1$ verhalten, was sich später als vorteilhaft herausstellen wird. Die Folge davon ist, daß die Fermi-Niveaus in den drei Einzelteilen verschieden weit von der jeweiligen

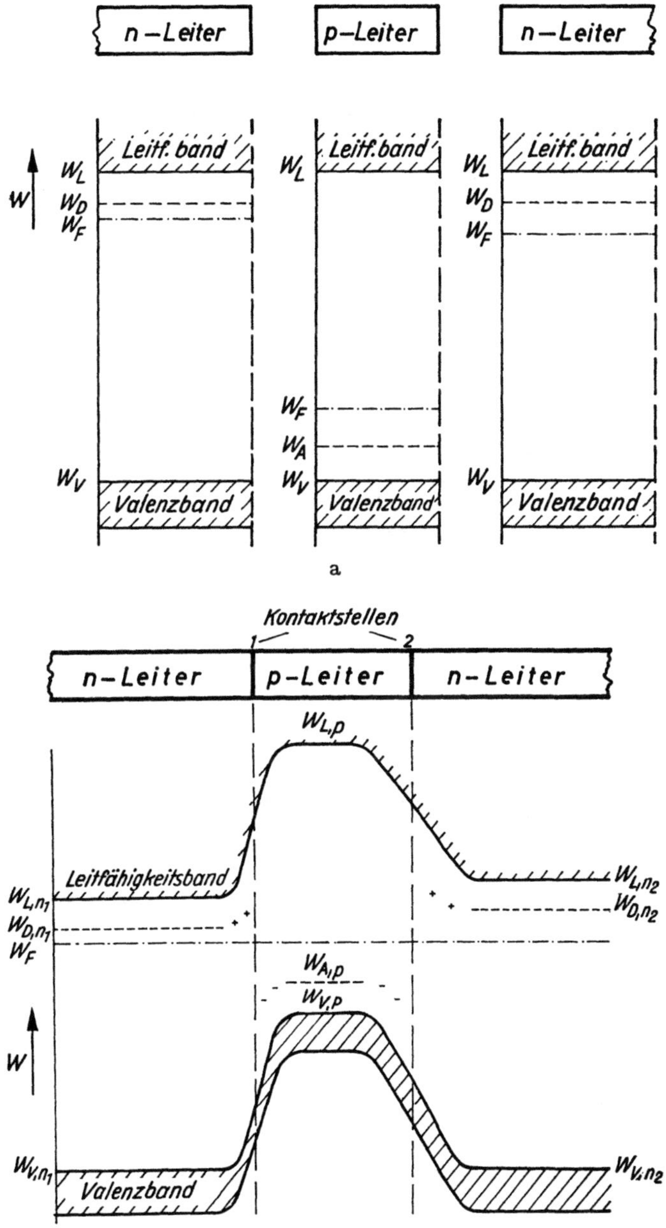

Abb. 21.5a—c. Zur Erläuterung des Bändermodells für die Ladungsträger in einem Transistor. Relative Lage der Elektronenenergieniveaus: a in unterschiedlich dotierten Einkristallen; b wenn die Kristallteile kontaktiert sind; c wenn über den Kontaktstellen elektrische Spannungen U_B und U_C angelegt sind

Mitte der verbotenen Zone entfernt sind. In Abb. 21.5a ist der *p*-Teil relativ zu den *n*-Teilen geometrisch zu groß dargestellt. (Wenn die *n*-Teile in Wirklichkeit etwa 1 mm Länge quer zur Grenzschicht haben, so ist der *p*-Teil etwa 0,01 mm

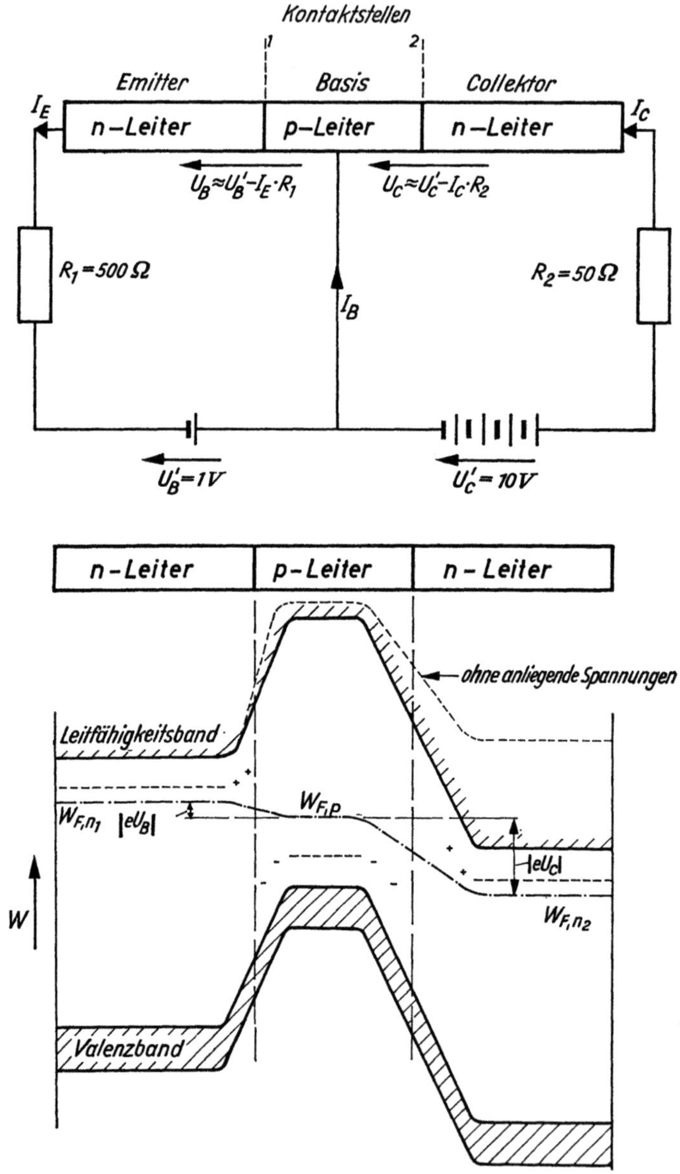

Abb. 21.5c (Bildunterschrift s. S. 75)

lang!) Werden die drei Einzelteile in Kontakt miteinander gebracht, so wird sich durch Diffusion von Ladungsträgern nach einiger Zeit (ca. 10^{-9} s) ein durchgehendes Fermi-Niveau in allen drei Teilen einstellen und es gilt das in Abb. 21.5b dargestellte Energiediagramm. Wegen der hohen Dotierung des *n*-Teils bei Kontakt 1 bildet sich dort eine schmalere Übergangszone aus als an Kontakt 2 zwischen dem p-Teil und dem relativ gering dotierten rechten n-Teil. Die entstehenden Energiebarrieren der Kontakte 1 und 2 sind von unterschiedlicher Höhe wegen der unterschiedlichen Störstellenkonzentrationen in den angrenzenden Halbleiterteilen und verhindern das weitere Einfließen von Elektronen aus den n-Teilen in den p-Teil und von Löchern aus dem p-Teil in die n-Teile.

Wird nun gemäß Abb. 21.5c an den p-Teil und den rechten n-Teil über einen hochohmigen Widerstand von z.B. $R_2 = 50$ kOhm eine Batteriespannung von z.B. 10 V angelegt, dann erhöht sich bei der gezeichneten Polung der Spannung die Energiebarriere des Kontaktes 2 für die Elektronen im n-Teil und die Löcher im p-Teil um den Betrag $|eU_C|$, d.h. der Kontakt 2 ist in Sperrichtung geschaltet. Legt man an den linken n-Teil und den p-Teil über einen Widerstand von z.B. $R_1 = 500\,\Omega$ eine Batteriespannung U_B' von z.B. 1 V mit der in Abb. 21.5c eingezeichnete Polarität, so ist Kontakt 1 in Durchlaßrichtung geschaltet, d.h. die Energiebarriere der Elektronen im n-Teil wird um den Betrag $|e\,U_B|$ erniedrigt. Aus dem linken n-Teil, dem sog. Emitter, fließt infolge seiner hohen Störstellenkonzentration ein starker Elektronenstrom I_E durch den Kontakt 1 in den p-Teil, in die sog. Basis des Transistors. Wäre nun der Basisteil sehr dick, so würde, wie bei der $p-n$-Diode, im Durchlaßbetrieb ein starker Elektronenstrom im Basis-Emitter-Stromkreis fließen. Die Breite der Basis ist jedoch sehr gering, und zwar wesentlich kleiner als die Diffusionslänge L_n der aus dem Emitterteil kommenden Überschußelektronen im p-Teil. Deshalb gelangen die meisten Elektronen (etwa 99% und mehr) aus dem Emitter durch Diffusion durch die Basis in die Nähe des Kontaktes 2, der für *Elektronen* im p-Teil durch die Spannung U_C in Durchlaßrichtung gepolt ist, und werden in den rechten n-Teil, den sog. Collektor, „abgesaugt". Somit fließt also ein Collektorstrom I_C, der fast so groß ist wie der Emitterstrom I_E, durch den Collektor-Stromkreis und erzeugt am Widerstand R_2 einen Spannungsabfall U_2. Der Durchlaßwiderstand des Kontaktes Emitter-Basis und der Innenwiderstand einer Batterie sind klein im Vergleich zu R_1. Deshalb erzeugt eine Signalspannung $u_1(t)$ am Widerstand R_1 einen Emitterstrom $i_E(t) \approx u_1(t)/R_1$. Ein Collektorstrom i_C erzeugt am Widerstand R_2 eine Ausgangsspannung $u_2(t) = R_2 \cdot i_C(t)$. Wenn man annimmt $i_E(t) \approx i_C(t)$, dann ermöglicht der Transistor hier also z.B. eine Spannungsverstärkung:

$$\frac{u_2(t)}{u_1(t)} \approx \frac{R_2}{R_1} = \frac{50\,\mathrm{k}\Omega}{500\,\Omega} = 100$$

und damit eine ebenso große Leistungsverstärkung des Signals.

Es läßt sich leicht verstehen, warum die drei Halbleiterbereiche so unterschiedlich dotiert sind. Der Emitterteil ist sehr stark dotiert, damit eine starke Ladungsträgerinjektion in die Basis stattfinden kann. Der Collektorteil ist sehr schwach dotiert, damit die Übergangszone zwischen Basis und Collektor sehr breit ist. Dann können hohe Sperrspannungen angelegt werden, ohne daß die Durchschlagsfeldstärke der Sperrschicht erreicht wird, und somit hohe Betriebswechselspannungen zugelassen werden. Eine schwache Dotierung der Basis würde die Verbreiterung der Übergangszone unterstützen, aber andererseits den Ohmschen Widerstand der Basiszone vergrößern, was eine Herabsetzung der höchsten möglichen Betriebsfrequenz des Transistors verursacht. Die Dotierung der Basis ist also ein Kompromißwert und liegt in der Praxis wie angegeben zwischen der Störstellenkonzentration von Emitter und Collektor. Ausführliches über die physikalischen Grundlagen und die technischen Herstellungen und Anwendungen des Transistors findet man z.B. in [*15*], [*17*] und [*18*].

V. Ferromagnetische Werkstoffe

§ 22. Magnetfeld und magnetisches Moment

22.1. Das Magnetfeld im Vakuum

Ganz allgemein kann man sagen, daß Magnetfelder durch elektrische Ströme verursacht werden. Für jeden Punkt des Raumes gilt die Maxwellsche Gleichung:

$$\operatorname{rot} \vec{H} = \vec{S} + \dot{\vec{D}}. \tag{22.1}$$

Hierin sind $\vec{D}$ die elektrische Verschiebungsdichte, $\vec{S}$ die Stromdichte und $\vec{H}$ die magnetische Feldstärke. Für eine Berechnung des Magnetfeldes am einfachsten zugänglich sind die Innenräume einer unendlich langen stromdurchflossenen Zylinderspule (Solenoid) oder einer Ringspule (Toroid) (s. Abb. 22.1). Im Falle der unendlich langen Zylinderspule sei zur Berechnung von rot $\vec{H}$ als Integrationsweg der in Abb. 22.1 b gestrichelt gezeichnete Umlauf gewählt. Mit der Bedingung, daß die magnetische Feld-

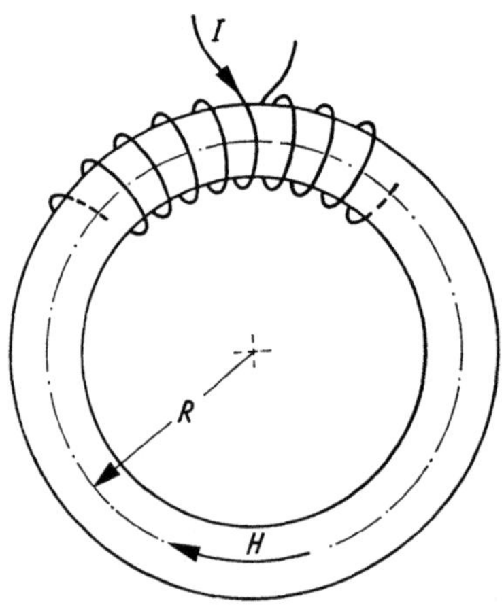

a

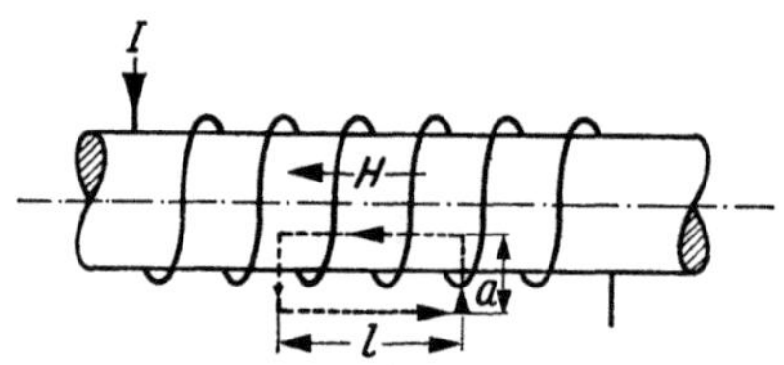

b

Abb. 22.1. a Ringspule (Toroid), b unendlich lange Zylinderspule (Solenoid)

stärke im Innenraum der Spule homogen und außerhalb der Spule Null sei, ergibt sich:

$$|\operatorname{rot} \vec{H}| = \lim_{(a l) \to 0} \frac{H l}{a l}. \tag{22.2}$$

Der Betrag der homogenen Stromdichte $\vec{S}$ durch die vom Integrationsweg eingeschlossene Fläche ist:

$$S = \frac{N I}{a l}, \tag{22.3}$$

wobei N die Anzahl der bei der Integration umfaßten Windungen und I der durch die Windungen fließende Strom sind. Wenn keine elektrische Verschiebungsdichte vorhanden ist, folgt aus (22.1), (22.2) und (22.3):

$$H = \frac{N}{l} I = w I, \tag{22.4}$$

wobei $w = N/l$ die Zahl der Windungen pro Längeneinheit ist.

Für einen Strom, der durch eine Drahtwindung fließt, also z.B. für den Kreisstrom I, der die Fläche A in Abb. 22.2 umschließt, läßt sich ein magnetisches Moment μ definieren von der Größe:

$$\mu \equiv I A. \tag{22.5}$$

Dabei ist die Richtung des magnetischen Momentes der in Abb. 22.2 dargestellten Weise der Stromrichtung zugeordnet. Das magnetische Moment der langen Zylinderspule ist dann die Summe der magnetischen Momente der Einzelwindungen. Damit ist das magnetische Moment pro Längeneinheit der Spule:

$$\frac{N}{l}\mu = w\mu = wIA \tag{22.6}$$

und das magnetische Moment m pro Volumeneinheit der Spule:

$$m = \frac{wIA}{A} = wI. \tag{22.7}$$

Vergleiche von (22.4) mit (22.7) und Abb. 22.1 mit Abb. 22.2 zeigen, daß bei der gewählten Definition des magnetischen Momentes eines Kreisstromes Größe und

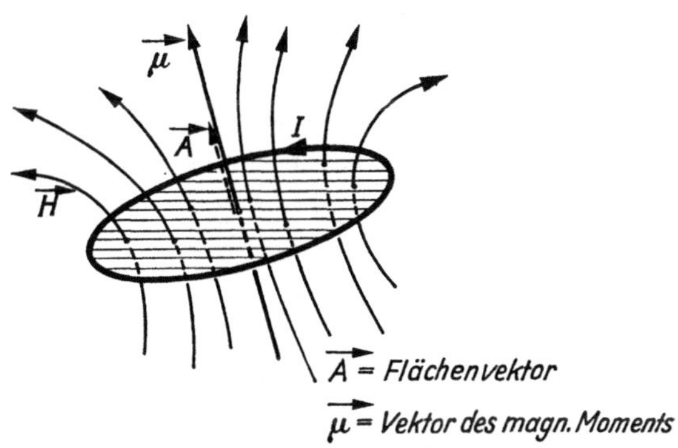

Abb. 22.2. Magnetisches Moment $\vec{\mu}$ eines Kreisstromes I

Richtung der magnetischen Feldstärke in einer stromdurchflossenen Zylinderspule identisch gleich sind der Größe und Richtung des magnetischen Momentes pro Volumeneinheit dieser Spule:

$$\vec{H} \equiv \vec{m}. \tag{22.8}$$

22.2. Das Magnetfeld in magnetischen Werkstoffen

22.2.1. Definition der Magnetisierung eines Werkstoffes. Bei der Beschreibung von Magnetfeldern, die nicht durch makroskopische Ströme (wie in § 22.1 beschrieben), sondern durch magnetische Werkstoffe verursacht werden, kann man davon ausgehen, daß Körper aus diesen Werkstoffen eine große Anzahl kleiner Elementarströme enthalten. In der Materie stellen die Bewegungen der Elektronen um den Atomkern und die Drehungen der Elektronen um ihre Achsen atomare Kreisströme dar. Jeder dieser atomaren Kreisströme verursacht ein Magnetfeld. Bei völliger Unordnung der Richtungen der magnetischen Momente der Kreisströme gibt es kein resultierendes Magnetfeld. Bei Ausrichtung der Kreisströme bleibt ein makroskopisch feststellbares Magnetfeld übrig. Die Größe des durch die atomaren Kreisströme in der Volumeneinheit des Werkstoffes verursachten Magnetfeldes wird als das magnetische Moment pro Volumeneinheit definiert. Man nennt dieses magnetische Moment pro Volumeneinheit die Magnetisierung des Werkstoffes.

Ein Körper aus einem Werkstoff mit der Magnetisierung M erzeugt dann innerhalb und außerhalb des Körpers ein Magnetfeld, das identisch gleich ist dem Magnetfeld H_{Spule} einer stromdurchflossenen Spule, wenn die Spule auf einen unmagnetischen Körper gleicher Abmessungen gewickelt ist, und wenn $wI = H_{\text{Spule}} = M$ ist. Die so definierte Magnetisierung M stellt einen räumlichen Mittelwert dar. Tatsächlich treten in den atomaren Bereichen im Werkstoff beträchtliche Inhomogenitäten der von den atomaren Kreisströmen verursachten Feldstärken auf. Makroskopisch wird aber eine homogene mittlere Feldstärke gemessen.

Wenn man magnetische Werkstoffe zusammen mit Spulen in der Elektrotechnik verwendet, kann man an folgender Beschreibung festhalten: Durch das Magnetfeld $\vec{H}_{\text{Spule}}$ der Spule werden die im Werkstoff zunächst regellos orientierten mikroskopischen (atomaren) Kreisströme ausgerichtet, so daß im Werkstoff ein zusätzliches Magnetfeld $\vec{M}$ entsteht.

22.2.2. Das Magnetfeld im geschlossenem Magnetkreis. Es sei eine lange Zylinderspule oder eine Ringspule vollständig mit einem magnetischen Werkstoff gefüllt. Das von der Spule erzeugte Magnetfeld $\vec{H}_{\text{Spule}}$ magnetisiert den Werkstoff und ruft in ihm eine Magnetisierung $\vec{M}$ hervor. Das gesamte magnetische Moment pro Volumeneinheit der mit Materie gefüllten Spule ist jetzt gleich der Summe der Momente aus dem makroskopischen Spulenstrom und den mikroskopischen Kreisströmen im magnetischen Material. Das magnetische Gesamtmoment pro Volumeneinheit ist dann:

$$\vec{m}_{\text{gesamt}} = \vec{H}_{\text{Spule}} + \vec{M}. \tag{22.9}$$

Die magnetische Induktion $\vec{B}$ im Vakuum ist gegeben durch:

$$\vec{B} = \mu_0 \vec{H} = \mu_0 \vec{m}, \tag{22.10}$$

wobei $\mu_0 = 4\pi \cdot 10^{-9}\,\text{Vs/Acm}$ die absolute Permeabilität oder magnetische Feldkonstante genannt wird. Analog hierzu kann man die Induktion $\vec{B}$ im Werkstoff, der sich in der stromdurchflossenen Spule befindet, durch die Beziehung angeben:

$$\vec{B} = \mu_0 \vec{m}_{\text{gesamt}} = \mu_0 (\vec{H}_{\text{Spule}} + \vec{M}). \tag{22.11}$$

Oft schreibt man auch:

$$\vec{B} = \mu_0 \vec{H}_{\text{Spule}} + \vec{J}, \tag{22.12}$$

wobei $\vec{J} = \mu_0 \vec{M}$ die magnetische Polarisation des Werkstoffes genannt wird.

22.2.3. Das Magnetfeld im offenen Magnetkreis. Es sei wieder ein unendlich langer, stabförmiger, magnetisierbarer Kern betrachtet, in dem durch eine aufgewickelte Spule die Feldstärke $\vec{H}_{\text{Spule}}$ hervorgerufen wird. Dieses homogene Feld erzeugt im Stabkern eine homogene Magnetisierung $\vec{M}$ (s. Abb. 22.3a). Befindet sich nun im Spuleninnern nur ein Teil eines unendlich langen Stabes, also beispielsweise ein Ellipsoid aus dem gleichen Werkstoff, dann entsteht in ihm eine Magnetisierung $\vec{M}$, die von einem magnetischen Feld $\vec{H}_{\text{Werkstoff}}$ herrührt, das die Richtung, aber nicht die Größe von $\vec{H}_{\text{Spule}}$ hat (s. Abb. 22.3b). Durch die Magnetisierung $\vec{M}$ entstehen nämlich an der Oberfläche des Ellipsoids „magnetische Ladungen", welche im Körper und im umgebenden Raum ein zusätzliches magnetisches Feld aufbauen. Die Abb. 22.3c zeigt dieses durch die Pole verursachte zusätzliches magnetische Feld. Im Innern eines Ellipsoids ist dieses Feld homogen (s. z.B. [*24*]) und ist dem Spulenfeld $\vec{H}_{\text{Spule}}$ und auch der Magnetisierung $\vec{M}$ im Körper entgegengerichtet. Deshalb wird dieses Feld im Innern des Körpers das entmagnetisierende Feld $\vec{H}_N$ genannt. Bei einem, durch eine stromdurchflossene

Spule magnetisierten Ellipsoid ist das magnetische Feld im Werkstoff gegeben durch:

$$\vec{H}_{\text{Werkstoff}} = \vec{H}_{\text{Spule}} + \vec{H}_N \tag{22.13}$$

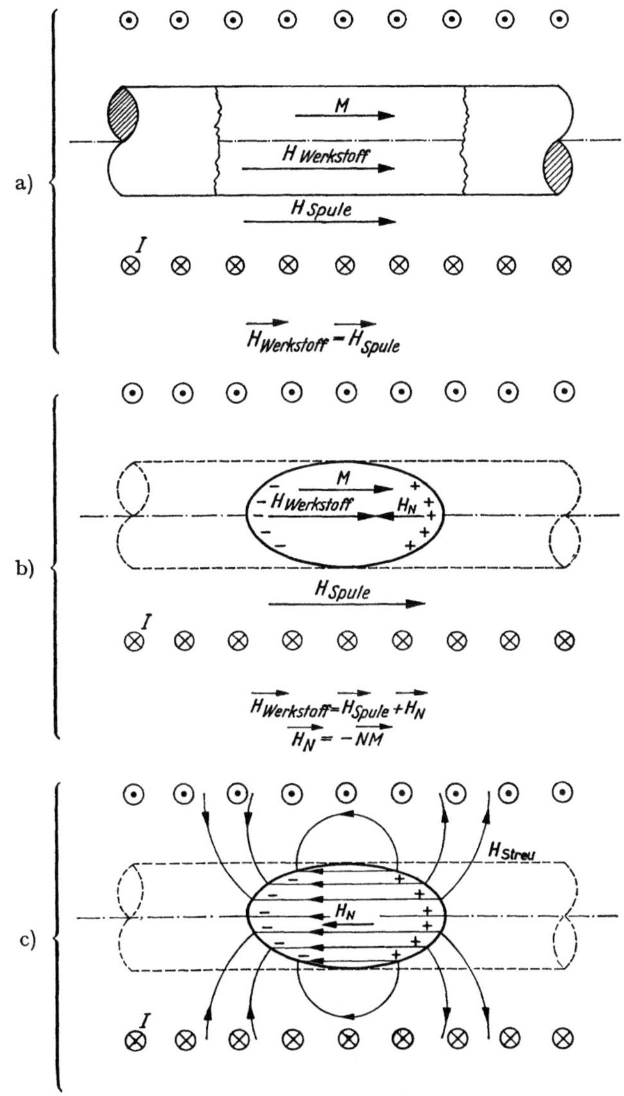

Abb. 22.3. a Magnetisierung und magnetische Feldstärke in einem unendlich langen Stab. b Feldanteile in einem magnetisierten Ellipsoid. c Streufeld und entmagnetisierendes Feld eines magnetisierten Ellipsoids

und damit dem Betrage nach:

$$H_{\text{Werkstoff}} = H_{\text{Spule}} - H_N \,. \tag{22.14}$$

Da das Feld $\vec{H}_{\text{Werkstoff}}$ die Magnetisierung $\vec{M}$ aufrecht erhält, ist die Magnetisierung des Ellipsoids also kleiner als die Magnetisierung eines unendlich langen Stabes aus dem gleichen Werkstoff in der vom gleichen Strom durchflossenen Spule.

Das gesamte magnetische Moment pro Volumeneinheit des sich in der stromdurchflossenen Spule befindenden Ellipsoids ist dann gegeben durch:

$$\vec{m}_{\text{gesamt}} = \vec{H}_{\text{Spule}} + \vec{H}_N + \vec{M}. \tag{22.15}$$

Diese Beziehung geht für einen geschlossenen Magnetkreis (d.h. für $\vec{H}_N = 0$) in die schon bekannte Gl. (22.9) über. Es läßt sich berechnen [*24*], daß für ein Ellipsoid bei homogener Magnetisierung $\vec{M}$ auch ein homogenes entmagnetisierendes Feld vorhanden ist, das proportional der Größe der Magnetisierung $\vec{M}$ und ihr entgegengesetzt gerichtet ist:

$$\vec{H}_N = -N\vec{M}, \tag{22.16}$$

wobei der Proportionalitätsfaktor N Entmagnetisierungsfaktor genannt wird. Seine Größe hängt nur von der Form des Ellipsoids und dessen Magnetisierungsrichtung ab. Für (22.15) kann man also auch schreiben:

$$\vec{m}_{\text{gesamt}} = \vec{H}_{\text{Spule}} - N\vec{M} + \vec{M}. \tag{22.17}$$

Damit ergibt sich für die Induktion im Werkstoff:

$$\vec{B}_{\text{Werkstoff}} = \mu_0 \vec{m}_{\text{gesamt}} = \mu_0 (\vec{H}_{\text{Spule}} - N\vec{M} + \vec{M}). \tag{22.18}$$

Für ein Ellipsoid mit den Hauptachsenlängen a, b und c seien die zugeordneten Entmagnetisierungsfaktoren N_a, N_b und N_c. Mit der (im MKSA-Maßsystem) gültigen Beziehung:

$$N_a + N_b + N_c = 1 \tag{22.19}$$

lassen sich die Entmagnetisierungsfaktoren für einige Magnetisierungsrichtungen in besonderen Ellipsoidformen angeben. Für die Kugel gilt: $a = b = c$ und damit also: $N_a = N_b = N_c = \frac{1}{3}$. Für ein dünnes, langes Rotationsellipsoid oder näherungsweise auch für einen zylindrischen Draht gilt: $a \gg b = c$. Bei Magnetisierung in Richtung der a-Achse d.h. also parallel zur Drahtachse ist die Entmagnetisierung vernachlässigbar, d.h. $N_a \approx 0$. Aus Symmetriegründen folgt dann: $N_b = N_c \approx \frac{1}{2}$. Für ein diskusförmiges sehr flaches Ellipsoid oder näherungsweise für eine große, dünne Platte gilt: $a = b \gg c$. Hier gibt es bei Magnetisierung in der Scheibenebene, also in der Richtung von a oder b, fast keine Entmagnetisierung, d.h. $N_a = N_b \approx 0$, so daß für die Richtung senkrecht zur Scheibenebene folgt: $N_c \approx 1$. Für ein allgemeines Ellipsoid, $a \neq b \neq c$, sind die Entmagnetisierungsfaktoren recht kompliziert zu berechnen. Es seien in Abb. 22.4 nur die Berechnungsergebnisse von Osborn für Rotationsellipsoide in graphischer Form wiedergegeben.

Die Bedingung für den durch (22.16) angegebenen Zusammenhang zwischen entmagnetisierendem Feld und Magnetisierung, nämlich die, daß eine homogene Magnetisierung ein homogenes Entmagnetisierungsfeld erzeugt, ist auch bei einem Ringkern mit einem schmalen Luftspalt gemäß Abb. 22.5 erfüllt. Die Abmessungen des Ringkerns müssen allerdings so sein, daß die magnetische Feldstärke als homogen in der Querschnittsfläche A angesehen werden kann und daß der magnetische Streufluß am Luftspalt vernachlässigbar klein ist. Das ist für $R \gg r$ und $l_k \gg r$ der Fall (Abb. s. 22.5). Der vom Spulenstrom erzeugte magnetische Fluß tritt also im Werkstoff und im Luftspalt durch die gleiche Querschnittsfläche, d.h. die Induktionen im Werkstoff und im Luftspalt sind gleich groß und außerdem homogen in der Fläche A. Es gilt also:

$$\vec{B}_{\text{Luft}} = \mu_0 \vec{H}_{\text{Luft}} = \vec{B}_{\text{Werkstoff}} \tag{22.20}$$

und mit (22.18):

$$\vec{H}_{\text{Luft}} = \vec{H}_{\text{Spule}} - N\vec{M} + \vec{M}. \tag{22.21}$$

Die vom Spulenstrom erzeugte magnetische Spannung tritt in zwei Anteilen in Erscheinung, nämlich als Summe zweier unterschiedlicher magnetischer Span-

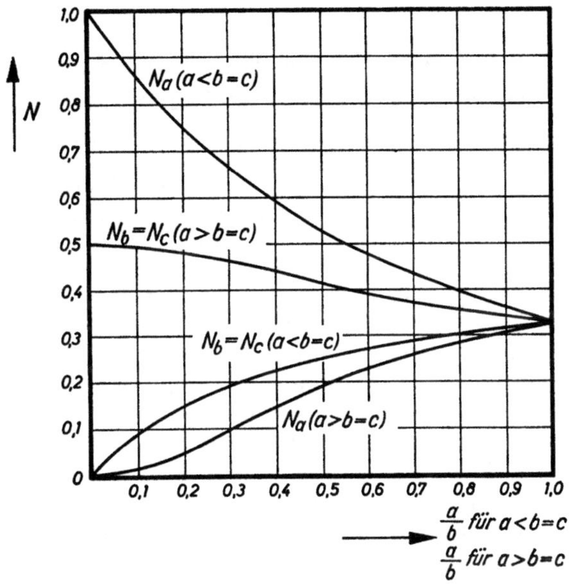

Abb. 22.4. Die Entmagnetisierungsfaktoren von Rotationsellipsoiden mit den Achsenlängen a, b und c [nach OSBORN, I. A.: Phys. Rev. **67**, 351 (1945)]

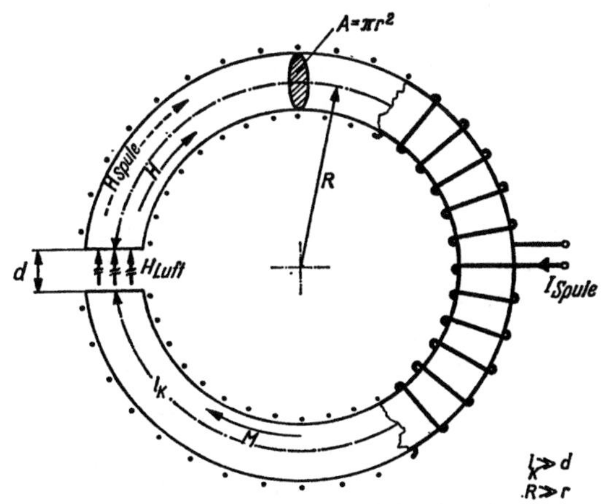

Abb. 22.5. Ringkern mit Luftspalt

nungen im Kernwerkstoff und im Luftspalt:

$$H_{\text{Spule}}(l_k + d) = H_{\text{Werkstoff}}\, l_k + H_{\text{Luft}}\, d. \tag{22.22}$$

Mit (22.13), (22.16) und (22.21) ergibt sich daraus:

$$N = \frac{d}{l_k + d}. \tag{22.23}$$

Da diese Berechnung nur für $d \ll l_k$ gilt, läßt sich auch schreiben:

$$N \approx \frac{d}{l_k}. \tag{22.24}$$

In der Praxis ist die Berechnung der Entmagnetisierungsfaktoren von Ring- und Schalenkernen mit Luftspalt nach (22.24) etwa für $d/l_k \leqq 10^{-2}$ anwendbar.

§ 23. Zusammenhang zwischen Induktion und magnetischer Feldstärke in ferromagnetischen Werkstoffen

23.1. Beschreibung der Hystereseschleife

Bei den sog. ferromagnetischen Werkstoffen ist die Abhängigkeit der Magnetisierung oder der magnetischen Polarisation von der Feldstärke nichtlinear und nicht einfach analytisch auszudrücken (s. Abb. 23.1a). Man erkennt, daß ausgehend vom Zustand $H_{\text{Werkstoff}}=0$, $M=0$ die Magnetisierung mit wachsender Feldstärke im Werkstoff bis zu einem Sättigungswert M_s ansteigt. Eine magnetische Sättigung stellt sich deshalb ein, weil die Anzahl und Stärke der im Werkstoff vorhandenen atomaren Kreisströme * begrenzt sind und bei völliger Ausrichtung aller Kreisströme das magnetische Moment pro Volumeneinheit nicht mehr weiter ansteigen kann. Die Sättigungspolarisation von z. B. chemisch reinem Eisen beträgt bei Raumtemperatur $J_s=\mu_0 M_s=2{,}16\ \text{Vs/m}^2$. Bei anschließender Verkleinerung der Feldstärke bis $H_{\text{Werkstoff}}=0$ wird nicht mehr der pauschal unmagnetische Ausgangszustand erreicht, sondern es bleibt eine remanente Magnetisierung M_r im Werkstoff zurück. Durch ein Magnetfeld in Gegenrichtung wird die Magnetisierung verkleinert und verschwindet bei der Koerzitivfeldstärke $-{}_MH_c$. Bei Vergrößerung der Feldstärke über $-{}_MH_c$ hinaus wächst die Magnetisierung bis zum Sättigungswert $-M_s$; der Werkstoff ist wieder in Feldrichtung gesättigt. Bei periodischer Ummagnetisierung entsteht die in Abb. 23.1a dargestellte Hystereseschleife der Magnetisierung, die meist kurz Magnetisierungsschleife genannt wird. Es sei besonders darauf hingewiesen, daß die Magnetisierung über der tatsächlich im Werkstoff vorhandenen Feldstärke $H_{\text{Werkstoff}}$ aufgetragen ist und nicht über H_{Spule}. Nur die graphische Darstellung von M über $H_{\text{Werkstoff}}$ beschreibt reine Werkstoffeigenschaften, weil dann der Einfluß des entmagnetisierenden Feldes und damit der Probenform eliminiert sind.

Häufiger als die Magnetisierungsschleife benutzt man in der Elektrotechnik die Hystereseschleife der Induktion, die die Abhängigkeit der Induktion B von der Feldstärke im Werkstoff angibt:

$$\vec{B}_{\text{Werkstoff}}=\mu_0(\vec{H}_{\text{Werkstoff}}+\vec{M})=\mu_0\vec{H}_{\text{Werkstoff}}+\vec{J}. \tag{23.1}$$

Dabei setzt sich $\vec{H}_{\text{Werkstoff}}$ nach (22.13) aus dem Feld der Spule und dem entmagnetisierenden Feld zusammen. Meßtechnisch wird häufig die Induktion in Abhängigkeit von der Spulenfeldstärke ermittelt. Der Einfluß der Entmagnetisierung wird beispielsweise durch Verwendung eines Magnetjoches (s. Abb. 23.11) oder durch die Messung an einer Ringkernprobe (s. Abb. 23.12), d. h. durch Verwendung eines geschlossenen magnetischen Kreises vermieden. Das Feld $\vec{H}_{\text{Werkstoff}}$ und die Induktion $\vec{B}_{\text{Werkstoff}}$ sollen im folgenden nur noch mit $\vec{H}$ bzw. $\vec{B}$ bezeichnet werden. Abb .23.1b zeigt einen Zusammenhang zwischen Induktion und Feldstärke bei einem ferromagnetischen Werkstoff. Bei Ausgang vom pauschal unmagnetischen

* Tatsächlich ist für $T > 0°$ K die Stärke der Kreisströme noch feldabhängig; das hat aber keine technischen Konsequenzen.

Zustand $H=0$, $B=0$ wächst die Induktion B mit zunehmender Feldstärke H, ohne einen Sättigungswert zu erreichen. Dieser Teil der Induktionskurve wird Neukurve genannt. Aus (23.1) geht hervor, daß für große Feldstärken, d.h. wenn $J=J_s$ ist, die

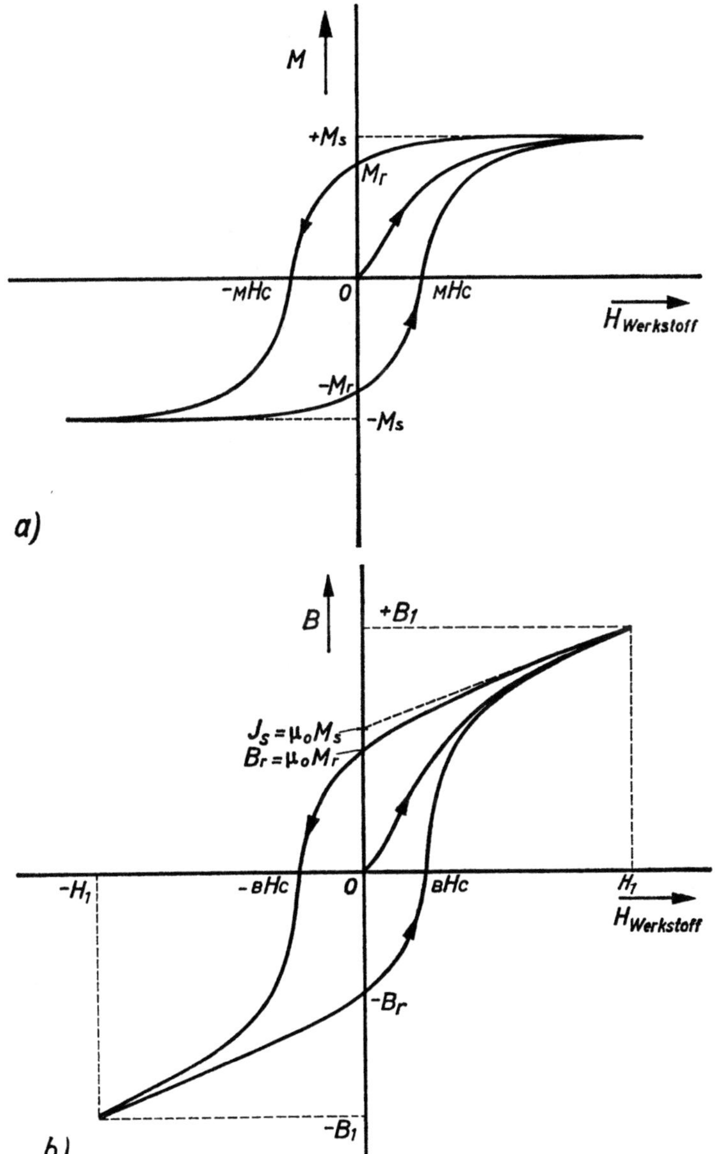

Abb. 23.1. a Hystereseschleife der Magnetisierung eines ferromagnetischen Werkstoffes. b Neukurve und Hystereseschleife der Induktion des gleichen Werkstoffes

Induktion B linear mit der Feldstärke im Werkstoff anwächst. Die Extrapolation des bei hohen Feldstärken gemessenen Teils der Neukurve nach $H=0$ ergibt die Größe der Sättigungspolarisation J_s. Wird von hohen Feldstärken ausgehend das magnetische Feld verkleinert, so wird eine Kurve durchlaufen, die für $H=0$ eine Restinduktion B_r bzw. Restpolarisation J_r aufweist. Es bleibt die Remanenz

$B_r = J_r = \mu_0 M_r$ bestehen. Wird das magnetische Feld in Gegenrichtung vergrößert, so nimmt die Induktion weiter ab und wird bei der Koerzitivfeldstärke $-{}_BH_c$ zu Null. Ändert sich bei einem ferromagnetischen Werkstoff die Feldstärke wiederholt zwischen den Werten $+H_1$ und $-H_1$, so durchläuft die Induktion Werte zwischen $+B_1$ und $-B_1$, und der Zusammenhang zwischen B und H ist durch die Induktionsschleife gegeben. Dabei hängen Form und Größe der Schleife von den Grenzen $+H_1$ und $-H_1$ ab (s. Abb. 23.2).

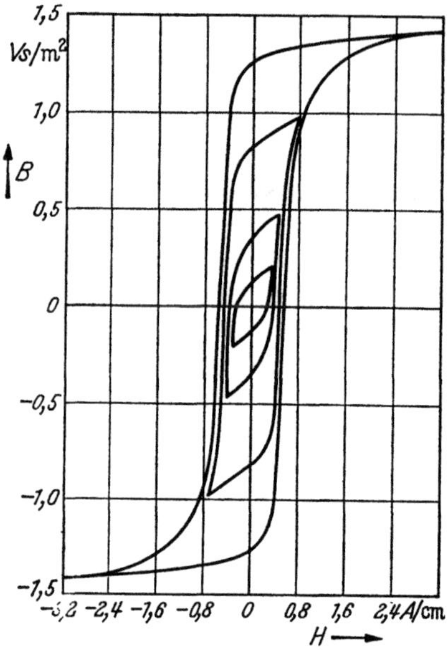

Abb. 23.2. Hystereseschleifen einer nachgeglühten Eisenprobe

Der Zustand $H=0$, $B=0$, der pauschal unmagnetische Zustand, kann immer erreicht werden, indem man die Probe auf hohe Temperatur bringt und dann langsam auf Raumtemperatur abkühlt. Ein ähnlicher Zustand stellt sich auch ein, wenn der Werkstoff bei Raumtemperatur in ein magnetisches Wechselfeld gebracht wird, dessen Amplitude allmählich bis Null verkleinert wird. In Tabelle 23.I sind Hystereseeigenschaften verschiedener, für die Elektrotechnik wichtiger ferromagnetischer Werkstoffe angegeben. Werkstoffe mit

Tabelle 23.I. *Übersicht über die Eigenschaften einiger elektrotechnisch wichtiger ferromagnetischer Werkstoffe. (Die Eigenschaften von reinem Eisen sind zum Vergleich aufgenommen)*

Werkstoff	$J_s = \mu_0 M_s$ in Vs/m²	$B_r = J_r$ in Vs/m²	${}_BH_c$ in A/cm	μ_r*	T_C in °C
Weichmagnetisch					
Eisen, rein	2,16	1,3**	0,01 – 1**	–	770
Dynamoblech ca. 2% Si in Fe	2,05	**	0,6	$\mu_{r,a} \approx$ 750 $\hat{\mu}_r \approx$ 6000	ca. 770
Trafoblech ca. 4% Si in Fe	1,9	**	0,3	$\mu_{r,a} \approx$ 330 $\hat{\mu}_r \approx$ 7000	ca. 770
78 Permalloy 78 Ni, Rest Fe	0,9	0,6	0,01	$\mu_{r,a} \approx$ 10000 $\hat{\mu}_r \approx$ 80000	370
Mumetall 75 Ni, 20 Fe, 5 Cu	0,8	0,4	0,02	$\mu_{r,a} \approx$ 30000 $\hat{\mu}_r \approx$ 90000	410
Mangan-Zink-Ferrit $Mn_{0,7}Zn_{0,3}Fe_2O_4$	0,55	0,15	0,1	$\mu_{r,a} \approx$ 1000	200
Hartmagnetisch					
Alnico 160, isotrop 50 Fe, 11 Al, 25 Ni, 10 Co, 4 Cu	1,50	0,65	630	$\mu_{r,a} \approx 4$	***
Alnico 500, anisotrop 50 Fe, 9 Al, 14 Ni, 24 Co, 3 Cu	1,4	1,3	520	$\mu_{r,a} \approx 4$	***
Bariumferrit $BaFe_{12}O_{19}$					
isotrop	0,45	0,2	1700	$\mu_{r,a} \approx 1,1$	450
anisotrop	0,45	0,35	2400	$\mu_{r,a} \approx 1,3$	450

* Für die Definition der Permeabilitäten s. § 23.2.
** Sehr herstellungsabhängig! *** Bis 450° C keine Strukturänderung.

großen Werten von $_BH_c$ werden hartmagnetische Werkstoffe, solche mit relativ kleinen $_BH_c$-Werten weichmagnetische Werkstoffe genannt.

Statt der Koerzitivfeldstärke $_BH_c$ wird bei Werkstoffuntersuchungen oft auch die Koerzitivfeldstärke $_JH_c$ der magnetischen Polarisation angegeben. In Abb. 23.3 sind für denselben Werkstoff zwei gemäß (23.1) zueinandergehörende Kurven $B(H)$ und $J(H)$ aufgetragen. Man erkennt, daß die Koerzitivfeldstärke $_JH_c = {_MH_c}$ der magnetischen Polarisation (bzw. der Magnetisierung) größer ist, als die Koerzitivfeldstärke $_BH_c$ der Induktion. Der Größenunterschied ist bei weich-

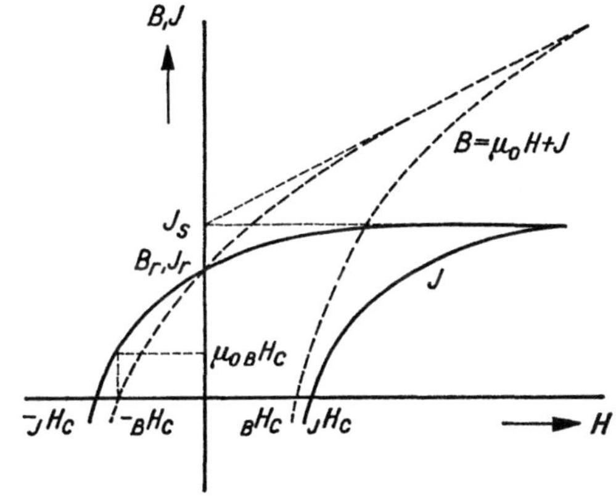

Abb. 23.3. Zum Unterschied zwischen der Koerzitivfeldstärke $_BH_C$ für die Induktion und $_BH_J$ für die Polarisation

magnetischen Werkstoffen praktisch vernachlässigbar, bei hartmagnetischen Werkstoffen, vor allem wenn $_BH_c$ in der Größenordnung von J_r liegt (wie z.B. bei dem Dauermagnetwerkstoff $BaFe_{12}O_{19}$), können sich die beiden Größen erheblich voneinander unterscheiden.

23.2. Definition der Permeabilität

Die in der Elektrotechnik gebräuchliche Schreibweise für den Zusammenhang zwischen Induktion und magnetischer Feldstärke ist:

$$\vec{B} = \mu_0 \mu_r \vec{H}. \tag{23.2}$$

Dabei ist μ_r im allgemeinen ein Tensor. Beschränkt man sich auf den Fall, daß $\vec{B}$ und $\vec{H}$ die gleiche Richtung haben, dann ist die skalare Größe μ_r eine relative Permeabilität oder Permeabilitätszahl des Werkstoffs. Die Beziehung zwischen M und H ist dann gegeben durch:

$$M = \chi_m H = (\mu_r - 1) H. \tag{23.3}$$

Der Proportionalitätsfaktor χ_m wird magnetische Suszeptibilität genannt. Aus dem nichtlinearen Zusammenhang zwischen der Induktion und der magnetischen Feldstärke in ferromagnetischen Werkstoffen folgt, daß die relative Permeabilität μ_r vom magnetischen Zustand des Werkstoffs abhängt. Im besonderen definiert man die in Abb. 23.4 angedeuteten relativen Permeabilitäten.

Die Anfangspermeabilität $\mu_{r,a}$ ist ein Maß für die Steigung der Neukurve im pauschal unmagnetischen Zustand des Werkstoffs:

$$\mu_{r,a} = \frac{1}{\mu_0} \left(\frac{dB}{dH}\right)_{H=0,\, B=0}. \tag{23.4}$$

Die Anfangspermeabilität wird ausgenutzt, wenn der Werkstoff im pauschal unmagnetischen Zustand mit sehr kleinen Gleich- oder Wechselfeldstärken ausgesteuert wird, z.B. bei Kernen in Spulen der Nachrichtentechnik.

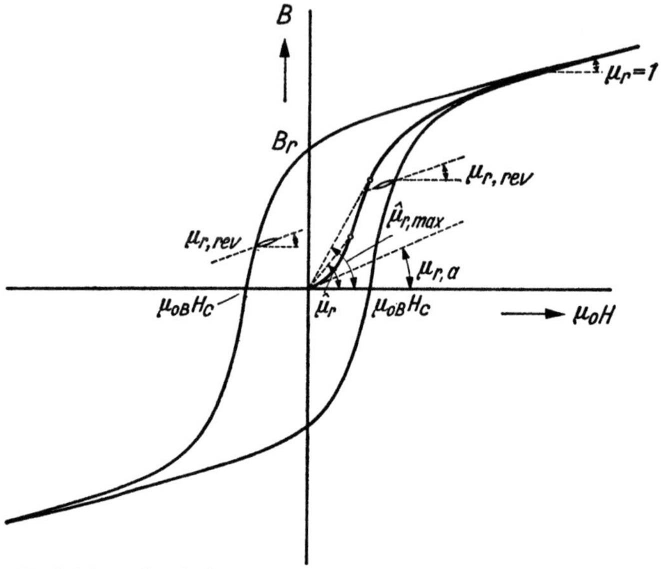

Abb. 23.4. Zur Definition der Anfangspermeabilität $\mu_{r,a}$, der Amplitudenpermeabilität $\hat{\mu}_r$ und der reversiblen Permeabilität $\mu_{r,\text{rev}}$

Die Amplitudenpermeabilität $\hat{\mu}_r$ gibt den Quotienten zweier einander zugeordneter Induktions- und Feldstärkewerte auf der Neukurve an:

$$\hat{\mu}_r = \frac{1}{\mu_0}\left(\frac{B}{H}\right)_{H=\hat{H}}. \tag{23.5}$$

Hierin ist $\hat{H}$ der höchste Wert der Magnetfeldstärke, dem der Werkstoff bei der Aussteuerung aus dem pauschal unmagnetischen Zustand unterworfen wurde. Für die verschiedenen Arbeitspunkte auf der Neukurve beschreibt $\hat{\mu}_r$ die in Abb. 23.5 angegebene Kurve. Die Größe $\hat{\mu}_{r,\max}$ ist die maximal mögliche Amplitudenpermeabilität. Die Amplitudenpermeabilität wird ausgenutzt, wenn sich der Werkstoff, z.B. als Transformatorkern, in einem Wechselfeld größerer Amplitude befindet.

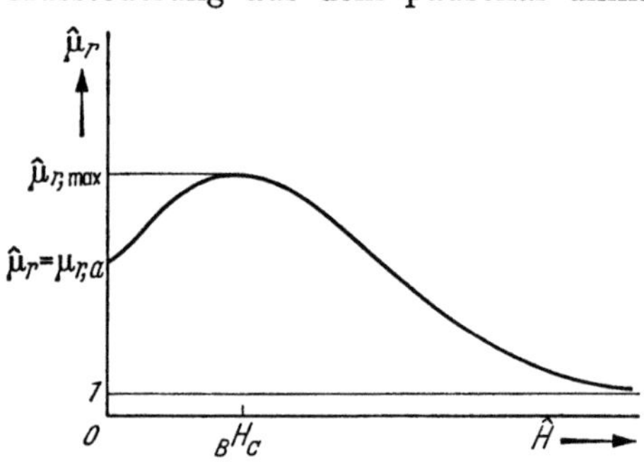

Abb. 23.5. Amplitudenpermeabilität $\hat{\mu}_r$ als Funktion der Magnetfeldstärke $\hat{H}$

Die reversible Permeabilität $\mu_{r,\text{rev}}$ ist die Steigung der kleinen Schleife, die den Zusammenhang zwischen B und H angibt, wenn in einem statischen Arbeitspunkt auf der Neukurve oder einer Hystereseschleife die Feldstärke wiederholt geringfügig vergrößert und verkleinert wird (s. Abb. 23.4). Man beachte, daß die kleinen „Umkehrungsschleifen" immer innerhalb der Hystereseschleife liegen. Analytisch läßt sich allgemein für $\mu_{r,\text{rev}}$ schreiben:

$$\mu_{r,\text{rev}} = \frac{1}{\mu_0}\,\frac{\Delta B}{\Delta H}. \tag{23.6}$$

Die reversible Permeabilität eines Werkstoffes wird ausgenutzt, wenn in einem beliebigen Arbeitspunkt auf einer Hystereseschleife oder Neukurve (also bei Vormagnetisierung durch irgendeine Gleichfeldstärke H) sehr kleine Wechselfeldaussteuerungen durchgeführt werden. Im pauschal unmagnetischen Zustand gilt $\mu_{r,\,\mathrm{rev}} = \mu_{r,a}$. In allen anderen Arbeitspunkten ist $\mu_{r,\,\mathrm{rev}} < \mu_{r,a}$.

23.3. Scherung der Hystereseschleife und effektive Permeabilität

Die Hystereseschleifen von magnetischen Werkstoffen werden an Proben im geschlossenen Magnetkreis (s. auch § 23.4), oder an Ringkernproben gemessen. Bei der praktischen Anwendung der Werkstoffe treten jedoch häufig nichtgeschlossene Magnetkreise auf, z.B. dadurch, daß Luftspalte beim mechanischen Zusammenbau des Magnetkreises entstehen, oder daß im Kern Luftspalte absichtlich zur Beeinflussung der Eigenschaften des Bauelementes angebracht werden. Da für die Anwendung also oft der Zusammenhang zwischen den Größen der Induktion im Magnetkreis und des vom Spulenstrom erzeugten Magnetfeldes interessiert, entsteht die Notwendigkeit, in den gegebenen Werkstoffdiagrammen $M(H)$ und $B(H)$ den Einfluß des entmagnetisierenden Feldes, hervorgerufen

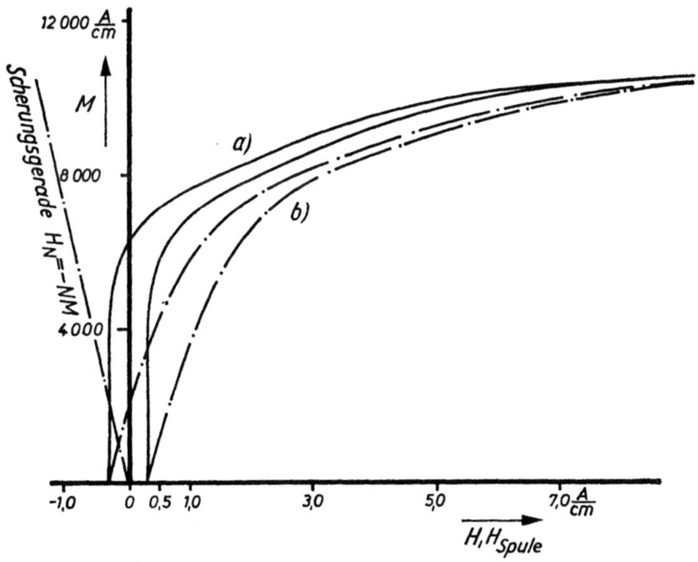

Abb. 23.6. Teil der Magnetisierungsschleife von Eisen mit 4% Silizium. *a* Ungescherte Kurve $M(H)$; *b* gescherte Kurve $M(H_{\mathrm{Spule}})$ mit dem Entmagnetisierungsfaktor $N = 1{,}3 \cdot 10^{-4}$

durch den Luftspalt, zu berücksichtigen. Üblicherweise konstruiert man dazu im Diagramm, unter Beibehaltung beider Koordinatenmaßstäbe, die Kurven $M(H_{\mathrm{Spule}})$ bzw. $B(H_{\mathrm{Spule}})$. Die formelmäßigen Zusammenhänge sind durch (22.13), (22.16) und (22.18) gegeben. Aus (22.13) und (22.16) ergibt sich:

$$\vec{H}_{\mathrm{Spule}} = \vec{H} + N\vec{M}, \tag{23.7}$$

d.h. man erhält die Hystereseschleife $M(H_{\mathrm{Spule}})$, wenn man jeden Punkt der Hystereseschleife $M(H)$ um den zugehörigen Feldstärkewert NM im Diagramm nach rechts verschiebt. Die Konstruktion ist in Abb. 23.6 dargestellt und wird mit Hilfe der sog. Scherungsgeraden $H_N = -NM$ durchgeführt. Aus der Hystereseschleife des Werkstoffes ergibt sich die sog. gescherte Hystereseschleife $M(H_{\text{Spule}})$. Die gescherte Hystereseschleife erreicht den gleichen Sättigungswert M_s der Magnetisierung bei höheren Feldstärkewerten, d. h. für höheren Spulenstrom; sie besitzt einen niedrigeren effektiven Remanenzwert $M_{r,\text{eff}}$ als die ungescherte Schleife, weist aber die gleiche Koerzitivfeldstärke ${}_MH_c$ auf.

Aus der Hystereseschleife $B(H)$ des Werkstoffs ergibt sich die gescherte Schleife $B(H_{\text{Spule}})$, wenn man folgende, aus (22.13), (22.16) und (22.18) ermittelte Beziehung berücksichtigt:

$$\vec{H}_{\text{Spule}} = \vec{H} + N\left(\frac{\vec{B}}{\mu_0} - \vec{H}\right). \tag{23.8}$$

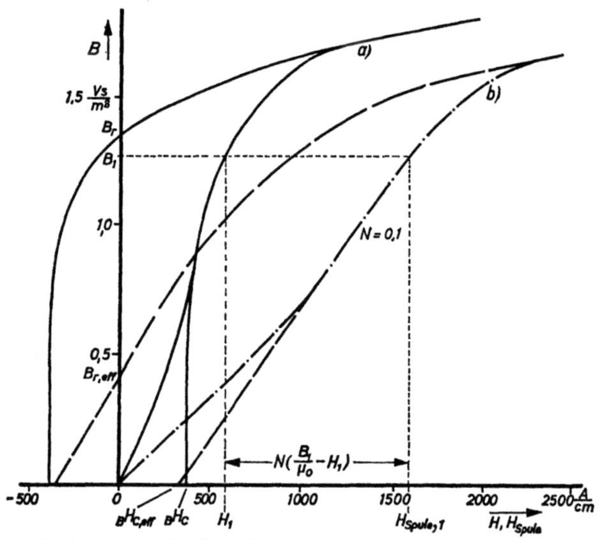

Abb. 23.7. Teil der Induktionsschleife eines kornorientierten Stahllegierungsdauermagnetwerkstoffes. *a* Ungescherte Kurve $B(H)$; *b* gescherte Kurve $B(H_{\text{Spule}})$ mit dem Entmagnetisierungsfaktor $N = 0{,}1$

Die gescherte Induktionskurve findet man, wenn man zu jedem Abszissenwert eines Punktes auf der ungescherten Schleife den zugehörigen Feldstärkewert $N\,(B/\mu_0 - H)$ addiert (s. Abb. 23.7). Da $(B/\mu_0 - H)$ eine nichtlineare Funktion von B ist, muß die Scherung für jeden Punkt der Schleife neu berechnet werden. Bei weichmagnetischen Werkstoffen gilt im Anwendungsbereich $B/\mu_0 \gg H$ und die Scherung kann mit Hilfe der Scherungsgeraden $H_N = -N\,B/\mu_0$ nach Abb. 23.8 durchgeführt werden. Die gescherte Induktionskurve hat eine niedrigere Remanenzinduktion $B_{r,\text{eff}}$ und außerdem eine kleinere Koerzitivfeldstärke ${}_BH_{c,\text{eff}}$ als die ungescherte Kurve. Bei kleinen Entmagnetisierungsfaktoren, wie sie bei Ring- und Schalenkernen mit Luftspalt auftreten, bleibt jedoch die Koerzitivfeldstärke ${}_BH_c$ bei gescherter und ungescherter Kurve mit guter Näherung konstant.

Sollen aus den an einem nichtgeschlossenen Magnetkreis gemessenen Hystereseschleifen $M(H_{\text{Spule}})$ oder $B(H_{\text{Spule}})$ die Hystereseschleifen des Werkstoffs ermittelt werden, so gelten für die Rückscherung die Gleichungen:

$$\vec{H} = \vec{H}_{\text{Spule}} - N\vec{M}\,(H_{\text{Spule}}), \tag{23.9}$$

bzw.:

$$\vec{H} = \vec{H}_{\text{Spule}} - \frac{N}{1-N}\left(\frac{\vec{B}\,(H_{\text{Spule}})}{\mu_0} - \vec{H}_{\text{Spule}}\right). \tag{23.10}$$

Die relative Permeabilität μ_r des Werkstoffs gibt nach (23.2) den Zusammenhang zwischen Induktion B und Feldstärke H im Werkstoff an. Da für die Elektrotechnik der Zusammenhang zwischen der aufgebrachten Feldstärke H_{Spule} und der erzeugten Induktion B interessiert, läßt sich für den gescherten Magnetkreis analog zu (23.2) schreiben:

$$B = \mu_0 \, \mu_{r,\,\text{eff}} H_{\text{Spule}}, \tag{23.11}$$

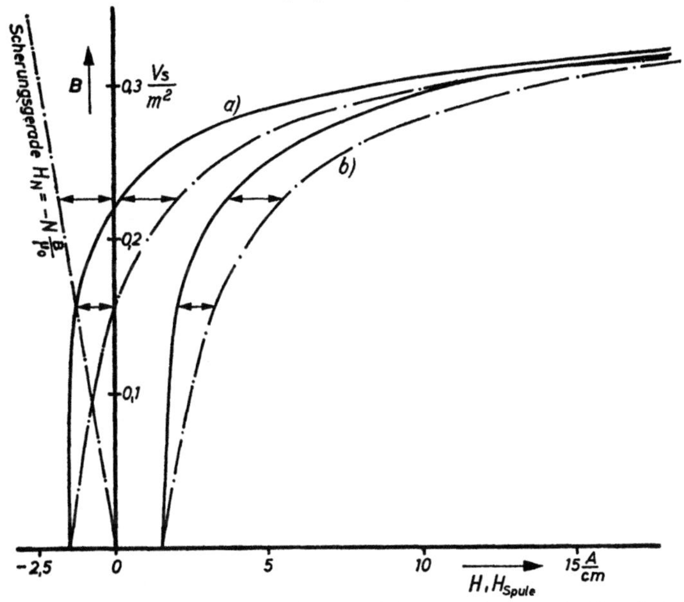

Abb. 23.8. Teil der Induktionsschleife eines weichmagnetischen Oxidwerkstoffes (Mn-Zn-Ferrit). *a* Ungescherte Kurve $B(H)$; *b* gescherte Kurve $B(H_{\text{Spule}})$ mit dem Entmagnetisierungsfaktor $N = 10^{-3}$

wobei $\mu_{r,\,\text{eff}}$ die sog. effektive relative Permeabilität oder auch scheinbare Permeabilität ist, die stets kleiner als die Werkstoffpermeabilität μ_r ist. Aus (23.2) und (23.11) folgt:

$$\frac{\mu_{r,\,\text{eff}}}{\mu_r} = \frac{H}{H_{\text{Spule}}}. \tag{23.12}$$

Mit (23.3) und (23.7) ergibt sich daraus:

$$\mu_{r,\,\text{eff}} = \frac{\mu_r}{1 + N(\mu_r - 1)}. \tag{23.13}$$

Für weichmagnetische Werkstoffe gilt $\mu_r \gg 1$ und damit in guter Näherung:

$$\frac{1}{\mu_{r,\,\text{eff}}} = \frac{1}{\mu_r} + N. \tag{23.14}$$

In Abb. 23.9 ist der Zusammenhang zwischen $\mu_{r,\,\text{eff}}$ und N nach (23.13) graphisch dargestellt. Hohe Werkstoffpermeabilitäten sind nur mit sehr kleinen Entmagnetisierungsfaktoren ausnutzbar. Bei z.B. $\mu_r > 1000$ und $N > 10^{-2}$ ist die effektive Permeabilität bereits fast allein durch die Größe des Entmagnetisierungsfaktors bestimmt. Die effektive Permeabilität einer Kugelprobe ($N = \frac{1}{3}$) ist beispielsweise selbst bei unendlich hoher Werkstoffpermeabilität nur noch $\mu_{r,\,\text{eff}} = 3$.

Da die Induktivität einer Spule mit Magnetkern proportional zur effektiven Permeabilität des Kerns ist, muß bei gewünschter hoher Spuleninduktivität für einen geschlossenen Magnetkreis gesorgt werden. Bei geteilten Kernen müssen also dann die Kernteile mit den geschliffenen Oberflächen dicht schließend aufeinander gefügt werden. Durch Wahl eines geeigneten Luftspaltes kann die Induktivität einer Spule mit Ring- oder Schalenkern vom Maximalwert bei geschlossenem Magnetkreis auf einen gewünschten Wert verkleinert werden.

Ein Luftspalt im Magnetkreis beeinflußt nicht nur die effektive Permeabilität und damit die Induktivität der Spulenanordnung, sondern auch deren Temperaturkoeffizienten. Die Temperaturkoeffizienten von Bauelementen sollen

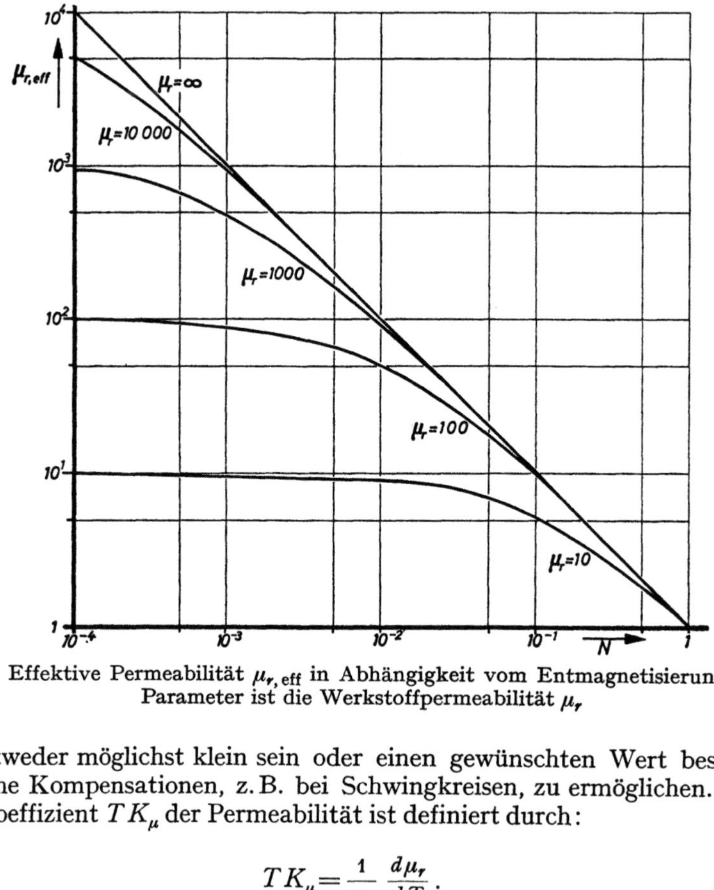

Abb. 23.9. Effektive Permeabilität $\mu_{r,\mathrm{eff}}$ in Abhängigkeit vom Entmagnetisierungsfaktor N. Parameter ist die Werkstoffpermeabilität μ_r

meist entweder möglichst klein sein oder einen gewünschten Wert besitzen, um thermische Kompensationen, z.B. bei Schwingkreisen, zu ermöglichen. Der Temperaturkoeffizient TK_μ der Permeabilität ist definiert durch:

$$TK_\mu = \frac{1}{\mu_r} \frac{d\mu_r}{dT}. \tag{23.15}$$

Wenn der Entmagnetisierungsfaktor N eines Luftspaltes im Magnetkreis eines homogenen Magnetwerkstoffes unabhängig von der Temperatur ist, dann läßt sich aus (23.13) für den durch Scherung erreichten effektiven Temperaturkoeffizienten berechnen:

$$(TK_\mu)_{\mathrm{eff}} = \frac{1-N}{1+N(\mu_r-1)}\, TK_\mu. \tag{23.16}$$

Für sehr kleine Entmagnetisierungsfaktoren, wie sie bei Magnetkreisen mit weichmagnetischen Werkstoffen vorkommen, folgt aus (23.16):

$$(TK_\mu)_{\mathrm{eff}} = \frac{TK_\mu}{1+N\mu_r} = \frac{\mu_{r,\mathrm{eff}}}{\mu_r}\, TK_\mu. \tag{23.17}$$

Der Temperaturkoeffizient der effektiven Permeabilität verringert sich bei Scherung im gleichen Maße wie die effektive Permeabilität selbst. Durch Wahl einer geeigneten Luftspaltbreite im Magnetkreis läßt sich also der Temperaturkoeffizient $TK_L = \frac{1}{L}\frac{dL}{dT}$ der Induktivität L einer Spule auf einen gewünschten Wert bringen, der kleiner ist als der des geschlossenen Magnetkreises.

23.4. Meßmethoden für Hystereseschleifen

Ballistisches Verfahren

Das Prinzip des ballistischen Verfahrens zur Ermittlung von Hystereseschleifen zeigt Abb. 23.10. Ein zeitabhängiger Strom $I(t)$ durch ein ballistisches Galvanometer G verursacht eine Skalenanzeige $\alpha \sim \int I(t)\,dt$. Der Galvanometer-

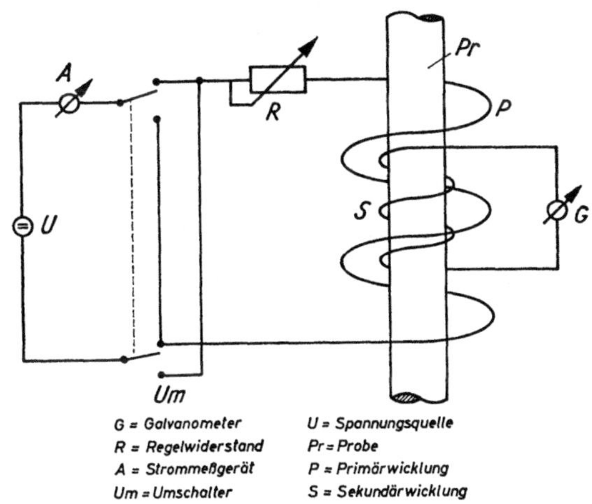

Abb. 23.10. Prinzipschaltung zur ballistischen Messung von Hystereseschleifen

strom ist proportional zur Spannung U_S an der Sekundärwicklung S und damit proportional zur zeitlichen Änderung des magnetischen Flusses Φ in der Probe. Es gilt also:

$$\alpha \sim \int I\,dt \sim \int U_S\,dt \sim \int \dot{\Phi}\,dt = \Delta\Phi. \tag{23.18}$$

Aus der Anzeige des ballistischen Galvanometers, die z.B. beim Herausnehmen des langen Probestabes aus der Meßspule entsteht, kann nach Eichung der Meßanordnung mit z.B. einer Nickelprobe die Magnetisierung im Werkstoff bestimmt werden. Der magnetische Fluß durch die Querschnittsfläche A im Innern der Meßspule ist bei Anwesenheit des Probestabes:

$$\Phi = \int \vec{B}\,d\vec{A} = \mu_0 \int (\vec{H}_{\text{Spule}} - N\vec{M} + \vec{M})\,d\vec{A}. \tag{23.19}$$

Nach Entfernung des Stabes gilt für den Fluß:

$$\Phi = \mu_0 \int \vec{H}_{\text{Spule}}\,d\vec{A}. \tag{23.20}$$

Daraus folgt für die Flußänderung:

$$\Delta\Phi = \mu_0 \int \vec{M}(1-N)\,d\vec{A}. \tag{23.21}$$

Wenn der Entmagnetisierungsfaktor N der Probe bekannt ist, läßt sich die Magnetisierung des Werkstoffes in Abhängigkeit von der durch die Primärspule P erzeugten Feldstärke bestimmen.

Probe im Magnetjoch

Eine nach DIN 50470 genormte Anordnung zur Messung von Hystereseschleifen von Dauermagnetwerkstoffen zeigt Abb. 23.11. Die zu untersuchende Probe befindet sich im homogenen Magnetfeld zwischen zwei Polen eines Elektromagneten. Da zwischen den Probenoberflächen, die senkrecht zum Magnetfeld stehen, und den Polflächen des Jochs keine Luftspalte vorhanden sind tritt kein entmagnetisierendes Feld in der Probe auf. Mit Hilfe z. B. einer Hall-Sonde kann die Stärke des magnetischen Feldes bestimmt werden, in dem sich die Probe be-

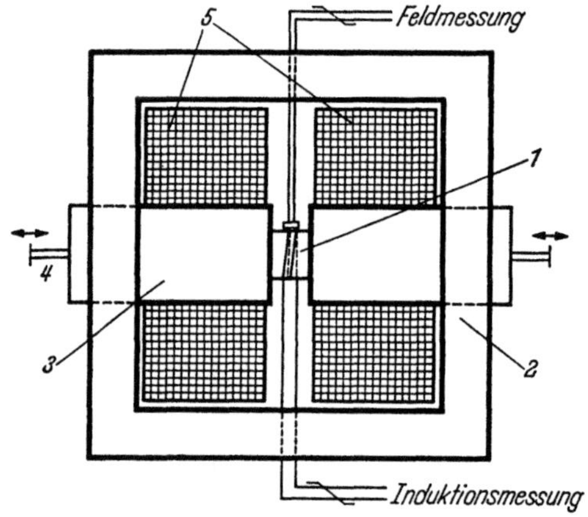

Abb. 23.11. Meßanordnung nach DIN 50470 für Hystereseschleifen von Dauermagnet werkstoffen. *1* Probe, *2* Joch, *3* verstellbare Querstege, *4* Einstellvorrichtung, *5* Magnetisierungsspulen

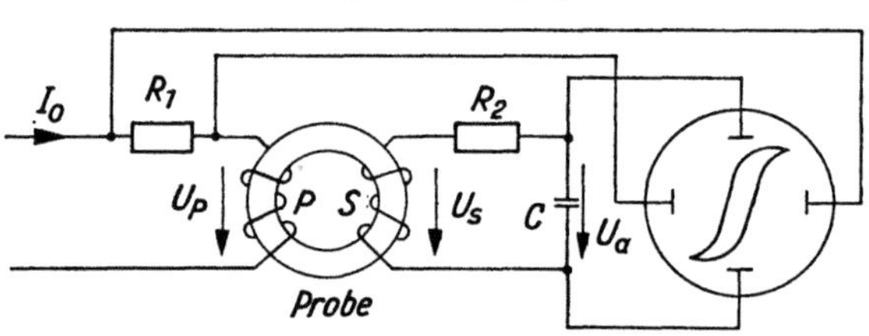

Abb. 23.12. Aufnahme von Hystereseschleifen mit RC-Integration

findet. Die Induktion wird mit Hilfe einer um die Probe gewickelten Meßspule ermittelt. Als Meßgerät kann dabei z.B. wieder ein ballistisches Galvanometer benutzt werden. Wird mit dem Spulenstrom die Feldstärke im Probenraum zwischen zwei Werten variiert, so zeigt das Galvanometer die Flußänderung und damit die Änderung der Induktion in der Probe an.

Elektronische Integrationsmethode

Ein Prinzipschaltbild für diese Meßmethode, die besonders für Messungen an weichmagnetischen Werkstoffen geeignet ist, zeigt Abb. 23.12. Mit dieser Meßmethode kann die Hystereseschleife des Werkstoffs auf einem Oszillographenschirm abgebildet werden. Die Primärspule P, die auf einen Ringkern des zu untersuchenden Werkstoffs gewickelt ist, wird mit einem sinusförmigen Wechselstrom der Frequenz f gespeist. Zur Horizontalablenkung des Oszillographen wird die am Widerstand R_1 abgegriffene Spannung benutzt, die dem Spulenstrom und damit der Feldstärke im Werkstoff proportional ist. Die zeitliche Integration der Spannung U_S an der Sekundärwicklung S ergibt eine der Induktion B proportionale

Spannung. Häufig läßt sich als Integrierglied die gezeichnete einfache RC-Kombination benutzen. Die Ausgangsspannung U_a, die als Vertikalablenkspannung des Oszillographen verwendet wird, ist dann:

$$U_a = \frac{1}{RC} \int_0^t U_S \, dt \sim B, \tag{23.22}$$

solange $RC \gg \frac{1}{f}$ ist.

§ 24. Energie des Magnetfeldes

24.1. Die Energie des Magnetfeldes im Vakuum

Ein Strom I durch eine lange Zylinderspule erzeugt innerhalb der Spule ein magnetisches Feld H_{Spule}. Wenn Streuung vernachlässigt wird, kann man berechnen, wieviel Energie pro Volumeneinheit der vom Magnetfeld erfüllte Raum enthält oder was das Gleiche ist, welche Arbeit in Form elektrischer Energie aufgebracht werden muß, um dieses Magnetfeld zu erzeugen. Zur Berechnung soll das in Abb. 24.1 dargestellte einfache Ersatzschaltbild einer verlustbehafteten Spule benutzt werden, das aus einer Reihenschaltung eines Ohmschen Widerstandes R und einer reinen Induktivität L besteht. Die von der Stromquelle bis zur Zeit t_1 abgegebene Energie ist:

$$W = \int_0^{t_1} U I \, dt. \tag{24.1}$$

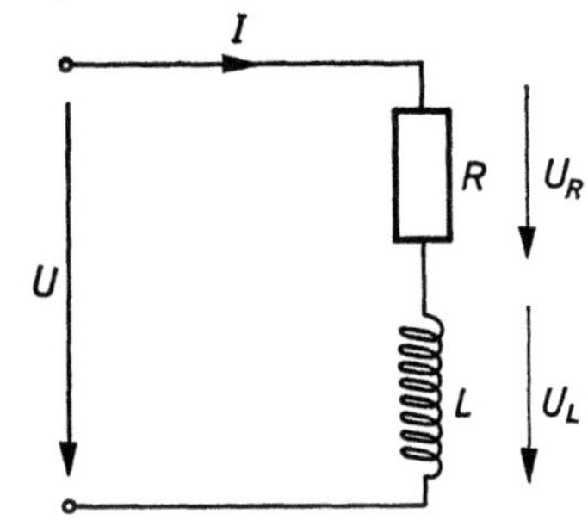

Abb. 24.1. Ersatzschaltbild einer verlustbehafteten Spule

Nach dem Induktionsgesetz folgt für den Zusammenhang zwischen der Spannung U_L an der Induktivität und die Induktion B in der Spule:

$$|U_L| = \frac{d}{dt} \int B \, dA = N A \frac{dB}{dt}, \tag{24.2}$$

wobei A die Querschnittsfläche und N die Gesamtwindungszahl der betrachteten Spule sind. Die von der Stromquelle abgegebene Energie ist damit:

$$W = \int_0^{t_1} (U_R + U_L) I \, dt \int_0^{t_1} \left(R I + N A \frac{dB}{dt}\right) I \, dt = \int_0^{t_1} R I^2 \, dt + \int_0^{t_1} N A \, I \frac{dB}{dt} \, dt. \tag{24.3}$$

Der erste Term im letzten Glied von (24.3) gibt die im Ohmschen Widerstand der Spule erzeugte Wärmeenergie; der zweite Term gibt die zur Zeit t_1 in der Spule gespeicherte magnetische Energie an. Wenn zur Zeit t_1 die Induktion B_1 erreicht ist, ergibt sich für diese Feldenergie mit (22.4):

$$W_L = \int_0^{B_1} H_{\text{Spule}} A \, l \, dB. \tag{24.4}$$

Ganz allgemein ist die Energie des felderfüllten Raumes gegeben durch:

$$W_L = \int_{\text{Raum}} dV \int \vec{H}_{\text{Spule}} \, d\vec{B} \tag{24.5}$$

und die Energiedichte durch:

$$w_L = \int \vec{H}_{\text{Spule}} \, d\vec{B}. \tag{24.6}$$

In einem magnetischen Feld von z.B. 16000 A/cm ist also die Feldenergiedichte nicht größer als 1,6 Ws/cm³. Die Erzeugung großer Magnetfelder mit Luftspulen für Dauerbetrieb ist wirtschaftlich nicht tragbar, da weitaus der größte Teil der zugeführten Energie in den Wicklungen in Wärme umgewandelt wird und damit nicht zum Aufbau des Feldes beiträgt. So benötigt man z.B. für ein Dauerbetriebsmagnetfeld von 200000 A/cm in einem Volumen von einigen cm³ eine Leistung von etwa 10 Megawatt, wenn man mit konventionellen Mitteln, nämlich mit Kupferspulen bei Raumtemperatur arbeitet. Der erreichte Energieinhalt des Luftraumes ist dann ungefähr 500 Ws/cm³. Eine Lösung des Wärmeproblems bietet die Anwendung von supraleitenden Werkstoffen für die Wicklungen der Spule. Wie aus Abb. 24.2a hervorgeht, haben einige Werkstoffe unterhalb einer kritischen Temperatur, der Sprungtemperatur, den spezifischen Widerstand Null. Sie können also bei ausreichend tiefen Temperaturen als

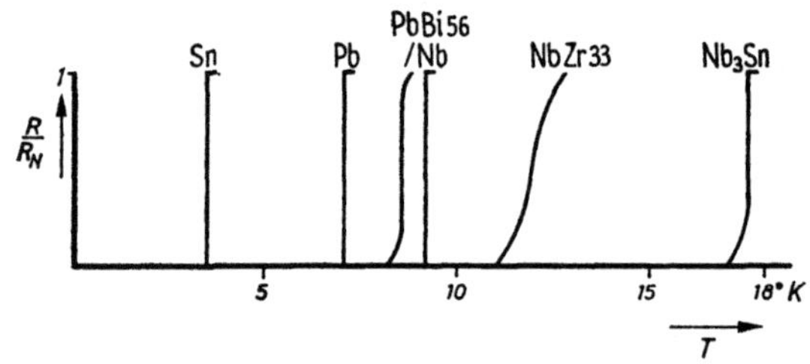

a

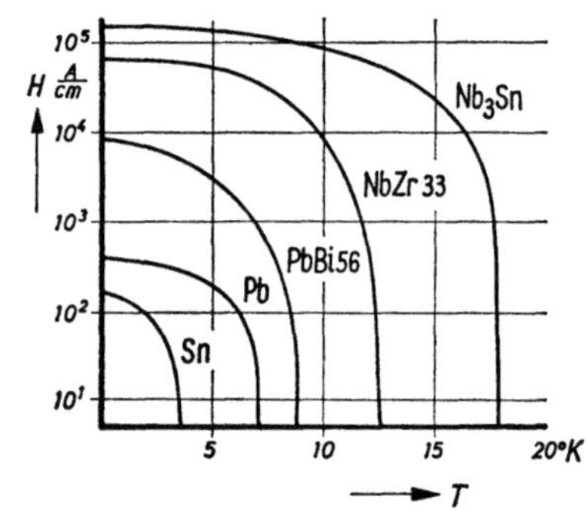

b

Abb. 24.2. a Sprungtemperaturen einiger supraleitender Werkstoffe. b Abhängigkeit der Sprungtemperatur von der magnetischen Feldstärke H [nach KLEEN, W.: Siemens-Z. **11**, 761 (1962)]

widerstandsloses Wicklungsmaterial verwendet werden. Jedoch verlieren diese Supraleiter in Magnetfeldern einer gewissen Größe ihre Supraleitfähigkeit. Die Sprungtemperaturen sinken mit steigender Magnetfeldstärke, wie in Abb. 24.2b dargestellt. So liegt z.B. die Sprungtemperatur der intermetallischen Verbindung Nb_3Sn für die Feldstärke $H=0$ bei ca. 17 °K, dagegen für $H\approx 2\cdot 10^4$ A/cm bei etwa 15 °K und für $H\approx 10^5$ A/cm schon unterhalb 10 °K. Die intermetallische Verbindung Nb_3Sn hat die höchste bisher bekannte Sprungtemperatur und erlaubt bei der Temperatur des flüssigen Heliums (ca. 4,2 °K) immerhin den Aufbau von Magnetfeldern von etwas über 10^5 A/cm. Mit einer Spule aus Nb_3Sn-Material, die etwa Handgröße hat, lassen sich also in einem Kühlbehälter mit wenigen Watt Energie die gleichen Feldstärken erzeugen, die in konventioneller Spulentechnik die Energie eines Kraftwerkes und ungeheure Wassermengen zur Kühlung der Spulen erfordern.

24.2. Die Energie des Magnetfeldes in Anwesenheit von magnetischen Werkstoffen

24.2.1. Allgemeine Berechnung der Feldenergie. Die in § 24.1 speziell für die Zylinderspule ohne Magnetkern abgeleitete Formel (24.5) für die gesamte Magnetfeldenergie gilt auch für eine beliebige stromdurchflossene Spule, die ganz oder teilweise mit einem magnetischen Kern ausgefüllt ist [*26*]. Es gelten in jedem Punkt des Raumes die Maxwellschen Gleichungen:

$$\operatorname{rot} \vec{E} = -\dot{\vec{B}}, \tag{24.7}$$

$$\operatorname{rot} \vec{H} = \vec{S} + \dot{\vec{D}}. \tag{24.8}$$

Die Multiplikationen von (24.7) mit $\vec{H}$ und von (24.8) mit der elektrischen Feldstärke $\vec{E}$ ergeben:

$$\vec{H} \operatorname{rot} \vec{E} = -\vec{H}\dot{\vec{B}}, \tag{24.9}$$

$$\vec{E} \operatorname{rot} \vec{H} = \vec{E}\vec{S} + \vec{E}\dot{\vec{D}}. \tag{24.10}$$

Durch Subtraktion von (24.9) und (24.10) erhält man mit

$$\vec{H} \operatorname{rot} \vec{E} - \vec{E} \operatorname{rot} \vec{H} = \operatorname{div}(\vec{E} \times \vec{H}) \tag{24.11}$$

die Gleichung:

$$\operatorname{div}(\vec{E} \times \vec{H}) + \vec{E}\vec{S} + \vec{E}\dot{\vec{D}} + \vec{H}\dot{\vec{B}} = 0. \tag{24.12}$$

Integration über den gesamten Raum und über die Zeit ergibt die Gesamtenergie des Systems:

$$\begin{aligned} &\int_{t_1}^{t_2} \int_{\text{Raum}} \operatorname{div}(\vec{E} \times \vec{H})\, dV\, dt + \int_{t_1}^{t_2} \int_{\text{Raum}} \vec{E}\vec{S}\, dV\, dt + \int_{D_1}^{D_2} \int_{\text{Raum}} \vec{E}\, d\vec{D}\, dV + \\ &+ \int_{\text{Raum}} \int_{B_1}^{B_2} \vec{H}\, d\vec{B}\, dV = 0. \end{aligned} \tag{24.13}$$

Unter der Annahme, daß für wachsende Entfernungen r vom betrachteten System die Größen E und H mit mindestens $1/r^2$ abnehmen, wie es bei den hier auftretenden Feldern für genügend große Werte von r der Fall ist, dann ist der erste Term in (24.13) Null. Wenn die dielektrische Verschiebung $\vec{D}$ innerhalb des Systems Null ist und der einzige Strom (bzw. die Stromdichte $\vec{S}$) in den Wicklungen der Spule auftritt, die das Feld $\vec{H} = \vec{H}_{\text{Spule}}$ erzeugt, dann gilt:

$$-\int_{\text{Raum}} \int_{t_1}^{t_2} \vec{E}\vec{S}\, dt\, dV = \int_{\text{Raum}} \int_{B_1}^{B_2} \vec{H}_{\text{Spule}}\, d\vec{B}\, dV = W_L. \tag{24.14}$$

Diese Gleichung bringt zum Ausdruck, daß die von der Stromquelle aufgebrachte elektrische Energie gleich ist der im System aufgebauten magnetischen Energie, wenn man von der auftretenden Wärmeenergie absieht. Letztere würde eine zusätzliche Energieabgabe der Stromquelle verlangen. Damit ist gezeigt, daß (24.5) die allgemein gültige Gleichung für die magnetische Energie eines Systems ist, wobei noch keinerlei Angabe über die Herkunft der Induktion $\vec{B}$ gemacht ist. Es werden nun zwei Fälle betrachtet. Im ersten Fall ist der gesamte felderfüllte Raum mit magnetisierbarem Werkstoff gefüllt, d.h. also der Magnetkreis ist geschlossen und damit das entmagnetisierende Feld gleich Null. Im zweiten Fall wird das Auftreten eines entmagnetisierenden Feldes berücksichtigt.

24.2.2. Die magnetische Energie im geschlossenen Magnetkreis. Der Magnetkörper soll auf die Magnetisierung $\vec{M} = \vec{M}_1$ aufmagnetisiert werden. Im geschlossenen Magnetkreis gelten $\vec{H}_N = 0$, $\vec{H}_{\text{Spule}} = \vec{H}$ und damit nach (22.11):

$$\vec{B}_1 = \mu_0 (\vec{H}_{\text{Spule},1} + M_1). \tag{24.15}$$

Für die magnetische Energie W_L des felderfüllten Raumes folgt aus (24.5) und (22.11):

$$W_L = \int_{\text{Raum}} dV\, \mu_0 \int_0^{B_1} (\vec{H}_{\text{Spule}}\, d\vec{H}_{\text{Spule}} + \vec{H}_{\text{Spule}}\, d\vec{M}) \tag{24.16}$$

und daraus mit (24.15):

$$W_L = \int\limits_{\text{Raum}} dV\, \tfrac{1}{2}\mu_0\, H^2_{\text{Spule},1} + \int\limits_{\text{Raum}} dV\, \mu_0 \int\limits_0^{M_1} \vec{H}_{\text{Spule}}\, d\vec{M}\,, \tag{24.17}$$

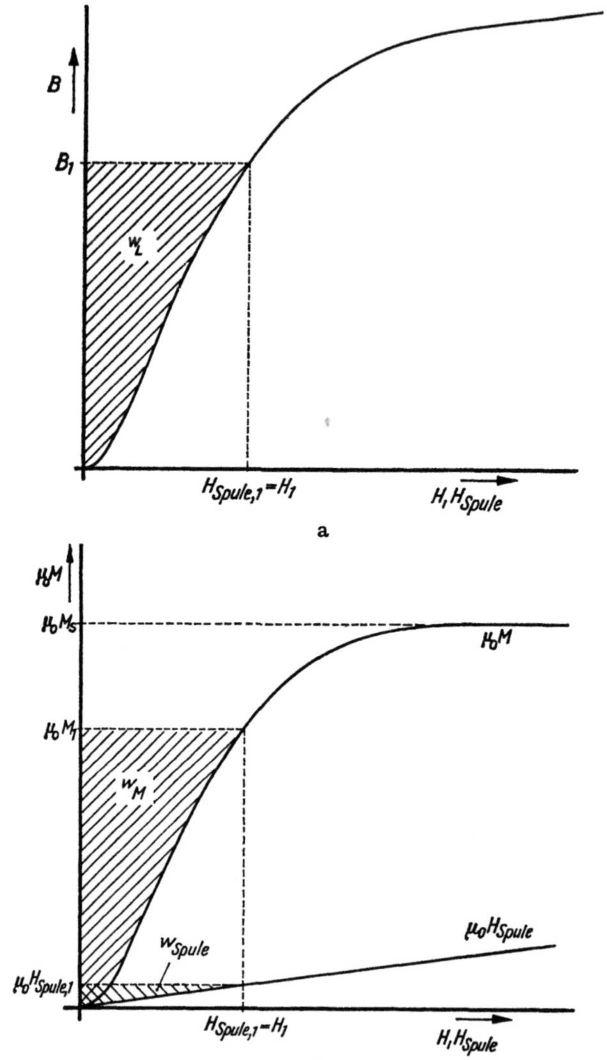

Abb. 24.3a u. b. Energiedichten bei geschlossenem Magnetkreis und Aufmagnetisierung mit der Feldstärke $H_{\text{Spule},1}$. a Gesamtenergiedichte w_L; b Energiedichte w_{Spule} eines Spulenfeldes und Magnetisierungsenergiedichte w_M

wobei im geschlossenen Magnetkreis noch gilt:

$$\int\limits_0^{M_1} \vec{H}_{\text{Spule}}\, d\vec{M} = \int\limits_0^{M_1} \vec{H}\, d\vec{M}\,. \tag{24.18}$$

Der erste Summand in (24.17) gibt die Energie an, die bei gleichem Spulenstrom auch dann auftreten würde, wenn kein Magnetkörper vorhanden ist. Der zweite Summand stellt die sog. Magnetisierungsenergie des Werkstoffs dar. Diese Energie ist bei der Magnetisierung des Werkstoffes aufzubringen und ist dann zum Teil als magnetostatische Energie im Kern gespeichert und zum Teil in Form von Wärme an das Kristallgitter abgeführt worden. Das Integral der Magnetisierungsarbeit läßt sich in den seltensten Fällen analytisch lösen, da im allgemeinen kein formelmäßiger Zusammenhang zwischen $\vec{M}$ und $\vec{H}$ besteht. Diese Energie läßt sich aber graphisch ermitteln, wenn die Magnetisierungskurven des Werkstoffs vorliegen.

Für den geschlossenen Magnetkreis ergibt sich aus (24.6) die Energiedichte w_L in jedem Punkt des Systems:

$$w_L = \int_0^{B_1} \vec{H}_{\text{Spule}}\, d\vec{B}\,. \tag{24.19}$$

Diese Energiedichte wird im $B-H$-Diagramm durch die Fläche zwischen der Neukurve des Werkstoffs und der Ordinatenachse dargestellt (s. Abb. 24.3a). Unter Berücksichtigung von (24.17) läßt sich die Energiedichte w_L noch in die Energiedichte des Spulenfeldes w_{Spule} und die Magnetisierungsenergiedichte w_M aufspalten (s. Abb. 24.3b), da der felderfüllte Raum vollständig mit Werkstoff gefüllt ist.

24.2.3. Die magnetische Energie im offenen Magnetkreis. Um einen Vergleich der magnetischen Energien im geschlossenen und nicht geschlossenen Magnetkreis zu ermöglichen, wird angenommen, daß der Magnetkörper in beiden Fällen auf die gleiche Magnetisierung $\vec{M}_1$ aufmagnetisiert wird. Weiter wird vorausgesetzt, daß das im nichtgeschlossenen Magnetkreis auftretende entmagnetisierende Feld im Magnetkörper homogen ist. Dieses entmagnetisierende Feld $\vec{H}_N$ schwächt das Spulenfeld im Werkstoff. Um das gleiche magnetische Feld $\vec{H}$ im Werkstoff wie beim geschlossenen Magnetkreis und damit auch die gleiche Magnetisierung $\vec{M}=\vec{M}_1$ zu erreichen, muß im Fall des offenen Magnetkreises die Spulenfeldstärke $H'_{\text{Spule},1}$ um die Größe des entmagnetisierenden Feldes $\vec{H}_N$ größer sein als $H_{\text{Spule},1}$ im geschlossenen Kreis.

Die gesamte magnetische Energie W_L im Raum ist wieder durch (24.5) gegeben. Es setzt sich in jedem Punkt des Raumes die Induktion $\vec{B}$ allgemein aus drei Teilen zusammen, nämlich aus einem Beitrag des Spulenfeldes $\vec{H}_{\text{Spule}}$, einem Beitrag des Dipolfeldes $\vec{H}_{\text{Dipol}}$ der magnetischen Pole wegen des nichtgeschlossenen Magnetkreises (s. Abb. 22.3c) und einem Beitrag der Magnetisierung $\vec{M}$ des Werkstoffs. Durch das Dipolfeld $\vec{H}_{\text{Dipol}}$ wird im Werkstoff das entmagnetisierende Feld $\vec{H}_N$ und außerhalb des Werkstoffs das durch die magnetischen Pole entstehende Streufeld berücksichtigt. Es gilt also in jedem Punkt des Raumes:

$$\vec{B} = \mu_0 (\vec{H}_{\text{Spule}} + \vec{H}_{\text{Dipol}} + \vec{M})\,. \tag{24.20}$$

Für die magnetische Energie W_L ergibt sich also [*26*]:

$$W_L = \mu_0 \int_{\text{Raum}} dV \left[\int_0^{H'_{\text{Spule},1}} \vec{H}_{\text{Spule}}\, d\vec{H}_{\text{Spule}} + \int_0^{H_{\text{Dipol},1}} \vec{H}_{\text{Spule}}\, d\vec{H}_{\text{Dipol}} + \int_0^{M_1} \vec{H}_{\text{Spule}}\, d\vec{M} \right], \tag{24.21}$$

worin die oberen Integrationsgrenzen die Feldstärken sind, die in jedem Punkt des Raumes wirken, wenn der Magnetkörper bis M_1 aufmagnetisiert ist. Der erste Term in dieser Gleichung stellt die gesamte Spulenfeldenergie dar. Der zweite

Term ist Null, weil im ganzen Raum zutrifft:

$$\operatorname{div} \vec{H}_{\text{Spule}} = 0 \quad \text{und} \quad \operatorname{rot} \vec{H}_{\text{Dipol}} = 0\,, \tag{24.22}$$

und darüber hinaus die beiden Feldstärken mit wachsendem Abstand r von Spule und Magnetkörper für große Werte von r mit mehr als $1/r^2$ abnehmen. Im dritten Term kann man die Integration über den Raum durch eine Integration über das Volumen des Magnetkörpers ersetzen, weil nur dort $M \neq 0$ ist. Somit kann für (24.21) geschrieben werden:

$$W_L = \tfrac{1}{2}\mu_0 \int\limits_{\text{Raum}} H'^2_{\text{Spule},1}\, dV + \mu_0 \int\limits_{\substack{\text{Magnet}\\ \text{volumen}}} dV \int\limits_0^{M_1} \vec{H}_{\text{Spule}}\, d\vec{M}\,. \tag{24.23}$$

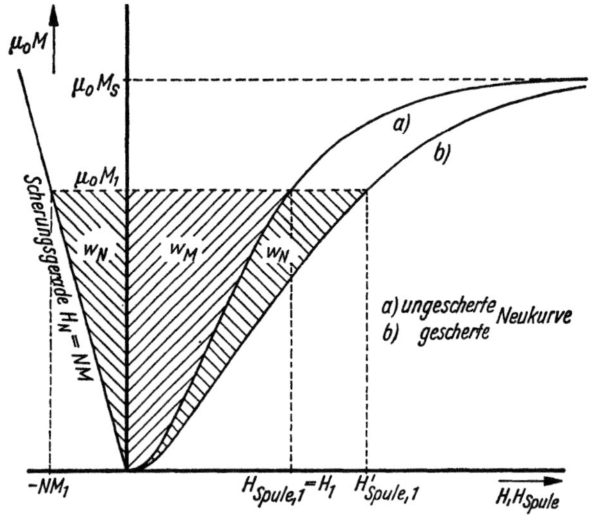

Abb. 24.4. Magnetisierungsenergiedichte w_M und Entmagnetisierungsenergie w_N pro Volumeneinheit des Magnetkörpers bei offenem Magnetkreis und Aufmagnetisierung des Werkstoffes bis zur Magnetisierung M_1

Im Falle eines homogenen entmagnetisierenden Feldes $\vec{H}_N$ im Magnetkörper gilt dann mit (22.13) und (22.16):

$$W_L = \tfrac{1}{2}\mu_0 \int\limits_{\text{Raum}} H'^2_{\text{Spule},1}\, dV + \mu_0 \int\limits_{\substack{\text{Magnet}\\ \text{volumen}}} dV \int\limits_0^{M_1} (\vec{H}\, d\vec{M} - \vec{H}_N\, d\vec{M})\,, \tag{24.24}$$

oder

$$W_L = \tfrac{1}{2}\mu_0 \int\limits_{\text{Raum}} H'^2_{\text{Spule},1}\, dV + \mu_0 V_{\text{Magnet}} \int\limits_0^{M_1} \vec{H}\, d\vec{M} + \tfrac{1}{2}\mu_0 N M_1^2 V_{\text{Magnet}}\,. \tag{24.25}$$

Man sieht hieraus, daß sich bei einem offenen Magnetkreis die gesamte Magnetisierungsenergie aus drei Teilen zusammensetzt, und zwar aus:

a) Spulenfeldenergie, die beim Aufmagnetisieren bis zur gleichen Magnetisierung M_1 im Magnetkörper größer ist als im Falle eines geschlossenen Magnetkreises,

b) Magnetisierungsenergie des Werkstoffs, die bei gleicher Magnetisierung M_1 im Magnetkörper von der Scherung unabhängig ist und

c) Dipolfeldenergie, die von Form und Volumen des Magnetkörpers abhängt und meistens Entmagnetisierungsenergie genannt wird.

Die Magnetisierungsenergiedichte w_M, d.h. die Magnetisierungsenergie pro Volumeneinheit des Magnetkörpers, ist durch $\mu_0 \int_0^{M_1} \vec{H}\, d\vec{M}$ und damit durch die gleiche Fläche wie im Falle des geschlossenen Magnetkreises gegeben (vgl. Abb. 24.3 und 24.4). Die Entmagnetisierungsenergiedichte $w_N = \frac{1}{2}\mu_0 N M_1^2$ pro Volumeneinheit des Magnetkörpers ist in Abb. 24.4 durch die Fläche zwischen ungescherter und gescherter Magnetisierungsneukurve gegeben und entspricht der Fläche zwischen der Scherungsgeraden und der Ordinatenachse.

24.3. Die magnetische Energie in einigen technisch wichtigen Fällen

24.3.1. Hystereseverluste. Ein ferromagnetischer Werkstoff werde aus dem pauschal unmagnetischen Zustand, wiedergegeben durch den Punkt A in Abb. 24.5, durch ein magnetisches Gleichfeld H_1 bis zur Induktion B_1 aufmagnetisiert. Dabei

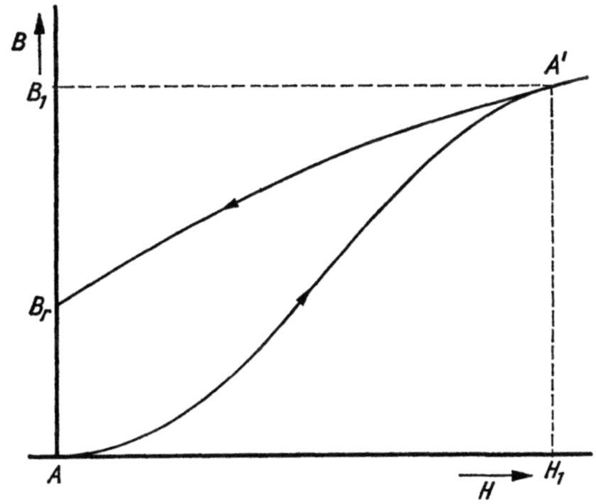

Abb. 24.5. Zur Bestimmung der reversiblen und irreversiblen Magnetisierungsenergie

wird die Neukurve von A nach A' durchlaufen. Die Größe der Fläche $AA'B_1$ ist dann ein Maß für die pro Volumeneinheit aufzuwendende Magnetisierungsenergie. Wird nun das Feld im Werkstoff verkleinert, so würde bei einer reversiblen Abmagnetisierung, d.h. wenn die Abmagnetisierung wieder durch die Neukurve $A'A$ darstellbar ist, die gesamte im Werkstoff gespeicherte Magnetisierungsenergie in die Speisequelle der Feldspule zurückfließen. Verläuft die Abmagnetisierung aber, wie meistens, irreversibel entlang einer Kurve $A'B_r$, dann fließt nur die Energie entsprechend der Fläche $B_rA'B_1$ in die Speisequelle zurück, während die Energiemenge entsprechend der Fläche $AA'B_r$ in Form von Wärme im Werkstoff in Erscheinung tritt.

Bei periodischem Durchlaufen einer ganzen Hystereseschleife, wie z.B. in Abb. 23.2 dargestellt, gibt die umschlossene Fläche die während eines Umlaufs pro Volumeneinheit des Magnetkerns in Wärme umgesetzte Energie an, denn nach jedem Umlauf auf der Hystereseschleife befindet sich das Kernmaterial magnetisch wieder im gleichen Zustand und zur Ummagnetisierung wurde Energie zugeführt. Die Verluste durch Ummagnetisierung des Werkstoffs werden Hystereseverluste genannt. Bei Trafo- und Dynamo-Blechen, bei denen die Schleife mit 50 Hz-Netzfrequenz durchlaufen wird, nennt man die Hystereseverluste auch Ummagnetisierungsverluste. Die Tabelle 24.I gibt eine aus dem DIN-Blatt 46400 entnommene Übersicht über die Eigenschaften solcher Bleche.

Tabelle 24.I. *Einige Eigenschaften von Trafo- und Dynamoblechen nach DIN 46400*

Blechsorten-bezeichnung		Blechdicke in mm	Mittlerer Si-Gehalt in %	Ummagnetisierungsverluste V in W/kg bei 10 kG (≙1 Vs/m²) und 15 kG (≙1,5 Vs/m²)		Induktion B in Vs/m² bei $H=25$ A/cm und $H=300$ A/cm	
				V 10	V 15	B 25	B 300
I	3,6	0,5	0,7	3,6	8,6	1,53	1,98
II	3,0	0,5	1,0	3,0	7,2	1,50	1,90
III	2,6	0,5	1,7	2,6	6,3	1,49	1,94
III	2,3	0,5	2,3	2,3	5,6	1,47	1,93
III	2,0	0,5	2,7	2,0	4,9	1,45	1,90
IV	1,7	0,5	3,4	1,7	4,0	1,43	1,85
IV	1,45	0,35	3,4	1,45	3,6	1,43	1,85
IV	1,5	0,5	3,9	1,5	3,7	1,43	1,85
IV	1,3	0,35	3,9	1,3	3,3	1,43	1,85
IV	1,35	0,5	4,3	1,35	3,3	1,43	1,85
IV	1,1	0,35	4,3	1,1	2,7	1,43	1,85
IV	1,0	0,35	4,3	1,0	2,5	1,43	1,85

24.3.2. Entmagnetisierungsenergie. Bei einem Ellipsoid aus einem homogenen, isotropen Magnetwerkstoff ist die Größe der Entmagnetisierungsenergie davon abhängig, in welcher Achsenrichtung die Magnetisierung erfolgt. Bei einem allgemeinen Ellipsoid sind die Entmagnetisierungsenergien w_N pro Volumeneinheit bei der Magnetisierung M in einer durch a, b oder c indizierten Hauptachsenrichtungen gegeben durch:

$$\begin{aligned} w_{N,a} &= \tfrac{1}{2}\mu_0 N_a M^2, \\ w_{N,b} &= \tfrac{1}{2}\mu_0 N_b M^2, \\ w_{N,c} &= \tfrac{1}{2}\mu_0 N_c M^2. \end{aligned} \qquad (24.26)$$

Um z.B. die Sättigungsmagnetisierung M_s einer isotropen Eisenscheibe mit $a=b\gg c$ aus der Scheibenebene in die Richtung senkrecht dazu zu drehen, muß pro Volumeneinheit die Energie $\Delta w_N = w_{N,c} - w_{N,a}$ aufgebracht werden. Mit $N_a = N_b \approx 0$, $N_c \approx 1$ und $M_S = J_s/\mu_0 \approx 1{,}7\cdot 10^4$ A/cm ergibt sich $\Delta w_N = \frac{1}{2}\mu_0 M_1^2 \approx$ 1,8 Ws/cm³.

Bei einem Rotationsellipsoid mit den Achsenverhältnissen $b/a = c/a = 0{,}1$ ergeben sich aus Abb. 22.4 für die Entmagnetisierungsfaktoren in den drei Hauptrichtungen: $N_a \approx 0{,}02$ und $N_b = N_c \approx 0{,}49$. Zur Drehung der Magnetisierung M aus der Richtung der langen Achse a in eine Richtung senkrecht dazu muß die Energiedichte $\Delta w_N = \frac{1}{2}\mu_0 (N_b - N_a) M^2$ aufgewendet werden. Bei z.B. einer Probe aus einem Ferritmaterial mit einer Sättigungsmagnetisierung $M_s =$ 4000 A/cm errechnet man dann für die pro Volumeneinheit aufzubringende Energie $\Delta w_N = 0{,}045$ Ws/cm³.

24.3.3. Gütefaktor eines Dauermagnetwerkstoffes. Ein Dauermagnet erzeugt in dem ihn umgebenden Luftraum ein magnetisches Gleichfeld. Häufig soll der Magnet in einem Luftraum vorgegebener Abmessung ein gewünschtes magnetisches Feld H_{Luft} bzw. eine gewünschte Induktion $B_{\text{Luft}} = \mu_0 H_{\text{Luft}}$ aufbauen. Ein der Berechnung einfach zugängliches magnetisches System ist der ringförmige Dauermagnet mit Luftspalt, wie er in Abb. 24.6 dargestellt ist. Bei Vernachlässigung des Streuflusses im Luftspalt, d.h. unter der Bedingung $d \ll l_k$, ist der magnetische Fluß im Dauermagneten und der magnetische Fluß durch die Luftspaltfläche gleich und es gilt wegen des konstanten Querschnitts A:

$$\vec{B}_{\text{Magnet}} = \vec{B}_{\text{Luft}} = \mu_0 \vec{H}_{\text{Luft}}. \tag{24.27}$$

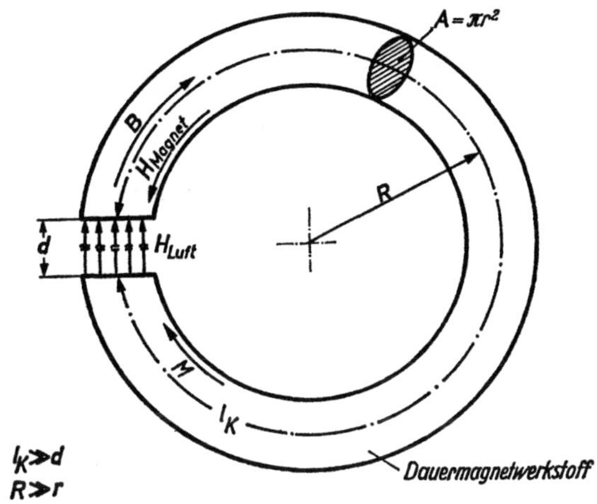

Abb. 24.6. Ringförmiger Dauermagnet mit Luftspalt

Aus (22.18) ergibt sich für $\vec{H}_{\text{Spule}} = 0$:

$$\vec{B}_{\text{Magnet}} = \mu_0 (1 - N) \vec{M}. \tag{24.28}$$

Im Werkstoff ist somit das entmagnetisierende Feld $\vec{H}_N = -N\vec{M} = -\frac{N}{1-N}\frac{\vec{B}}{\mu_0}$ vorhanden. Die Dauermagneteigenschaften eines Werkstoffs werden also vollständig durch den Verlauf der Hystereseschleife im zweiten Quadranten beschrieben. Dieser Teil der Schleife wird Entmagnetisierungskurve genannt und ist in Abb. 24.7 qualitativ wiedergegeben. Nach der Aufmagnetisierung bis zur Sättigung befindet sich der Dauermagnetwerkstoff bei geschlossenem Ring, d.h. bei $N = 0$ und folglich auch $H_N = 0$, im Zustand der Remanenz B_r. Mit steigender Luftspaltbreite d wächst der Entmagnetisierungsfaktor N an und die Gerade $\vec{H}_N = -\frac{N}{1-N}\frac{\vec{B}}{\mu_0}$ bildet einen immer größer werdenden Winkel δ mit der Ordinatenachse. Der jeweilige Arbeitspunkt H_{Magnet}, B_{Magnet} des Dauermagnetwerkstoffes ist durch den Schnittpunkt dieser Arbeitsgeraden und der Entmagnetisierungskurve des Werkstoffs gegeben. Bemerkenswert ist die Tatsache, daß innerhalb des Werkstoffes die Induktion B_{Magnet} und das Feld H_{Magnet} einander entgegengerichtet sind. Für den geschlitzten Ringmagneten der Abb. 24.6 ergibt sich für die magnetischen Spannungen im Magnetkreis:

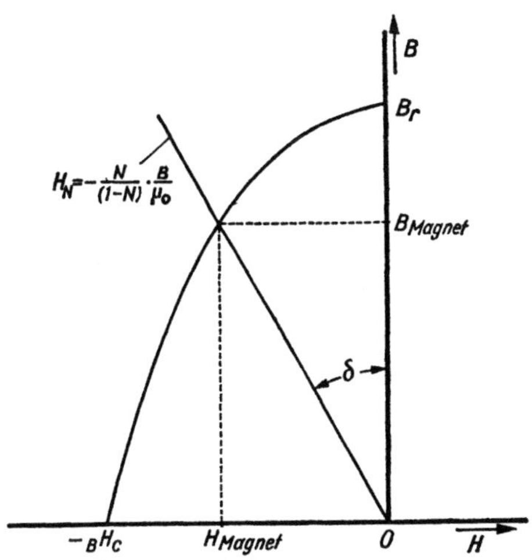

Abb. 24.7. Entmagnetisierungskurve eines Dauermagnetwerkstoffes und Arbeitsgerade

$$H_{\text{Luft}}\, d - H_{\text{Magnet}}\, l_k = 0. \tag{24.29}$$

Aus der Multiplikation von (24.29) mit $\mu_0\, H_{\text{Luft}}$ und der Querschnittsfläche A des Magneten ergibt sich:

$$\mu_0\, H^2_{\text{Luft}}\, A\, d = \mu_0\, H_{\text{Luft}}\, H_{\text{Magnet}}\, A l_k, \tag{24.30}$$

oder mit (24.27):

$$\mu_0\, H^2_{\text{Luft}} = B_{\text{Magnet}}\, H_{\text{Magnet}}\, \frac{V_{\text{Magnet}}}{V_{\text{Luftspalt}}}. \tag{24.31}$$

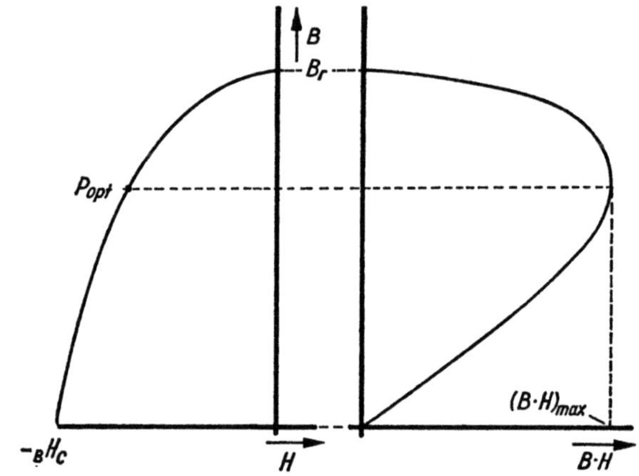

Abb. 24.8. Entmagnetisierungskurve und zugehörige Kurve des Güteprodukts BH eines Dauermagnetwerkstoffes

Da in praktischen Fällen meist die Luftspaltfeldstärke H_{Luft} gefordert und das Luftspaltvolumen V_{Luft} vorgeschrieben sind und andererseits das Magnetvolumen V_{Magnet} aus Gründen der Gewichts- und Raumersparnis und nicht zuletzt aus Preisgründen möglichst klein sein soll, muß der Arbeitspunkt auf der Kennlinie des Magnetwerkstoffes so gewählt werden, daß das Produkt $(H_{\text{Magnet}} \cdot B_{\text{Magnet}})$ maximal ist. In Abb. 24.8 ist die Größe dieses Produktes für die Punkte der Entmagnetisierungskurve als Funktion der Induktion B aufgetragen. Das Produkt besitzt einen Maximalwert, $(B\,H)_{\max}$, der als Gütefaktor des Dauermagnetwerkstoffes bezeichnet wird. Zur wirtschaftlichsten Ausnutzung soll der Dauermagnetwerkstoff im zugehörigen optimalen Arbeitspunkt P_{opt} verwendet werden, der durch Wahl des geeigneten Längenverhältnisses von Luftspalt und Dauermagnetwerkstoff eingestellt wird. Näherungsweise findet man oft den optimalen Arbeitspunkt auf der Kennlinie recht genau durch die in Abb. 24.9 dargestellte Konstruktion. Der Gütefaktor wird meist in der Dimension (Gauß · Oersted) angegeben. In Tabelle 24.II sind die Koordinaten der optimalen Arbeitspunkte und die Gütefaktoren einiger kommerzieller Dauermagnetwerkstoffe aufgeführt.

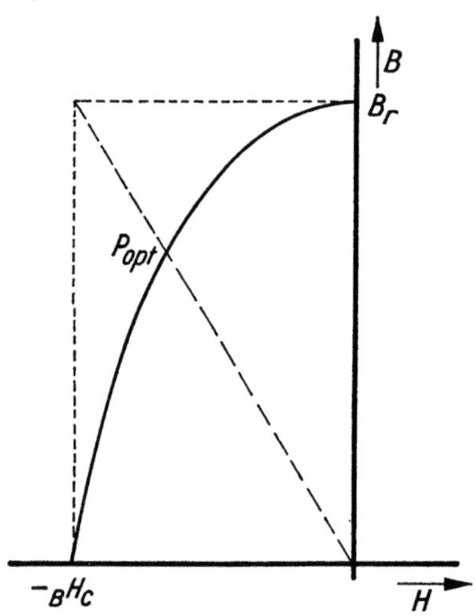

Abb. 24.9. Näherungsbestimmung des optimalen Arbeitspunktes P_{opt} eines Dauermagnetwerkstoffes

Tabelle 24.II. *Koordinaten des optimalen Arbeitspunktes und Gütefaktor einiger Dauermagnetwerkstoffe*

Werkstoff	Optimaler Arbeitspunkt		Gütefaktor $(BH)_{max}$	
	H_{Magnet} A/cm	B_{Magnet} Vs/m²	10^4 GOe	10^{-3} Ws/cm³
Alnico 160	320	0,4	160	13
Alnico 500	400	1,0	500	40
Bester Stahlmagnetwerkstoff in Laborprobe	ca. 1250	ca. 1,0	1570	125
$BaFe_{12}O_{19}$				
isotrop	700	0.1	85	7
anisotrop	1200	0,2	300	24

24.3.4. Potentielle Energie eines magnetischen Dipols in einem Magnetfeld. Das Drehmoment $\vec{T}$, das auf einen Magnetkörper mit dem magnetischen Moment $\vec{\mu}$ in einem homogenen magnetischen Feld $\vec{H}$ wirkt, ist gegeben durch:

$$\vec{T} = \mu_0 \vec{\mu} \times \vec{H} = \vec{\mu} \times \vec{B}. \tag{24.32}$$

Wird der Körper mechanisch aus der stabilen Gleichgewichtslage $\vec{\mu} \| \vec{H}$ soweit herausgedreht, bis das magnetische Moment mit der Feldstärke einen Winkel Θ einschließt, so muß dafür die Energie W aufgebracht werden, die gegeben ist durch:

$$W = -\int_0^{\Theta} T\, d\Theta = \mu\, B (\cos\Theta - 1). \tag{24.33}$$

Die potentielle Energie W_{pot} des Magnetkörpers im Magnetfeld ist dann:

$$W_{pot} = -W = \mu B (1 - \cos\Theta). \tag{24.34}$$

Bei homogener Magnetisierung $\vec{M}$ des Werkstoffes ist das magnetische Moment gegeben durch:

$$\vec{\mu} = \vec{M} V, \tag{24.35}$$

wobei V das Volumen des Körpers ist. Damit ist die potentielle Energie w_{pot} pro Volumeneinheit eines Magnetkörpers mit homogener Magnetisierung $\vec{M}$ in einem homogenen Magnetfeld $\vec{H}$:

$$w_{pot} = -\mu_0 \vec{M} \vec{H} + a, \tag{24.36}$$

wobei a eine Konstante ist, deren Größe von der Wahl des „Energie-Nullpunktes" abhängt.

§ 25. Erscheinungsformen des Magnetismus

25.1. Das Atommodell und der Magnetismus

Mit den in § 14 und § 15 genannten Bahn- und Eigendrehimpulsen (Spins) der Elektronen der Atome sind magnetische Momente verbunden, weil die Bewegungen der Elektronen elektrische Ladungsbewegungen sind. Ein mit der Kreisfrequenz ω auf einer Kreisbahn umlaufendes Elektron läßt sich als Kreisstrom der Größe $I = |e|\, \omega / 2\pi$ auffassen. Nach (22.5) ist damit die Größe μ_{Bahn}

des magnetischen Momentes dieses Elektrons:

$$\mu_{\text{Bahn}} = |e| \frac{\omega}{2} r^2, \tag{25.1}$$

wobei r der Radius der Elektronenkreisbahn ist. Die Größe j_{Bahn} des mechanischen Drehimpulses dieses Elektrons mit der Masse m ist:

$$j_{\text{Bahn}} = m\,\omega\,r^2. \tag{25.2}$$

Der Zusammenhang zwischen den Beträgen des Bahndrehimpulses und des magnetischen Bahnmomentes ist also:

$$\mu_{\text{Bahn}} = \frac{|e|}{2m} j_{\text{Bahn}} = \gamma_{\text{Bahn}}\, j_{\text{Bahn}}. \tag{25.3}$$

Der Proportionalitätsfaktor γ_{Bahn} wird das magnetomechanische Verhältnis für die Bahnbewegung des Elektrons genannt und hat die Größe:

$$\gamma_{\text{Bahn}} = \frac{|e|}{2m} \approx 8{,}8 \cdot 10^{14}\ \text{cm}^2/\text{Vs}^2.$$

Weil definitionsgemäß der elektrische Strom I die entgegengesetzte Richtung der Elektronenbewegung besitzt, ist das magnetische Moment auch entgegengesetzt zum mechanischen Bahndrehimpuls gerichtet, so daß gilt:

$$\vec{\mu}_{\text{Bahn}} = -\gamma_{\text{Bahn}}\, \vec{j}_{\text{Bahn}}. \tag{25.4}$$

Der Bahndrehimpuls des Elektrons ist gemäß § 14 in Vielfachen von $\hbar$ quantisiert. Als Größe des elementaren magnetischen Momentes definiert man deshalb das sog. Bohrsche Magneton:

$$\mu_B = \frac{|e|}{2m} \hbar \approx 9{,}27 \cdot 10^{-20}\ \text{A cm}^2, \tag{25.5}$$

das als Grundeinheit bei der Angabe von magnetischen Momenten benutzt wird.

Die analoge klassische Berechnung des Zusammenhangs zwischen dem Eigendrehimpuls j_{Spin} und dem magnetischen Moment μ_{Spin} eines Elektrons liefert für das magnetomechanische Verhältnis wieder den Wert γ_{Bahn}. Aus Experimenten ergibt sich aber:

$$\gamma_{\text{Spin}} = \frac{\mu_{\text{Spin}}}{j_{\text{Spin}}} = \frac{|e|}{m} \approx 1{,}76 \cdot 10^{15}\ \text{cm}^2/\text{Vs}^2, \tag{25.6}$$

also einen Wert, der um den Faktor 2 größer ist als γ_{Bahn}. Da außerdem das magnetische Moment μ_{Spin} nur um 0,114% größer ist als das Bohrsche Magneton, gilt also $\mu_{\text{Spin}} \approx \mu_{\text{Bahn}}$ und damit $j_{\text{Spin}} = \mu_B/2\gamma_{\text{Bahn}}$.

Allgemein setzt sich das magnetische Moment eines Atoms aus dem magnetischen Moment des Atomkerns und den magnetischen Bahn- und Spinmomenten der Elektronen zusammen. Das magnetische Kernmoment ist deshalb um den Faktor 1836 kleiner als die magnetischen Spinmomente der Elektronen und ist damit hier vernachlässigbar. In den meisten Festkörpern tragen außerdem die magnetischen Bahnmomente der Elektronen fast nicht zum Magnetismus bei, was durch die Anordnung der Atome in einem Kristallgitter bedingt ist.

Alle in § 16 beschriebenen, in einem Atom vorhandenen Elektronenzustände können nach PAULI von je zwei Elektronen eingenommen werden, die entgegengesetzten Eigendrehimpuls besitzen. Die Auffüllung von mehreren Zuständen gleicher Energie, z.B. der drei $2p$-Zustände, erfolgt nach der Hundschen Regel, die „maximale Spinmultiplizität", also möglichst viele Elektronen mit gleicher

Spinrichtung fordert. So hat z.B. das Stickstoffatom ein atomares magnetisches Moment $3\mu_B$. In Festkörpern haben die in den Einzelatomen energetisch gleichen Elektronenzustände auch unterschiedliche Energie. Es füllen sich daher die Elektronenzustände mit der niedrigsten Energie zuerst und natürlich jeweils mit antiparallelem Spin auf. Das heißt das magnetische Moment von Atomen in Festkörpern hat entweder die Größe Null oder μ_B. Eine wichtige Ausnahme bilden die $3d$-Zustände für die Elektronen der Elemente der ersten Übergangsreihe (Kalium bis Zink, s. Tabelle 15.I), die auch in Verbindung so mit Elektronen besetzt werden, daß die Summe der Elektronenspins jeweils maximal wird. Bei dieser Übergangsreihe werden die fünf möglichen $3d$-Zustände in der in Abb. 25.1 schematisch dargestellten Weise aufgefüllt. Das ist deshalb möglich, weil die

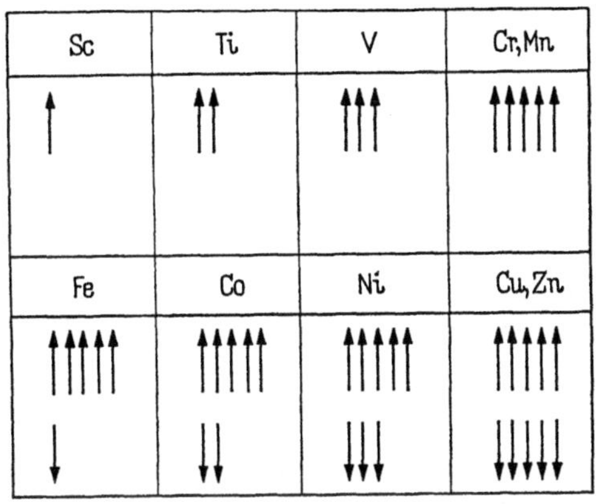

Abb. 25.1. Illustration der Hundschen Regel für die relative Spinrichtung der $3d$-Elektronen bei Elementen der ersten Übergangsreihe

$3d$-Elektronen zu einer inneren Schale gehören und die chemische Bindung durch die in der äußeren Schale bereits vorhandenen $4s$-Elektronen versorgt wird.

Man kann also magnetische Momente bei solchen Werkstoffen erwarten, die aus Atomen mit ungerader Elektronenzahl oder aus Atomen der Elemente einer Übergangsreihe aufgebaut sind.

25.2. Diamagnetismus

Diamagnetisches Verhalten zeigen alle Stoffe. Es ist ein technisch noch recht unbedeutendes Phänomen und ist meistens weitgehend durch andere magnetische Effekte überdeckt. Das Prinzip des Diamagnetismus läßt sich am Beispiel des Supraleiters erklären: In einer Leiterschleife aus einem supraleitenden Werkstoff fließe ein Kreisstrom, der einen bestimmten magnetischen Fluß erzeugt. Eine Änderung dieses Flusses durch ein von außen angelegtes Magnetfeld ist nicht möglich. Nach der Lenzschen Regel wird nämlich durch das Magnetfeld in der Leiterschleife eine solche Stromänderung verursacht, daß das einwirkende Magnetfeld kompensiert wird. Da die supraleitende Schleife keinen Ohmschen Widerstand hat, fließt der neue Summenstrom aus ursprünglichem Kreisstrom und induziertem Strom weiter, solange das äußere Magnetfeld angelegt ist. Was beim Anlegen eines Magnetfeldes beim Supraleiter in extremer Weise geschieht, findet in sehr viel geringerem Maße in allen Werkstoffen statt. Betrachtet man die Bewegungen der Elektronen um den Atomkern als Kreisströme in widerstandslosen Leiterschleifen, dann werden beim Anlegen eines magnetischen Feldes die induzierten Änderungen der atomaren Kreisströme innerhalb jedes Stoffes magnetische

Momente erzeugen, die das angelegte Magnetfeld schwächen. Diamagnetismus ist die ursprünglichste Form des Magnetismus und wird häufig auch als „induzierter Magnetismus" bezeichnet. Gemäß (23.3) ist die magnetische Suszeptibilität χ_m bei diamagnetischen Werkstoffen negativ und damit ist die relative Permeabilität $\mu_r<1$. Die Größe der Suszeptibilität ist sehr gering und beträgt $\chi_m \approx -10^{-5}$. Der Maximalwert der diamagnetischen Suszeptibilität tritt bei feinem Graphit mit $\chi_m=-10^{-3}$ auf. Der Einfluß des Diamagnetismus kann also in allen technischen Werkstoffen vernachlässigt werden. Diamagnetisch sind die Werkstoffe, deren Atome kein magnetisches Moment haben. Bei Supraleitern tritt ein makroskopischer Diamagnetismus in extremer Form auf und die magnetische Suszeptibilität ist $\chi_m=-1$.

25.3. Paramagnetismus

Wenn ein Werkstoff aus Atomen aufgebaut ist, die ein magnetisches Moment besitzen, so kann infolge der thermischen Energie ideale Unordnung der Richtungen der atomaren magnetischen Momente auftreten. Der Werkstoff zeigt also kein resultierendes magnetisches Moment. Bei Anlegen eines Magnetfeldes werden die magnetischen Momente der einzelnen Atome mehr oder weniger in die Magnetfeldrichtung ausgerichtet. Diese Erscheinung wird Paramagnetismus genannt. Je größer das Magnetfeld und je niedriger die Temperatur des Werkstoffs sind, desto größer ist das resultierende magnetische Moment in Feldrichtung. Der Werkstoff weist im Magnetfeld ein magnetisches Moment auf, das den Beitrag des Diamagnetismus überlagert und im allgemeinen viel größer ist. Analog zu der in § 6.2 durchgeführten Berechnung des mittleren Winkels zwischen elektrischem Dipol und elektrischem Feld bei dipolaren Werkstoffen läßt sich auch eine Rechnung für die Ausrichtung von magnetischen Dipolen im Magnetfeld bei paramagnetischen Werkstoffen durchführen. Ersetzt man die in (6.11) angegebene potentielle Energie des elektrischen Dipols im elektrischen Feld durch die potentielle Energie W_{pot} eines magnetischen Dipols mit dem Dipolmoment $\vec{\mu}$ im Magnetfeld $\vec{H}$, gemäß (24.34), dann ist analog zu (6.13) die mittlere Magnetisierung M in Richtung dieses Magnetfeldes gegeben durch:

$$M = n\mu\,\overline{\cos\Theta} = \mu \int_{\Theta=0}^{\pi} n(\Theta)\cos\Theta\,d\Theta. \tag{25.7}$$

Für den Mittelwert $\overline{\cos\Theta}$ ergibt sich die gleiche Langevin-Funktion (Abb. 6.4), wie im dielektrischen Fall:

$$\overline{\cos\Theta} = \coth a - \frac{1}{a} = L(a), \tag{25.8}$$

wobei jetzt das Argument a gegeben ist durch:

$$a = \frac{\mu_0 \mu H}{kT}. \tag{25.9}$$

Auch hier zeigt wieder eine Abschätzung der Größenordnung von a, daß in den meisten Fällen die Langevin-Funktion durch die Tangente im Ursprung angenähert werden kann. Für ein atomares magnetisches Moment von $1\,\mu_B$ ergibt sich z.B. bei Zimmertemperatur und einer Magnetfeldstärke von 10^4 A/cm ein Wert für a von etwa 3×10^{-3}. Es läßt sich hier also die Funktion $L(a)$ in guter Näherung durch $a/3$ ersetzen. Daraus folgt für die Feldstärkeabhängigkeit der Magnetisierung:

$$M = \mu_0\, n\, \frac{\mu^2 H}{3kT}, \tag{25.10}$$

so daß eine lineare Magnetisierungskurve vorliegt. Eine Komplikation bei dieser Berechnung ergibt sich, wenn man berücksichtigt, daß aufgrund der Quantenstatistik die elementaren magnetischen Momente nicht jede Orientierungsrichtung relativ zu einem Magnetfeld einnehmen können. Für das elementare magnetische Moment gibt es z. B. nur zwei mögliche Orientierungen, nämlich parallel oder antiparallel zur Feldrichtung. Gl. (25.10) bleibt jedoch insofern gültig, als die Magnetisierung proportional zur magnetischen Feldstärke und umgekehrt proportional zur absoluten Temperatur ist. Es ergibt sich also für die Suszeptibilität χ_m eines paramagnetischen Stoffes:

$$\chi_m = \frac{M}{H} = \frac{C}{T}, \tag{25.11}$$

das sog. Curie-Gesetz des Paramagnetismus, wobei C die Curie-Konstante genannt wird. Der Kehrwert der paramagnetischen Suszeptibilität steigt also linear mit der absoluten Temperatur T (s. Abb. 25.2). Aus der Steigung der Geraden läßt sich die Größe der atomaren magnetischen Momente des Werkstoffs bestimmen. Mit (25.10) und (25.11) ergibt eine Abschätzung der Suszeptibilität eines Werkstoffes mit einem atomaren magnetischen Moment $\mu = 5\,\mu_B$ und der Atomdichte $n = 10^{23}\,\text{cm}^{-3}$ bei Raumtemperatur: $\chi_m \approx 10^{-2}$. Erst bei einer Temperatur von einigen °K würde in diesem Fall die paramagnetische Suszeptibilität die Größenordnung von eins annehmen. Bei dieser Berechnung wurde die Vernachlässigung getroffen, daß das Magnetfeld, welches die atomaren magnetischen Dipole auszurichten versucht, gleich dem von außen auf den Werkstoff einwirkenden Magnetfeld H_a ist. In Analogie zum dielektrischen Fall (s. § 7.1), müßte aber das zusätzliche Feld aller Dipole am Orte jedes einzelnen Dipols berücksichtigt werden. Bei einem einfach kubischen Kristallgitter gilt für dieses magnetische Lorentz-Feld analog zu (7.2):

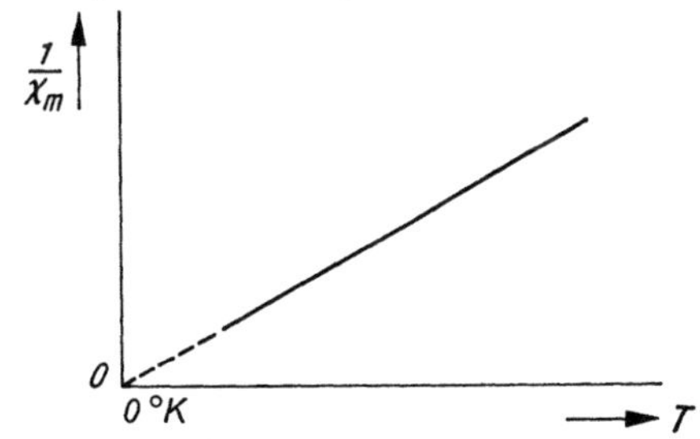

Abb. 25.2. Curie-Gesetz der paramagnetischen Suszeptibilität, $\chi_m = C/T$

$$H_L = \frac{M}{3}, \tag{25.12}$$

wobei M die Magnetisierung des Werkstoffs ist. In (25.10) muß also das am Ort eines Dipols wirkende Feld $H_i = H_a + H_L$ anstelle von H eingesetzt werden. Mit den zur Abschätzung der paramagnetischen Suszeptibilität benutzten Werten für n, μ und T erhält man: $H_L \approx 0{,}07\,H_a$. Bei nicht zu tiefen Temperaturen ist also das Lorentz-Feld wesentlich kleiner als das Magnetfeld H_a, d.h. die Größe des am Ort eines Dipols wirkenden Feldes H_i unterscheidet sich nur vernachlässigbar wenig von der Größe des von außen auf den Werkstoff einwirkenden Feldes H_a. Bei paramagnetischen Werkstoffen kann also der Einfluß des Lorentz-Feldes bei Raumtemperatur vernachlässigt werden.

25.4. Ferromagnetismus

In den Kristallen von drei Elementen der ersten Übergangsreihe, nämlich Eisen, Kobalt und Nickel, ist bei Raumtemperatur eine sehr starke Wechselwirkung zwischen den magnetischen Momenten von Nachbaratomen vorhanden. Durch diese Wechselwirkung richten sich die magnetischen Dipole trotz der vorhandenen thermischen Energie in makroskopischen Bereichen des Kristalls parallel zueinander aus. In diesen Bereichen, den sog. Weißschen Bezirken, besteht deshalb auch ohne äußeres Magnetfeld eine homogene Magnetisierung, die spontane Magnetisierung genannt wird. Man nennt die Erscheinung der spontanen Magnetisierung im Werkstoff Ferromagnetismus. Bei einem ferromagnetischen Werkstoff ist meistens nicht der ganze Körper homogen magnetisiert (d.h. ein beliebiges Stück Eisen ist noch kein „Magnet"!), weil wegen der endlichen Abmessung des Körpers Streufelder im umgebenden Raum und entmagnetisierende Felder im Körper entstehen würden (s. § 22.2.3). Aus energetischen Gründen wird eine Aufteilung des Körpers in viele kleine Bezirke mit homogener Magnetisierung in verschiedenen Richtungen stattfinden. Die Orientierung der Magnetisierung in diesen Weißschen Bezirken hängt von der Kristallstruktur ab und wird in § 26 behandelt.

Alle ferromagnetischen Stoffe werden oberhalb einer bestimmten Temperatur der sog. Curie-Temperatur, paramagnetisch. Mit steigender Temperatur wird

Tabelle 25.I. *Einige Eigenschaften der ferromagnetischen Metalle*

		M_s A/cm	J_s Vs/m²	T_C °C
Eisen	0° K	17300	2,18	770
	20° C	17100	2,16	
Kobalt	0° K	14400	1,81	1131
	20° C	14150	1,78	
Nickel	0° K	5100	0,64	358
	20° C	4850	0,61	

nämlich die thermische Energie der Dipole größer und bei genügend hoher Temperatur ist sie so groß wie die ferromagnetische Wechselwirkungsenergie zwischen den Dipolen, so daß keine gegenseitige Ausrichtung der Dipole mehr auftritt. Der Temperatureinfluß auf die Größe der spontanen magnetischen Polarisation $J_s = \mu_0 M_s$ bei den drei ferromagnetischen Metallen Eisen, Kobalt und Nickel ist in Abb. 25.3 graphisch dargestellt. Tabelle 25.I gibt dazu neben der Curie-Temperatur für zwei spezielle Temperaturwerte die Größe der spontanen Magnetisierungen M_s bzw. der spontanen Polarisation J_s an. Die Größen J_s und T_C technisch wichtiger Werkstoffe sind in Tabelle 23.I aufgenommen.

Wegen der in Abb. 25.1 angegebenen Anordnung der Spins der $3d$-Elektronen würde man für das kubisch-raumzentrierte Eisen mit der Gitterkonstanten $a = 2{,}86$ Å eine Sättigungspolarisation $J_s/\mu_0 = 2 \cdot 4\, \mu_B/a^3 \approx 4$ Vs/m² erwarten. Die Sättigungspolarisation von Eisen, die sich aus Messungen und Extrapolation auf den absoluten Temperaturnullpunkt ergibt, hat jedoch nur den Wert $J_s \approx 2{,}2$ Vs/m² (s. Abb. 25.3), so daß demnach nur etwa 2,2 Bohrsche Magnetone pro Eisenatom zur Magnetisierung beitragen. Die Erklärung dafür dürfte sein, daß die in Abb. 25.1 angegebene Spinanordnung für isolierte Atome, aber nicht mehr für Atome im Kristallgitter zutrifft. Aus der Sättigungsmagnetisierung ergibt sich also, daß im zeitlichen Mittel bei Eisen von den sechs $3d$-Elektronenspins 1,9 antiparallel zu 4,1 gerichtet sind. Für Nickel ergibt sich aus Abb. 25.1 für das magnetische Moment eines Einzelatoms $2\,\mu_B$; dagegen errechnet man aus der Größe der Sättigungsmagnetisierung bei $T = 0$ °K und aus der Gitterkonstanten $a = 3{,}52$ Å für das kubisch-flächenzentrierte Nickel als magnetisches Moment pro Atom $0{,}6\,\mu_B$. Im zeitlichen Mittel sind also von den acht $3d$-Elektronenspins des Nickels 3,7 antiparallel zu 4,3 gerichtet.

Zur Erklärung des Ferromagnetismus liegt zuerst die Vermutung nahe, daß jeder magnetische Dipol eines spontan magnetisierten Bereichs vom Magnetfeld aller anderen Dipole des Weißschen Bezirks parallel zu den Nachbarn ausgerichtet wird, ähnlich wie es bei den spontan polarisierten Dielektrika in § 9 erörtert wurde. Dieses Lorentz-Feld ist für ein kubisches Kristallgitter durch (25.12) gegeben. Für Eisen mit einer Sättigungsmagnetisierung von $M_s \approx 17 \cdot 10^3$ A/cm ergibt sich die Stärke des Lorentz-Feldes zu $H_L \approx 5{,}7 \cdot 10^3$ A/cm. Ein Magnetfeld dieser Stärke bewirkt jedoch nach (25.8) und (25.9) bei z.B. Raumtemperatur und einem atomaren magnetischen Dipolmoment von $\mu = 2{,}2\,\mu_B$ eine mittlere Ausrichtung des Dipols von nur $\overline{\cos\Theta} \approx 4 \cdot 10^{-4}$ und kann damit unmöglich die Ursache für die Parallelstellung der magnetischen Dipole in den Weißschen Bezirken sein.

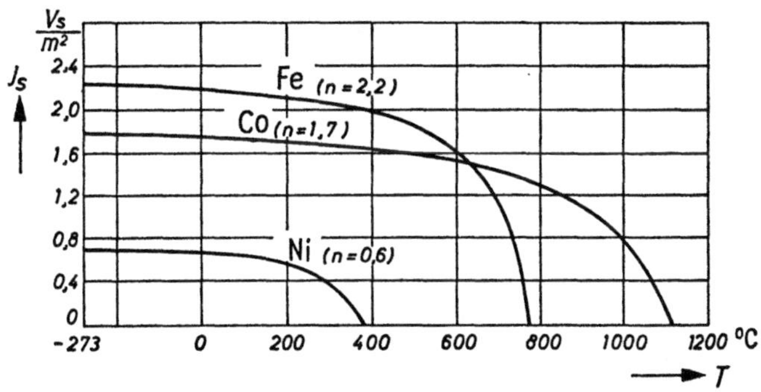

Abb. 25.3. Temperaturverlauf der Sättigungspolarisation für die drei ferromagnetischen Metalle der ersten Übergangsreihe. Die Zahl n gibt jeweils die aus der Größe J_s bei $T = 0°$ K bestimmte Anzahl der Bohrschen Magnetone pro Atom an

Eine phänomenologische Theorie des Ferromagnetismus hat Weiss (1907) entwickelt. Danach kommt die Wechselwirkung zwischen einem magnetischen Dipol und den Dipolen in seiner Umgebung durch ein auf den Dipol einwirkendes fiktives magnetisches Feld zustande, das die Richtung der spontanen Magnetisierung hat und ihr proportional ist. Eine Abschätzung der Größe dieses sog. Weißschen Feldes H_W ergibt sich aus der Höhe der Curie-Temperatur T_C, bei der der Werkstoff seine ferromagnetischen Eigenschaften verliert. Die thermische Energie kT, die die Unordnung der Dipole verursacht, ist offensichtlich bei T_C von der gleichen Größenordnung wie die potentielle magnetische Energie $\mu_0\,\mu\,H_W$ des Dipolmomentes μ im Feld H_W:

$$\mu_0\,\mu\,H_W \approx k\,T_C. \tag{25.13}$$

Für Eisen ergibt sich mit $\mu = 2{,}2\,\mu_B$ und $T_C = 770$ °C die Größenordnung des Weißschen Feldes zu $H_W \approx 5 \cdot 10^6$ A/cm. Dieses fiktive Weißsche Feld ist also größer als die stärksten statischen Magnetfelder, die man in Speziallaboratorien zur Zeit erzeugen kann.

Die Parallelstellung der magnetischen Elementarmomente hat quantenmechanische Ursache und die die Ausrichtung der magnetischen Dipole bestimmende Energie ist elektrostatischer Natur, wie es Heisenberg (1928) dargelegt hat. In einem Eisenkristall findet ein reger Elektronenaustausch zwischen den Atomen im Gitter statt. Die beiden 4s-Elektronen eines Eisenatoms sind im Kristall nicht fest an den Atomkern gebunden. Sie können sich relativ frei durch das Metall bewegen und sind die Hauptursache der chemischen Bindung zwischen den Atomen im Gitter, der Metallbindung. Diesen Elektronen verdankt das

Metall seine hohe elektrische Leitfähigkeit. Eine anschauliche Erklärung für die Ursache der Kopplung der magnetischen Elementardipole, wie sie sich z. B. beim Werkstoff MnO in § 25.5 geben läßt, ist bei Eisen nicht möglich.

25.5. Antiferromagnetismus und Ferrimagnetismus

Ein einfaches Beispiel für einen antiferromagnetischen Werkstoff ist das Manganoxid MnO mit einer kubischen Kristallstruktur, bei der sich Manganionen und Sauerstoffionen auf den Gitterplätzen räumlich abwechseln (s. Abb. 25.4). Die überwiegende chemische Bindung in diesem Werkstoff ist die Ionenbindung, die durch die statische Anziehung zwischen negativen und positiven Ionen verursacht wird. Im Kristallgitter werden die zwei $4s$-Elektronen des Mangans als zwei zusätzliche $2p$-Elektronen vom Sauerstoff aufgenommen, so daß aus der $(2s)^2(2p)^4$ Elektronenfiguration des Sauerstoffs die Edelgaskonfiguration $(2s)^2(2p)^6$ des O^{2-}-Ions wird. Die Ionenbindung verursacht keine Kopplung zwischen den magnetischen Momenten der paramagnetischen Mn^{2+}-Ionen. Außer dieser Ionenbindung tritt aber im MnO auch noch ein kleiner Teil kovalente Bindung auf. In den $2p$-Zuständen entfernen sich die Elektronen des Sauerstoffions nämlich relativ weit vom Sauerstoffatomkern und halten sich im zeitlichen Mittel auch für kurze Zeit bei den Nachbar-Manganionen und zwar in einem $3d$-Zustand auf. Nach der Hundschen Regel kann jedoch die Aufnahme eines Elektrons in den $3d$-Zustand des Manganions, wenn auch nur für kurze Zeit, nur dann erfolgen, wenn das Elektron einen Spin antiparallel zu den schon vorhandenen fünf $3d$-Elektronenspins besitzt. Da je ein $2p$-Elektronenpaar des Sauerstoffions mit antiparallelem Spin die kovalente Bindung zwischen dem Sauerstoffion und zwei benachbarten Manganionen in einer Würfelkantenrichtung des Kristallgitters besorgt, wird der Elektronenaustausch energetisch dann begünstigt, wenn die magnetischen Momente der $3d$-Elektronen in den beiden Manganionen auch antiparallel ausgerichtet sind. Dann können nämlich beide $2p$-Elektronen eines Paars mit antiparallel gerichtetem Spin auch gleichzeitig zu den beiden Mangannachbarn hinüberwechseln, wobei ja ihre Spinrichtungen erhalten bleiben, wie es in Abb. 25.5 schematisch dargestellt ist. Die so entstandene Kopplung zwischen den magnetischen Momenten der Manganionen durch „Vermittlung" des Sauerstoffions nennt

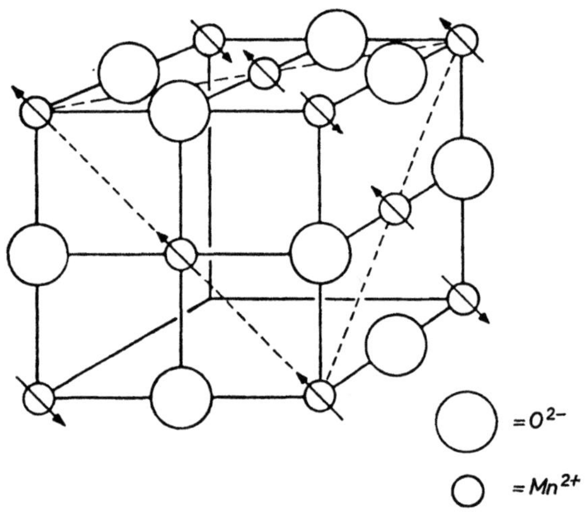

Abb. 25.4. Antiferromagnetische Spinordnung im kubischen MnO-Kristall

man indirekte Austauschwechselwirkung oder auch Superaustausch. Obwohl beim Manganoxid Kopplungen zwischen den Spins der Metallatome auftreten, entsteht keine Magnetisierung im Kristall, auch nicht in kleinsten Bereichen, weil sich die magnetischen Einzelmomente durch die Antiparallelstellung gegenseitig aufheben. Weitere antiferromagnetische Werkstoffe sind z.B. MnS, NiO, $NiCl_2$, CoO.

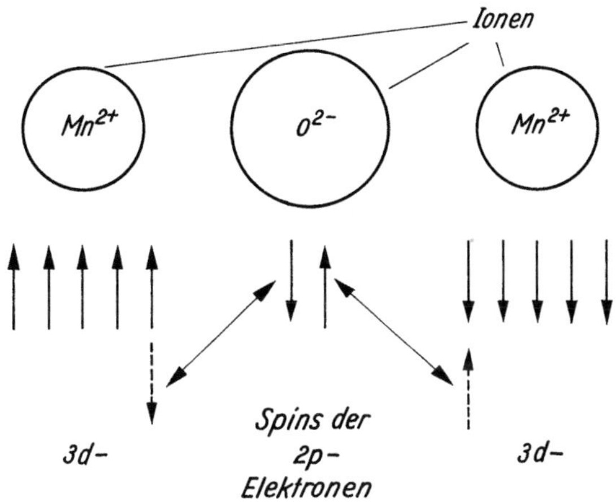

Abb. 25.5. Zur Erläuterung der indirekten Wechselwirkung zwischen den magnetischen Momenten der Manganionen in MnO

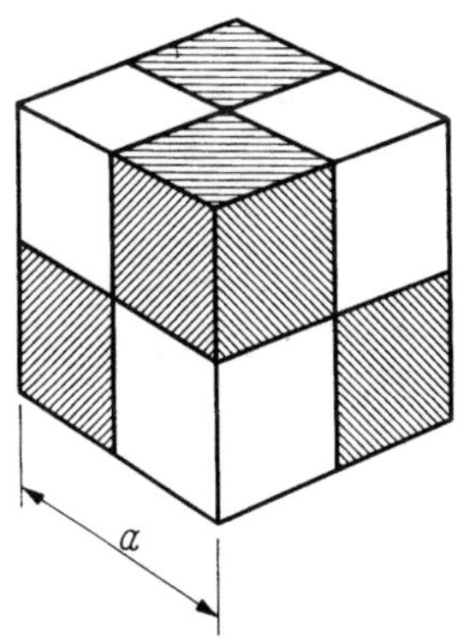

Abb. 25.6. Die 2×4 identischen Oktanten einer Elementarzelle des Spinellgitters

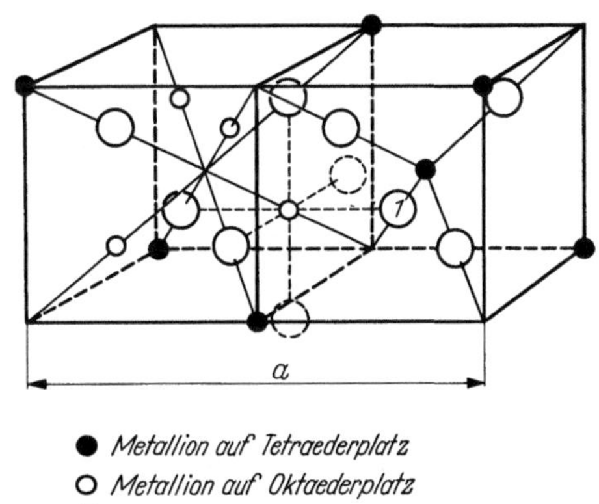

Abb. 25.7. Ionenverteilung in zwei benachbarten Oktanten der Spinellelementarzelle

Eine besondere Form des Antiferromagnetismus findet man bei den Ferriten. Eine typische Gruppe dieser Werkstoffe hat die allgemein chemische Formel $MeFe_2O_4$, wobei Me für ein zweiwertiges Metallion steht. Bei einfachen Ferriten sind das zweiwertige Ionen der Übergangselemente z.B. Mn, Ni, Cu, Zn usw. Die Kristallstruktur dieser Ferrite ist die Spinellstruktur, die nach der Struktur des Minerals Spinell $MgAl_2O_4$ genannt ist. Die Elementarzelle ist kubisch, hat eine Kantenlänge von etwa 8,5 Å und setzt sich gemäß Abb. 25.6 aus zweimal vier identischen Oktanten zusammen, von denen ein Paar in Abb. 25.7 mit den darin enthaltenen Ionen dargestellt ist. Die verhältnismäßig großen Sauerstoffionen bilden ein kubisch-flächen-zentriertes Gitter. In einer solchen dichtesten Kugelpackung gibt es zwei Arten von Zwischenräumen, in denen sich die kleineren Metallionen anordnen, nämlich die Tetraeder- und Oktaeder-Zwischenräume, die von vier bzw. sechs Sauerstoffionen umgeben sind. In Abb. 25.7 sind zwei dieser unterschiedlichen Plätze zu erkennen. Im Prinzip ist der magnetische Kopplungsmechanismus im Ferrit der gleiche wie bei dem anhand des Manganoxids erläuterten Antiferromagnetismus. Das in Abb. 25.7 mit (1) bezeichnete Sauerstoffion besorgt durch kovalente Bindung mit den Nachbarionen eine antiparallele Kopplung der Spins der beiden Metallionen auf dem benachbarten Oktaeder- und Tetraederplatz. Diese negative Oktaeder-Tetraeder-Wechselwirkung stellt in Ferriten die überwiegende Wechselwirkung zwischen den magnetischen Dipolen dar. Befänden sich nun an den beiden Gitterplätzen gleiche Metallionen und gäbe es in der Elementarzelle gleich viele besetzte Oktaeder- und Tetraederplätze, so würden sich makroskopisch alle magnetischen Momente kompensieren und der Stoff wäre antiferromagnetisch. Bei den Ferriten befinden sich aber meist unterschliedliche Metallionen auf den Tetraeder- und Oktaederplätzen und es sind mehr besetzte Oktaeder- als Tetraederplätze vorhanden. Die Folge davon ist das Auftreten eines pauschalen magnetischen Momentes im Werkstoff. Dieser nicht völlig kompensierte Antiferromagnetismus wurde von NÉEL (1948) Ferrimagnetismus genannt.

Ein repräsentatives Beispiel für die Ferrite mit Spinellstruktur ist das Nickelferrit $NiFe_2O_4$, das man auch so schreibt:

$$Fe_8^{3+}[Fe_8^{3+}Ni_8^{2+}]O_{32}^{2-}. \tag{25.14}$$

Die unteren Indizes geben die Anzahl der entsprechenden Ionen in der Elementarzelle an; vor der eckigen Klammer stehen die Metallionen, die Tetraederplätze im Kristallgitter einnehmen, und innerhalb der Klammern die Ionen auf Oktaederplätzen. Da die magnetischen Momente der Ionen auf den beiden unterschiedlichen Gitterplätzen bei $T=0$ °K antiparallel gerichtet sind, läßt sich die theoretische Sättigungspolarisation des Werkstoffs berechnen. Wie man aus den in Tabelle 15.I angegebenen Elektronenkonfigurationen ermitteln kann, besitzt das dreiwertige Eisenion ein magnetisches Moment von $5\,\mu_B$ und das zweiwertige Nickelion ein solches von $2\mu_B$. Damit ist das magnetische Moment der Elementarzelle von Nickelferrit $[8 \cdot 5\mu_B + 8 \cdot 2\mu_B] - 8 \cdot 5\mu_B = 16\mu_B$ und die Sättigungspolarisation des Werkstoffs bei $T=0$ °K:

$$J_s = \mu_0 \frac{16\mu_B}{(8{,}5\,\text{Å})^3} \approx 0{,}3\ \text{Vs/m}^2.$$

Wie bei den ferromagnetischen Werkstoffen so wird auch bei den Ferriten im allgemeinen die Sättigungspolarisation mit zunehmender Temperatur kleiner und wird Null bei der Curie-Temperatur. Oberhalb der Curie-Temperatur ist der Werkstoff paramagnetisch. Die Curie-Temperaturen der Spinell-Ferrite sind von der chemischen Zusammensetzung abhängig und können bis zu 650 °C betragen.

Viele technisch wichtige Ferrite enthalten das unmagnetische Zink, wodurch die Sättigungspolarisation unerwarteterweise erhöht wird. Das sei am Beispiel des Nickel-Zink-Ferrites erläutert. Die Nickelionen bevorzugen Oktaederplätze im Gitter und die Zinkionen Tetraederplätze, so daß ein Mischkristall entsteht, der sich so schreiben läßt:

$$Zn_4^{2+}Fe_4^{3+}[Fe_{12}^{3+}Ni_4^{2+}]O_{32}^{2-}. \tag{25.15}$$

Bei sehr tiefen Temperaturen hat dieser Werkstoff eine theoretische Sättigungspolarisation, die von $[12 \cdot 5\mu_B + 4 \cdot 2\mu_B] - 4 \cdot 5\mu_B = 48\mu_B$ pro Elementarzelle verursacht wird und somit die Größe $J_s \approx 0{,}9$ Vs/m² hat, was auch experimentell in etwa bestätigt wird.

Zusammenfassend kann man sagen, daß die ferrimagnetischen Werkstoffe gegenüber den Legierungsmagnetwerkstoffen mit Eisen und Nickel eine relativ geringe Sättigungspolarisation besitzen (s. Tabelle 23.I). Das liegt einerseits daran, daß sehr viele relativ große und unmagnetische Sauerstoffionen im Volumen vorhanden sind und andererseits, daß eben die vorhandenen magnetischen Momente der Metallionen teilweise antiparallel ausgerichtet sind.

25.6. Paramagnetismus oberhalb der Curie-Temperatur

Auch oberhalb der Curie-Temperatur eines ferromagnetischen Werkstoffs sind immer noch die durch den Kristallaufbau bedingten Austauschwechselwirkungen zwischen den benachbarten atomaren magnetischen Dipolen vorhanden. Allerdings reichen diese Wechselwirkungen infolge der hohen Temperatur nicht mehr zu einer Parallelstellung der Dipole aus. Um das paramagnetische Verhalten des Werkstoffs oberhalb der Curietemperatur zu beschreiben, kann auch hier das phänomenologisch eingeführte, fiktive Weißsche Feld H_W benutzt werden. Da das Weißsche Feld proportional zur Magnetisierung sein soll, läßt sich mit einem Proportionalitätsfaktor λ schreiben:

$$\vec{H}_W = \lambda \vec{M}. \tag{25.16}$$

Macht man die einfache Annahme, daß auch oberhalb der Curie-Temperatur das Curie-Gesetz (25.11) gültig ist, und setzt man in (25.11) statt H jetzt die Summe aus äußerem Feld und Weißschem Feld, so ergibt sich:

$$\chi_m = \frac{M}{H + \lambda M}. \tag{25.17}$$

Führt man hier $M/H = C/T$ aus (25.11) und für λC die sog. paramagnetische Curie-Temperatur Θ ein, so findet man für die magnetische Suszeptibilität das sog. Curie-Weiß-Gesetz:

$$\chi_m = \frac{C}{T - \Theta}. \tag{25.18}$$

Das Curie-Weiß-Gesetz gilt für $T > \Theta$. Bei $T = \Theta$ wird die Suszeptibilität unendlich groß; im Werkstoff tritt spontane Magnetisierung auf. Die paramagnetische Curie-Temperatur Θ ist etwas höher als die ferromagnetische Curie-Temperatur T_C, Tabelle 25.II. Aus dem Curie-Weiß-Gesetz ergibt sich für die Temperaturabhängigkeit des Kehrwertes $1/\chi_m$ der magnetischen Suszeptibilität oberhalb der Temperatur Θ eine Gerade. In Abb. 25.8 ist der gemessene Verlauf von $1/\chi_m$ für des Werkstoffes Nickel als Funktion der Temperatur aufgetragen. Es zeigt sich, daß die Meßkurve nur in der Nähe von Θ geringfügig von der erwarteten Geraden abweicht.

Tabelle 25.II. *Vergleich der ferromagnetischen Curie-Temperatur T_C und der paramagnetischen Curie-Temperatur Θ.* Nach P. Weiss, and R. Forrer: Ann. Phys., Paris **5**, 153 (1926).

	Fe	Co	Ni
T_c/°K	1043	1404	631
Θ/°K	1093	1428	650

Bei antiferro- und ferrimagnetischen Werkstoffen ist die Magnetisierung jedes Untergitters des Kristalls wieder eine Funktion der Magnetisierung der anderen Untergitter. Ohne Ableitung sei hier nur aufgeführt, daß für die Suszeptibilität eines antiferro- und ferrimagnetischen Werkstoffes bei hohen Temperaturen wieder ein Curie-Weiß-Gesetz gilt:

$$\chi_m = \frac{C}{T + \Theta}, \tag{25.19}$$

wobei die Curie-Konstante C jetzt auch wieder mit der Größe der atomaren magnetischen Momente zusammenhängt. Der durch (25.19) angegebene Suszeptibilitätsverlauf in Abhängigkeit von der Temperatur ist in Abb. 25.9a qualitativ dargestellt und liefert bei Extrapolation auf $1/\chi_m = 0$ einen negativen Wert für die paramagnetische Curie-Temperatur Θ. Die magnetische Suszeptibilität eines antiferromagnetischen Werkstoffes hat bei der sog. Néel-Temperatur T_N ein Maximum, also ihr Kehrwert ein Minimum.

Wie aus Abb. 25.9b hervorgeht, verhält sich ein ferrimagnetischer Werkstoff bei hohen Temperaturen wie ein antiferromagnetischer Stoff. Wenn im Werkstoff eine antiparallele Wechselwirkung vorliegt, dann ergibt die Extrapolation auf $1/\chi_m = 0$ immer einen negativen Wert für die paramagnetische Curie-Temperatur Θ.

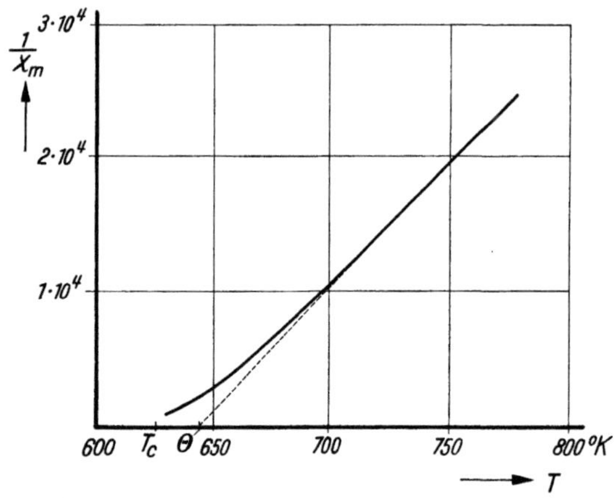

Abb. 25.8. Temperaturabhängigkeit der reziproken magnetischen Suszeptibilität von Nickel oberhalb der ferromagnetischen Curie-Temperatur T_C [nach WEISS, P., et R. FORRER: Ann. Phys. (Paris) **5**, 153 (1926)]

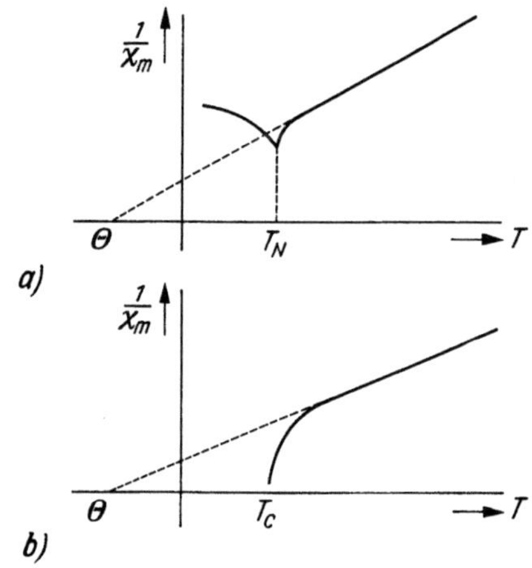

Abb. 25.9a u. b. Qualitativer Verlauf der reziproken magnetischen Suszeptibilität a eines antiferromagnetischen und b eines ferrimagnetischen Werkstoffes als Funktion der Temperatur

§ 26. Magnetische Anisotropien

26.1. Kristallanisotropie

Die spontane Magnetisierung in den Kristallen der ferromagnetischen Werkstoffe tritt immer parallel zu bestimmten Kristallrichtungen auf, die man Vorzugsrichtungen der Magnetisierung nennt. In Abb. 26.1 sind die Magnetisierungskurven für verschiedene Hauptkristallrichtungen bei Kobalt, Eisen und Nickel aufgetragen. Man erkennt, daß in bestimmten Richtungen schon sehr geringe Magnetfeldstärken ausreichen, um die Einkristalle zu magnetisieren; es sind dies die Vorzugsrichtungen der Magnetisierung. In allen anderen Kristallrichtungen muß man größere Feldstärken aufwenden, um die gleiche Magnetisierung zu erhalten. Die Magnetisierungskurven von Einkristallen der Werkstoffe geben also eine Information über die Art und Größe der magnetischen Kristallanisotropie.

26.1.1. Hexagonale Kristallanisotropie Die spontane Magnetisierung hat in einem hexagonalen Kobalteinkristall eine Richtung parallel zur *c*-Achse. Die in § 25.4 genannte Weiß-Bezirksstruktur eines solchen Einkristalls kann deshalb bei Vernachlässigung von Entmagnetisierungseffekten an den Außenflächen der Probe im Prinzip so aussehen, wie es die Skizze in Abb. 26.2a zeigt. Tatsächlich zeigt Abb. 26.3 eine derartige Weiß-Bezirksstruktur, die auf der Oberfläche von Kobaltkristallen durch die sog. Bitter-Streifentechnik (s. z. B. [*28*] und [*29*]) sichtbar gemacht wurde. Bringt man den in Abb. 26.2a gezeigten Einkristall zwischen die Polschuhe eines Elektromagneten und legt ein Magnetfeld parallel zur *c*-Achse, also in der magnetischen Vorzugsrichtung an, so vergrößern sich die Weißschen

Bezirke mit spontaner Magnetisierung in Feldrichtung auf Kosten der Bezirke mit entgegengesetzter Magnetisierungsrichtung, wie in Abb. 26.2b dargestellt. Man nennt diesen Magnetisierungsvorgang einen Wandverschiebungsprozeß. Schon bei kleinsten Feldern ist ein Kristall ohne Fehler voll in der Richtung des Magnetfeldes H magnetisiert. Die Magnetisierungskurve für den Fall H parallel zur c-Achse ist, wie es in Abb. 26.4 etwas vereinfacht dargestellt ist, eine Gerade parallel zur Abszissenachse des Diagramms im Abstand $M = M_s$.

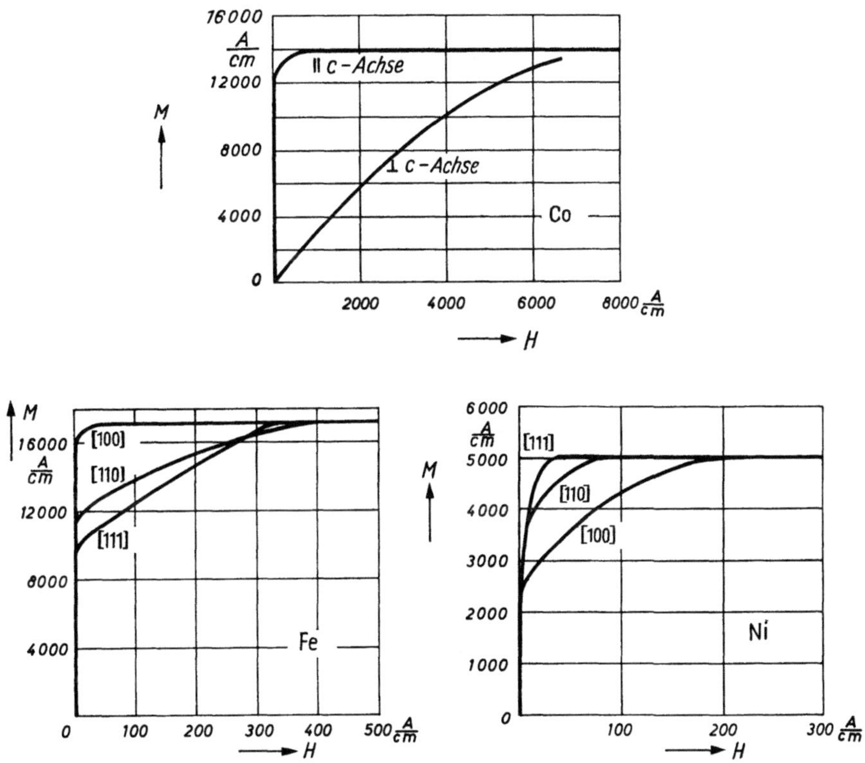

Abb. 26.1. Magnetisierungskurven für Einkristalle von Kobalt, Eisen und Nickel [nach HONDA, K., and S. KAYA: Sci. Rep. Tohoku Univ. **15**, 721 (1926); KAYA, S.: Sci. Rep. Tohoku Univ. **17**, 639, 1157 (1928)]

Ein Magnetfeld H in einer Richtung senkrecht zur c-Achse ruft keine Wandverschiebungsprozesse hervor, weil kein magnetischer Bereich bevorzugt ist. Die Magnetisierung wird durch sog. Drehprozesse verursacht, d.h. die spontane Magnetisierung jedes Weiß-Bezirkes dreht sich in Richtung des anliegenden Feldes H, wie in Abb. 26.2c angedeutet. Dadurch entsteht mit wachsendem Feld eine wachsende pauschale Magnetisierung des Werkstoffs in Feldrichtung. Die Magnetisierungskurve ist in Abb. 26.1 mit $\perp$ c-Achse bezeichnet und in Abb. 26.3 vereinfacht durch eine Gerade durch den Nullpunkt des Diagramms und den Punkt H_1, M_s. Bei der mit H_1 bezeichneten Feldstärke ist die Sättigung erreicht, d.h. in allen Bereichen hat sich die spontane Magnetisierung voll in die Feldrichtung gedreht.

Die Energie, die pro Volumeneinheit aufgewendet werden muß, um in einem Kristall die spontane Magnetisierung aus einer Vorzugsrichtung in eine willkürliche andere Raumrichtung zu drehen, wird Kristallanisotropieenergie genannt. Im Falle eines hexagonalen Kristalls ist die maximale Kristallanisotropieenergiedichte die Energie pro Volumeneinheit, die aufgebracht werden muß, um die Magnetisierung von einer Richtung parallel zur c-Achse in eine Richtung senkrecht dazu zu drehen. Die Größe dieser Energiedichte $w_{K,\max}$ ist durch die in

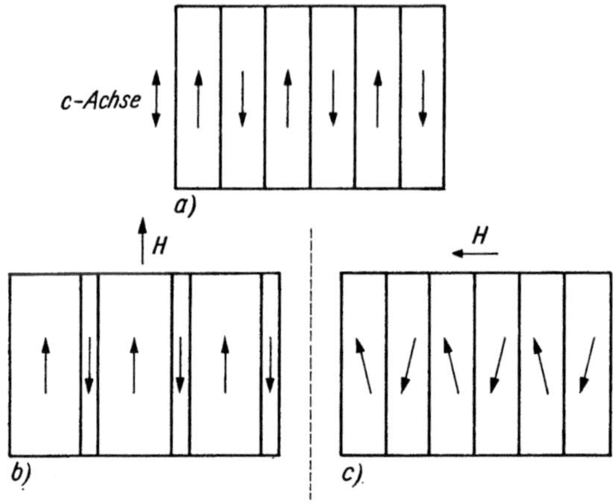

Abb. 26.2a—c. Schematische Darstellung der Weiß-Bezirksstruktur eines Kobalteinkristalls. a ohne Magnetfeld, b Magnetfeld parallel zur c-Achse, c Magnetfeld senkrecht zur c-Achse

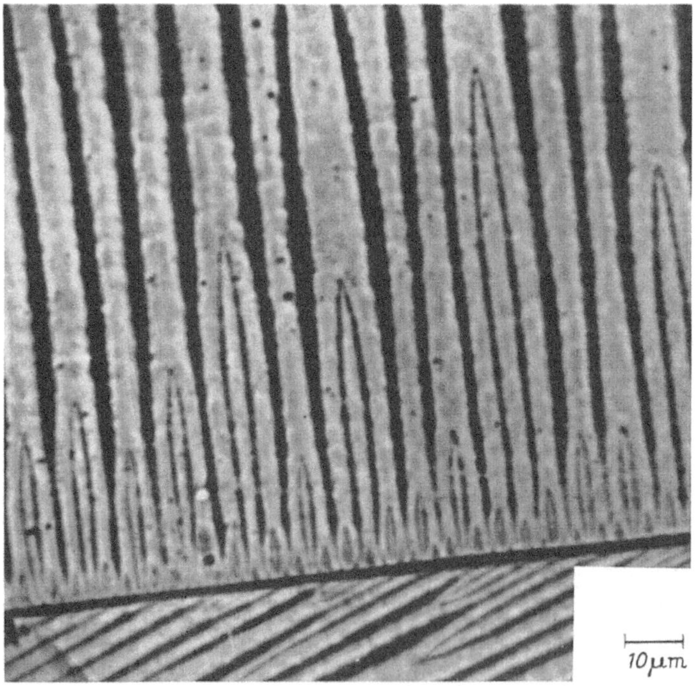

Abb. 26.3. Weiß-Bezirksstruktur in Kobaltkristallen, die in einer Ebene parallel zur c-Achse abgeschliffen wurden. Die schwarze Linie von links nach rechts ist eine Korngrenze

Abb. 26.4 schraffiert gezeichnete Fläche gegeben:

$$w_{K,\max} = \left[\mu_0 \int_0^{M_s} \vec{H}\, d\vec{M}\right]_{\perp c\text{-Achse}} - \left[\mu_0 \int_0^{M_s} \vec{H}\, d\vec{M}\right]_{\| c\text{-Achse}} = \tfrac{1}{2} H_1 J_s. \qquad (26.1)$$

Aus den in Abb. 26.1 gezeigten Meßkurven ergibt sich für Kobalt: $w_{K,\max} \approx \frac{1}{2} \cdot 6000\,\mathrm{A/cm} \cdot 1{,}8\,\mathrm{Vs/m^2} \approx 0{,}54\,\mathrm{Ws/cm^3}$. Für den Werkstoff Bariumferrit ($BaFe_{12}O_{19}$) mit ebenfalls hexagonaler Kristallstruktur läßt sich entsprechend aus der in Abb. 26.5 gezeigten Meßkurve für Raumtemperatur berechnen: $w_{K,\max} \approx \frac{1}{2} \cdot 13\,000\,\mathrm{A/cm} \cdot 0{,}48\,\mathrm{Vs/m^2} \approx 0{,}3\,\mathrm{Ws/cm^3}$. Bei hexagonalen Kristallstrukturen ist die Kristallanisotropieenergiedichte w_K allein eine Funktion des Winkels φ zwischen

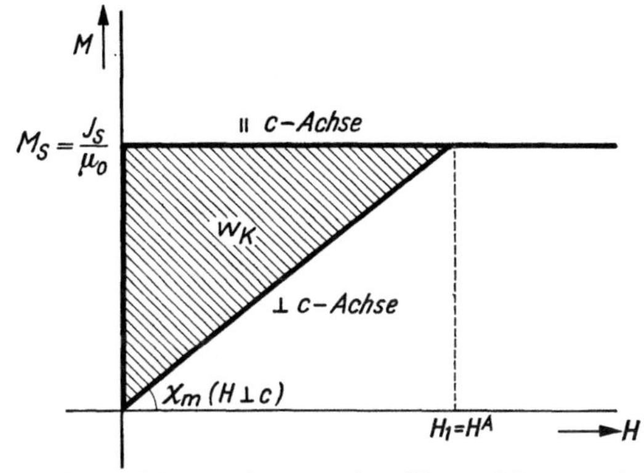

Abb. 26.4. Idealisierte Magnetisierungskurven für Magnetisierung eines Kobalteinkristalls in leichter und schwerer Richtung

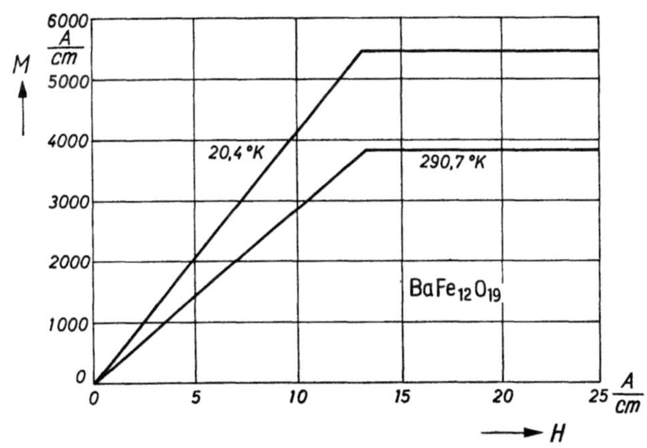

Abb. 26.5. Magnetisierung eines Bariumferriteinkristalls senkrecht zur *c*-Achse als Funktion der Feldstärke bei zwei verschiedenen Temperaturen [nach CASIMIR, H. B. G., u. a.: J. phys. radium **20**, 364 (1959)]

der Magnetisierungsrichtung und der Richtung der *c*-Achse. Es läßt sich der allgemeine Ansatz machen:

$$w_K = a \sin\varphi + b \cos\varphi + c \sin^2\varphi + d \cos^2\varphi + e \sin\varphi \cos\varphi + f \sin^3\varphi + \cdots,$$

wobei *a*, *b*, *c* usw. Konstanten mit der Dimension einer Energiedichte sind. Aus Gründen der Kristallsymmetrie ergeben sich einige Vereinfachungen dieses allgemeinen Ansatzes. Man findet:

$$w_K = K_0 + K_1 \sin^2\varphi + K_2 \sin^4\varphi + \cdots. \tag{26.2}$$

Die Koeffizienten K_1, K_2 usw. werden Kristallanisotropiekonstanten genannt. In Abb. 26.6 ist ein Querschnitt durch den „Potentialkörper“ dieser Funktion gezeichnet. Die Längendifferenz zwischen Fahrstrahl an die „Potentialkurve" und dem Radius des gestrichelten Kreises gibt die für die entsprechende Winkellage aufzubringende Energie pro Volumeneinheit an. Der Radius des gestrichelten Kreises ist ein Maß für die willkürlich angenommene, winkelunabhängige Energiedichte K_0. Die magnetische Vorzugsrichtung, also die Richtung spontaner Magnetisierung, ist die c-Achse ($\varphi = 0$; 180°) als stabile Gleichgewichtslage, $\frac{\partial w_K}{\partial \varphi} = 0$ und $\frac{\partial^2 w_K}{\partial \varphi^2} =$ positiv. Die Drehung der Magnetisierung in die Basisebene des Kristallgitters ($\varphi = 90°$) erfordert maximale Energie und diese Richtung stellt eine labile Gleichgewichtslage dar, $\frac{\partial w_K}{\partial \varphi} = 0$ und $\frac{\partial^2 w_K}{\partial \varphi^2} =$ negativ. In der stabilen Gleich-

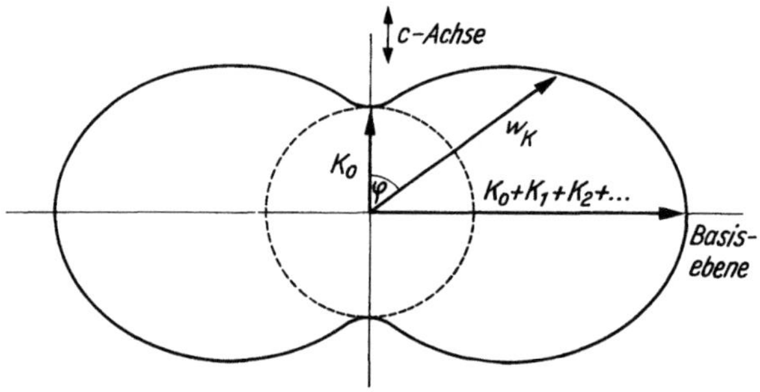

Abb. 26.6. Querschnitt durch den Potentialkörper der Funktion $w_K = K_0 + K_1 \sin^2\varphi + K_2 \sin^4\varphi$

gewichtslage ist die Magnetisierung mit der Steifigkeit:

$$c\,|_{\varphi=0} = \left.\frac{\partial^2 w_K}{\partial \varphi^2}\right|_{\varphi=0} = 2K_1 \tag{26.3}$$

gebunden, wenn Energieterme höherer Ordnung vernachlässigt werden.

Es ist nun auch gebräuchlich, die Bindung der spontanen Magnetisierung an die Vorzugsrichtung durch ein fiktives magnetisches Feld H^A, welches Anisotropiefeld genannt wird, zu beschreiben. Für die potentielle Energie pro Volumeneinheit der spontanen Magnetisierung M_s in diesem Feld der Stärke H^A gilt gemäß (24.36):

$$w_{\text{pot}} = -\mu_0 M_s H^A \cos\varphi$$

Damit wird die Steifigkeit in der Gleichgewichtslage $\varphi = 0$:

$$c\,|_{\varphi=0} = \left.\frac{\partial^2 w_{\text{pot}}}{\partial \varphi^2}\right|_{\varphi=0} = \mu_0 M_s H^A. \tag{26.4}$$

Aus (26.3) und (26.4) ergibt sich durch Gleichsetzen der Steifigkeiten aus beiden Beschreibungsweisen der Zusammenhang zwischen der Anisotropiekonstanten K_1 und der Anisotropiefeldstärke H^A:

$$H^A = \frac{2K_1}{\mu_0 M_s} = \frac{2K_1}{J_s}. \tag{26.5}$$

Es muß ausdrücklich darauf hingewiesen werden, daß das fiktive Feld H^A den Zustand für $\varphi = 0$ beschreibt und näherungsweise noch für sehr kleine Winkel und nicht für erhebliche Abweichungen hiervon gilt. In Tabelle 26.I sind für Kobalt und Bariumferrit die drei in (26.5) vorkommenden Größen J_s, K_1 und H^A, sowie die Kristallanisotropieenergiedichte $w_{K,\max}$ und die Anisotropiekonstante K_2 aufgeführt.

Tabelle 26.I. *Anisotropieeigenschaften und Sättigungspolarisation J_s von Kobalt und Bariumferrit mit hexagonaler und Eisen und Nickel mit kubischer Kristallstruktur bei Raumtemperatur* [29]

Werkstoff	J_s Vs/m²	$w_{K,\max}$ Ws/cm³	K_1 Ws/cm³	K_2 Ws/cm³	H^A in A/cm Größe	Richtung
Kobalt	1,78	0,54	0,45	0,1	5000	[c-Achse]
Bariumferrit	0,45	0,3	0,3	0	13000	[c-Achse]
Eisen	2,16	0,05	0,04	0,015	450	[100]
Nickel	0,61	0,005	−0,006	0,005	35	[111]

Legt man bei einem hexagonalen Einkristall ein magnetisches Feld senkrecht zur c-Achse an, dann dreht sich die spontane Magnetisierung aus der Vorzugsrichtung in eine bestimmte Winkellage φ (s. Abb. 26.7). Die im Einkristall vorhandene magnetische Gesamtenergiedichte ist dann im geschlossenen Magnetkreis:

$$w_{\text{ges}} = w_K + w_{\text{pot}} = K_0 + K_1 \sin^2\varphi - \mu_0 M_s H \cos(90° - \varphi).$$

Die Gleichgewichtslage für die Magnetisierung ist gegeben durch $\frac{\partial w_{\text{ges}}}{\partial \varphi} = 0$, d.h. also

$$2K_1 \sin\varphi \cos\varphi - \mu_0 M_s H \sin(90° - \varphi) = 0.$$

Daraus ergibt sich:

$$\sin\varphi = \frac{\mu_0 M_s H}{2K_1}. \tag{26.6}$$

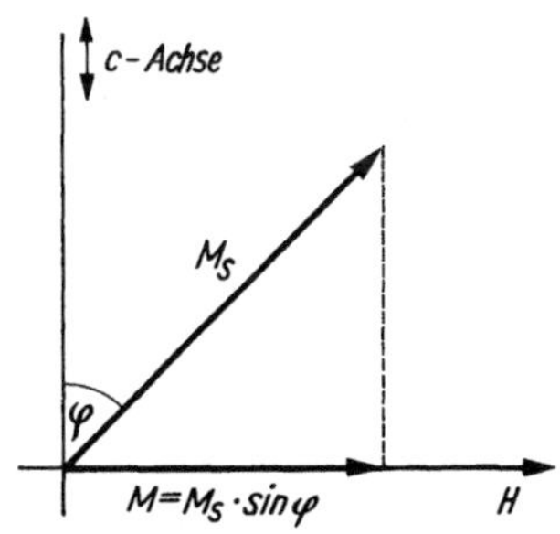

Abb. 26.7. Ein Magnetfeld H senkrecht zur c-Achse eines hexagonalen Kristalls verursacht eine Drehung der spontanen Magnetisierung M_s aus der Vorzugsrichtung um einen Winkel φ

Damit die Gleichgewichtslage bei $\varphi = 90°$ auftritt, muß senkrecht zur c-Achse ein Feld der Größe $H = \frac{2K_1}{\mu_0 M_s} = H^A$ angelegt werden. Der Werkstoff ist also dann in der Basisebene bis zur Sättigung magnetisiert, wenn das im Werkstoff auftretende Magnetfeld H so groß wie die Anisotropiefeldstärke H^A ist. Die Kristallanisotropieenergiedichte, gemäß (26.1) und Abb. 26.4, ergibt sich also zu:

$$w_{K,\max} = \tfrac{1}{2} H^A J_s. \tag{26.7}$$

Die in Richtung senkrecht zur c-Achse gemessene Magnetisierung $M = M_s \sin\varphi$ ist für $H \leqq H^A$ mit (26.6) durch $M = \frac{\mu_0 M_s^2}{2K_1} H$ gegeben, d.h. linear von der Feldstärke H abhängig. Die Steigung der Magnetisierungskurve gibt die Suszeptibilität χ_m des Werkstoffs an und beträgt senkrecht zur c-Achse gemessen:

$$\chi_m = \frac{M}{H} = \frac{\mu_0 M_s^2}{2K_1} = \frac{M_s}{H^A}. \tag{26.8}$$

26.1.2. Kubische Kristallanisotropie. Die kubische Kristallanisotropie sei am Beispiel Eisen erläutert. Die magnetische Vorzugsrichtung des Eisenkristalls ist nach Abb. 26.1 eine Würfelkante (z.B. die [100]-Richtung), d.h. die spontane Magnetisierung innerhalb eines Weißschen Bezirks hat eine der sechs möglichen Richtungen parallel zu einer Würfelkante. Im Prinzip wird sich also, zweidimensional betrachtet, eine Weiß-Bezirksstruktur in einem Eiseneinkristall gemäß Abb. 26.8a einstellen, um die Streufeldenergie möglichst klein zu halten. Bringt man den Eiseneinkristall so zwischen die Polschuhe eines Elektromagneten, daß das Magnetfeld H in Richtung einer Würfelkante liegt, so werden alle Bereichswände verschwinden, wie es in Abb. 26.8b dargestellt ist, d.h. die ursprünglich schon in Feldrichtung orientierten Bereiche werden sich auf Kosten aller anderen Bereiche vergrößern. Diese Wandverschiebung geht schon bei sehr kleinen Magnetfeldern, d.h. sehr geringem Energieaufwand, vor sich und es stellt sich die Sättigungsmagnetisierung im Werkstoff ein, weil sich ein einziger in Feldrichtung orientierter Weiß-Bezirk bildet. Die Magnetisierungskurve für z.B. die [100]-Richtung hat also den in Abb. 26.1 dargestellten Verlauf. Beim Anlegen eines kleinen Magnetfeldes H in Richtung einer Flächendiagonalen werden sich bereits durch Wandverschiebungen die günstig orientierten Bereiche auf Kosten der ungünstig orientierten vergrößern bis sich eine pauschale Magnetisierung des Werkstoffs von $M = M_s/\sqrt{2}$ in Feldrichtung eingestellt hat (s. Abb. 26.8c). Mit wachsender Feldstärke ändert sich die Bereichsstruktur nicht mehr, sondern es finden nur noch Drehprozesse in jedem Weißschen Bezirk statt, wie in Abb. 26.8d angedeutet. Die zur [110]-Richtung gehörende, Magnetisierungskurve ist auch in Abb. 26.1 dargestellt. Ähnliche Überlegungen gelten, wenn ein Magnetfeld in Richtung der Raumdiagonalen [111]-Richtung wirkt. Die Weißschen Bezirke werden sich schon bei kleinstem Feld durch Wandverschiebungsprozesse so aufteilen, daß es nur noch Bereiche gibt, deren spontane Magnetisierung in Richtung einer der drei zur gewählten [111]-Richtung benachbarten Würfelkanten liegt, und somit in Feldrichtung die Magnetisierung $M_s/\sqrt{3}$ gemessen wird. Mit wachsender Feldstärke wird dann durch Drehprozesse, wie in Abb. 26.1 für die [111]-Richtung dargestellt, schließlich die Sättigung M_s erreicht.

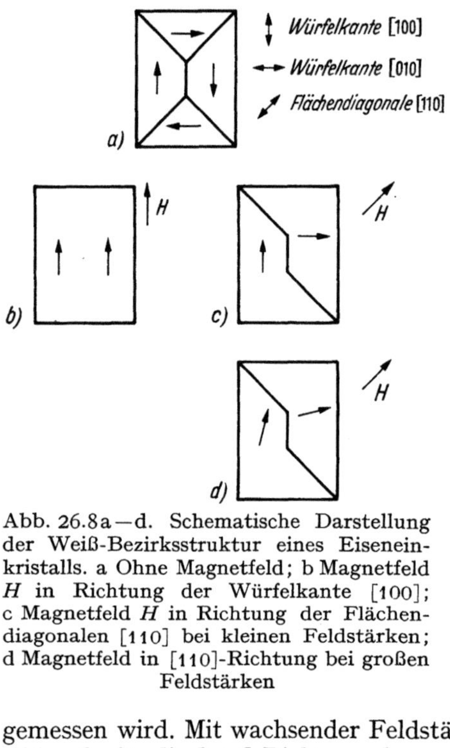

Abb. 26.8a—d. Schematische Darstellung der Weiß-Bezirksstruktur eines Eiseneinkristalls. a Ohne Magnetfeld; b Magnetfeld H in Richtung der Würfelkante [100]; c Magnetfeld H in Richtung der Flächendiagonalen [110] bei kleinen Feldstärken; d Magnetfeld in [110]-Richtung bei großen Feldstärken

Die Energiedichte w_K, die beim kubischen Kristallgitter aufgebracht werden muß, um die Magnetisierung aus einer Vorzugsrichtung in eine beliebige Raumrichtung zu drehen, wird üblicherweise als Funktion der drei Raumwinkel φ_1, φ_2 und φ_3 zwischen der Magnetisierungsrichtung und den drei Würfelkantenrichtungen angegeben. Setzt man $\alpha_1 = \cos\varphi_1$; $\alpha_2 = \cos\varphi_2$ und $\alpha_3 = \cos\varphi_3$, dann ergibt sich aus Symmetriegründen für die Kristallanisotropieenergiedichte w_K:

$$w_K = K_0 + K_1(\alpha_1^2\alpha_2^2 + \alpha_2^2\alpha_3^2 + \alpha_1^2\alpha_3^2) + K_2(\alpha_1^2\alpha_2^2\alpha_3^2). \qquad (26.9)$$

Die Kristallanisotropiekonstanten K_1 und K_2 lassen sich aus den Energiedichteunterschieden bei Magnetisierung in verschiedenen Raumrichtungen ermitteln. Es gelten die Beziehungen:

$$\begin{aligned} K_1 &= 4(w_{K[110]} - w_{K[100]}), \\ K_2 &= 27(w_{K[111]} - w_{K[100]}) - 36(w_{K[110]} - w_{K[100]}), \end{aligned} \qquad (26.10)$$

wobei $w_{K,[k,l,m]}$ die Kristallanisotropieenergiedichte in der Kristallrichtung $[k, l, m]$ ist. Die Anisotropieenergiedichte $w_{K,\max}$ ist der Energiedichteunterschied bei

Magnetisierung in der „schwersten“ Kristallrichtung und in der Vorzugsrichtung. Aus der Fläche zwischen den Magnetisierungskurven bei Magnetisierung in der Vorzugsrichtung [100] und in der Raumdiagonalen [111] in Abb. 26.1 läßt sich diese maximale Kristallanisotropieenergiedichte von Eisen ermitteln: $w_{K,\max} = w_{K[111]} - w_{K[100]} \approx \frac{1}{2}$ (2,15 — 1,25) Vs/m² · 300 A/cm ≈ 0,04 Ws/cm³.

Bei Nickel sind die Raumdiagonalen des kubischen Gitters die magnetischen Vorzugsrichtungen und die Würfelkanten die Richtungen der „schweren“ Magnetisierung. Aus dem entsprechenden Diagramm in Abb. 26.1 läßt sich für die Kristallanisotropieenergiedichte $w_{K,\max}$ entnehmen: $w_{K,\max} = w_{[K100]} - w_{[K111]} \approx \frac{1}{2}(0{,}6 - 0{,}35)$ Vs/m² · 150 A/cm ≈ 5 · 10⁻³ Ws/cm³.

Auch bei kubischer Kristallstruktur läßt sich die Bindung der Magnetisierung an die magnetische Vorzugsrichtung im Kristall durch eine Anisotropiefeldstärke H^A beschreiben. Für die Würfelkante als Vorzugsrichtung (z. B. bei Eisen) ergibt sich für den Zusammenhang zwischen Anisotropiefeldstärke H^A und den Anisotropiekonstanten: $H^A_{[100]} = 2K_1/J_s$, und wenn die Raumdiagonale Vorzugsrichtung ist (z. B. bei Nickel): $H^A_{[111]} = (-\frac{4}{3}K_1 + \frac{4}{9}K_2)/J_s$. In Tabelle 26.I sind die Anisotropiekonstanten K_1 und K_2, die Anisotropieenergiedichten $w_{K,\max}$ und die Anisotropiefeldstärke H^A in den Vorzugsrichtungen für die kubischen ferromagnetischen Kristalle Eisen und Nickel angegeben.

Ein Vergleich der maximalen Kristallanisotropieenergiedichten von Kobalt und Bariumferrit mit hexagonaler Kristallstruktur und Eisen und Nickel mit kubischer Kristallstruktur in Tabelle 26.I zeigt, daß bei den ersten beiden Werkstoffen ein wesentlich höherer Energieaufwand zur Drehung der Magnetisierung aus den Vorzugsrichtungen in die „schwersten“ Kristallrichtungen nötig ist als bei den letzten beiden.

26.2. Spannungsanisotropie

Das Magnetisieren eines ferromagnetischen Körpers hat im allgemeinen eine Gestaltsänderung zur Folge. Eine Längenänderung in Richtung der Magnetisierung wird lineare Magnetostriktion genannt. Da bei den meisten Ferromagnetika der

Tabelle 26.II. *Sättigungsmagnetostriktionskoeffizient λ_s und thermischer Längenausdehnungskoeffizient α einiger Werkstoffe bei Raumtemperatur*

Werkstoff	λ_s	α
Eisen	$-8 \cdot 10^{-6}$	$12 \cdot 10^{-6}$/°C
Kobalt	$-55 \cdot 10^{-6}$	$14 \cdot 10^{-6}$/°C
Nickel	$-35 \cdot 10^{-6}$	$13 \cdot 10^{-6}$/°C
Ferrite	$(-100 \ldots +40) \cdot 10^{-6}$ *	$(6 \ldots 10) \cdot 10^{-6}$/°C *

* Je nach chemischer Zusammensetzung.

Volumenänderungseffekt beim Magnetisieren vernachlässigbar klein ist, hat die Längenänderung in Magnetisierungsrichtung auch eine entgegengesetzte Abmessungsänderung senkrecht zur Magnetisierung zur Folge. Betrachtet sei ein sehr langer, dünner Stab, der im pauschal unmagnetischen Zustand die Länge l hat. Wenn sich bei Magnetisierung in der Längsrichtung die Stablänge l um Δl ändert, dann wird die relative Längenänderung $\Delta l/l$ als Magnetostriktionskoeffizient λ definiert. Bei Magnetisierung bis in die magnetische Sättigung erreicht auch die Magnetostriktion einen Sättigungswert λ_s, der Sättigungsmagnetostriktionskoeffizient genannt wird. Er kann je nach Werkstoff positiv oder negativ sein und liegt in der Größenordnung 10^{-4} bis 10^{-7}. In Tabelle 26.II sind die Sättigungsmagnetostriktionskoeffizienten einiger Werkstoffe im Vergleich zu den thermischen Längenausdehnungskoeffizienten angegeben. Die Magnetostriktion kann die Ursache einer magnetischen Anisotropie im Material sein. Setzt man nämlich einen ferromagnetischen Körper unter Druck- oder Zugspannungen, so weist der vorher völlig isotrope Werkstoff Vorzugsrichtungen der Magnetisierung auf. Wird z. B. ein langer Stab aus Nickel ($\lambda_s < 0$) unter Druckspannung gesetzt und dadurch verkürzt, so läßt er sich leichter als ohne Druckspannung in der Stabrichtung und schwerer in der Querrichtung magnetisieren. Bei Zugspannung in Stabrichtung stellt sich der umgekehrte Effekt ein. Die Folge der Magnetostriktion ist also das Auftreten von Spannungsanisotropie im ferromagnetischen Werkstoff. Dabei brauchen diese Spannungen durchaus nicht nur von außen an den Körper angelegt zu sein, sondern können auch als innere Spannungen, herrührend von mechanischen Verformungen oder thermischen Behandlungen des Werkstoffes, auftreten.

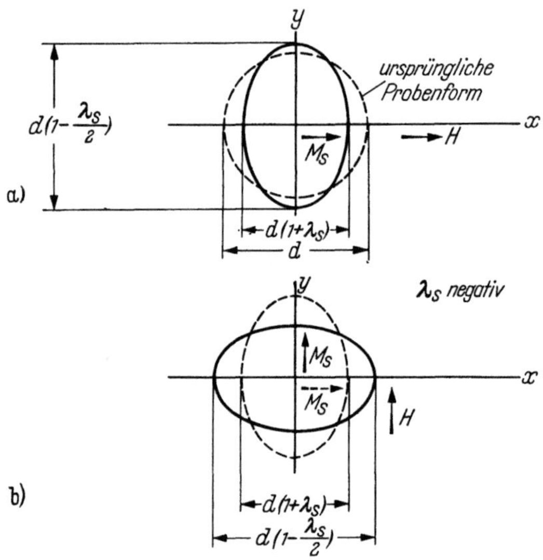

Abb. 26.9 a u. b. Zur Berechnung der Spannungsanisotropieenergie

Zur Berechnung der Spannungsanisotropieenergie sei eine kugelförmige Probe betrachtet, die aus völlig isotropem ferromagnetischem Werkstoff besteht und pauschal unmagnetisch ist. Wird die Kugel in einer beliebig gewählten x-Richtung bis zur Sättigung magnetisiert, dann verformt sie sich bei negativem Magnetostriktionskoeffizienten in ein Rotationsellipsoid, dessen kurze Hauptachse in der x-Richtung liegt und um den Betrag $|\lambda_s| d$ kürzer ist als der Kugeldurchmesser d, wie in Abb. 26.9a angedeutet. Bei Vernachlässigung von Volumeneffekten, d.h. wenn die Volumenmagnetostriktion Null ist, und unter Berücksichtigung von $\lambda_s < 0$ stellt sich senkrecht zur x-Richtung eine Verlängerung um $\frac{1}{2} \lambda_s d$ ein. Wird die Magnetisierung nun durch ein äußeres Magnetfeld senkrecht zur x-Achse gedreht (s. Abb. 26.9b), so wird die Probenabmessung in der x-Richtung insgesamt um $\frac{3}{2}|\lambda_s| d$ verlängert. Ist die Probe frei verformbar, so verursacht die Magnetostriktion keine Behinderung für die Drehung der Magnetisierung. Wenn aber z.B. in x-Richtung eine Druckspannung σ vorhanden ist, dann wird bei Drehung der Magnetisierung durch ein Magnetfeld H aus der x-Richtung in eine Richtung senkrecht dazu eine Längenänderung von $\frac{3}{2}|\lambda_s| d$ entgegen der Druckspannung erwirkt und damit Arbeit geleistet. Die hierdurch verursachte Spannungsanisotropieenergiedichte ist gegeben durch:

$$w_\sigma = \tfrac{3}{2}|\lambda_s| \sigma . \tag{26.11}$$

Bei einer Druckspannung von $\sigma = 30$ kp/mm² ergibt sich damit z.B. für Nickel: $w_\sigma \approx 1{,}5 \cdot 10^{-3}$ Ws/cm³. Man erkennt aus dem Vergleich dieser Spannungsanisotropieenergiedichte w_σ mit dem Wert der maximalen Kristallanisotropieenergiedichte $w_{K,\max}$ in Tabelle 26.I, daß bei Nickel beide Energiedichten von gleicher Größenordnung sind. Bei Eisen ist die Spannungsanisotropie im allgemeinen vernachlässigbar gegenüber der Kristallanisotropie.

Wird im Beispiel von Abb. 26.9 das Magnetfeld H abgeschaltet, so wird die Energiedichte zurückgewonnen, d.h. die Magnetisierung dreht sich in die Druckrichtung, also in die x-Richtung zurück. Für einen Stoff mit positiver Magnetostriktion, wie er z.B. bei polykristallinem Eisen in kleinen Magnetfeldern ($H < 450$ A/cm) vorliegt, stellt die mechanische Zugspannungsrichtung eine magnetische Vorzugsrichtung dar, denn es kostet Energie, die Magnetisierung senkrecht zur Zugspannungsrichtung zu drehen. Bei ferromagnetischen Werkstoffen können durch Zug- oder Druckspannungen erhebliche Anisotropien auftreten, wenn die mechanischen Spannungen hohe Werte annehmen. Die inneren mechanischen Spannungen im Werkstoff können Werte bis zur Bruchspannung annehmen. Da es nur wenige Werkstoffe gibt, bei denen die Magnetostriktion Null ist (s. auch § 26.4.2), müssen bei der Anwendung von weichmagnetischen Werkstoffen möglichst jegliche mechanische Belastungen vermieden werden. So dürfen z.B. Bleche für Transformatorenkerne nicht geknickt werden. Die inneren mechanischen Spannungen müssen durch Ausglühen des Werkstoffs und durch sehr langsames Abkühlen beseitigt werden.

26.3. Formanisotropie

In § 24.3.2 wurde erläutert, daß infolge der unterschiedlichen Größe der entmagnetisierenden Felder in verschieden geformten ferromagnetischen Proben die zur Magnetisierung aufzubringende magnetische Energie formabhängig ist. Man bezeichnet die Erscheinung, daß ein Körper infolge seiner geometrischen Form unterschiedlich große Energien für die Magnetisierung in den verschiedenen Körperrichtungen benötigt, mit Formanisotropie. Dabei braucht nicht immer die äußere Form des Körpers allein die Anisotropie zu verursachen. Es können auch Poren und Löcher im Werkstoff, unmagnetische Einschlüsse und Korngrenzen eine entscheidende Rolle spielen. So werden z.B. plattenförmige, unmagnetische Einschlüsse in einem sonst isotropen ferromagnetischen Material die zur Magnetisierung benötigte Energie stark erhöhen, wenn die Plattenflächen der Einschlüsse senkrecht zur Magnetisierungsrichtung orientiert sind und weniger beeinflussen, wenn sie parallel zur Magnetisierungsrichtung ausgerichtet sind. Nach § 24.3.2 hat die Formanisotropieenergiedichte Δw_N bei der Drehung der Sättigungsmagnetisierung in einem rotationsellipsoidförmigen Teilchen mit dem Achsenlängenverhältnis 0,9 den Wert $\Delta w_N \approx 6{,}5 \cdot 10^{-3}$ Ws/cm³, wenn die aus Abb. 25.8 entnommenen Entmagnetisierungsfaktoren $N_a \approx 0{,}30$ und $N_b = N_c \approx 0{,}35$ sind und die Sättigungsmagnetisierung $M_s = 5100$ A/cm (Nickel) beträgt. Man erkennt, daß der Energiedichteunterschied Δw_N schon bei dieser Probenform, die kaum von der Kugelform abweicht, wesentlich größer als die in Tabelle 26.I angegebene Kristallanisotropieenergiedichte $w_{K,\max}$ von Nickel ist.

26.4. Technische Anwendungen der magnetischen Anisotropien

26.4.1. Dauermagnetwerkstoffe. Bei Dauermagnetwerkstoffen soll die in einem Körper einmal erzeugte pauschale Magnetisierung nur möglichst schwer durch äußere Einflüsse abgebaut werden können. Es muß also dafür gesorgt sein, daß die relativ leicht beweglichen Bereichswände im Magnetkörper nicht vorhanden sind und die Drehprozesse dadurch behindert werden, daß der Werkstoff magnetisch sehr anisotrop ist, d.h. ausgeprägte Vorzugsrichtungen für die Magnetisierung besitzt.

Für das Bariumferrit braucht man nach Abb. 26.5 etwa eine Feldstärke von 13000 A/cm, um die Magnetisierung senkrecht zur Vorzugsrichtung zu drehen. Besteht ein Werkstoff aus Kristallen, die so klein sind, daß keine Bereichswände auftreten (s. § 27.3), dann kann also auch erst ein Feld dieser Stärke die Richtung der Magnetisierung umdrehen, d.h. es liegt ein Dauermagnetwerkstoff hoher Koerzitivfeldstärke vor. Um einen großen Gütefaktor (s. § 24.3.3) des Oxidmagnetwerkstoffes zu erreichen, muß auch die Remanenz möglichst hoch sein. Das hohe magnetische Moment pro Volumeneinheit wird dadurch erzielt, daß bei Bariumferrit die Kristalle durch ein Sinterverfahren bei etwa 1200 °C dicht „zusammengepackt" werden.

Bei den Alnico-Stahllegierungsmagneten beruht die große Koerzitivfeldstärke auf Formanisotropie. Beim Abkühlen einer Schmelze von z.B. Eisen, Kobalt, Aluminium und Nickel entsteht ein Zweiphasensystem. Eine magnetische Phase, die hauptsächlich aus Eisen und Kobalt besteht, scheidet sich in Form von kleinen Teilchen in einer weitgehend unmagnetischen Matrix aus Aluminium und Nickel aus. Wenn die magnetischen Teilchen nun so klein sind, daß sie keine Bereichswände enthalten (s. § 27.3), dann sind sie homogen magnetisiert. Scheiden sie sich dann noch mehr oder weniger in Form von Nadeln aus, dann wird eine große Feldstärke benötigt, um die Magnetisierung in jeder Nadel umzudrehen. Die Entwicklung aller Alnico-Dauermagnetwerkstoffe beruht auf diesem Prinzip. Wie Abb. 3.1 zeigt, hat man durch eine besondere Technologie auch erreicht, daß sich die stengelförmigen Ausscheidungen gleichgerichtet ausbilden, wodurch sich die remanente Magnetisierung in Richtung der Ausscheidungen erhöht. Dadurch ist das Güteprodukt dieses Werkstoffes bei Anwendung in Vorzugsrichtung der Magnetisierung angestiegen.

26.4.2. Weichmagnetische Werkstoffe. Ziel bei der Entwicklung von weichmagnetischen Werkstoffen ist, relativ große Magnetisierung bereits bei sehr kleinen magnetischen Feldstärken zu erreichen, so daß auch mit sehr geringem Energieaufwand eine Ummagnetisierung der Probe herbeigeführt werden kann. Es müssen also viele leicht bewegliche Bereichswände im Werkstoff vorhanden sein. Außerdem müssen die Anisotropien des Werkstoffs gering sein, damit bereits bei kleinen Magnetfeldern die Drehprozesse viel zur Magnetisierung beitragen können. Bei den Silizium-Eisen-Blechen für Transformatoren kann durch Kaltwalzen und anschließendes Glühen

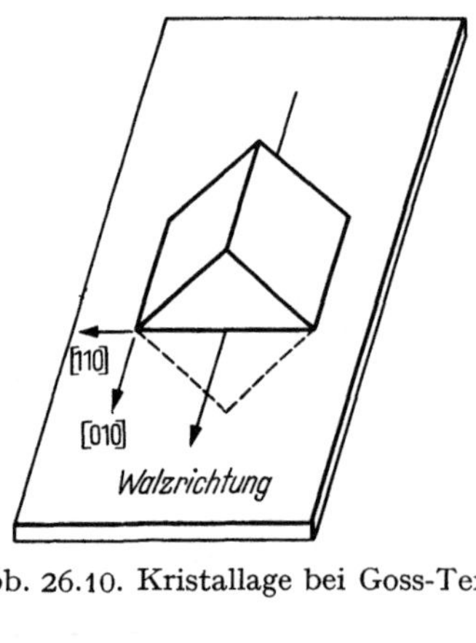

Abb. 26.10. Kristallage bei Goss-Textur

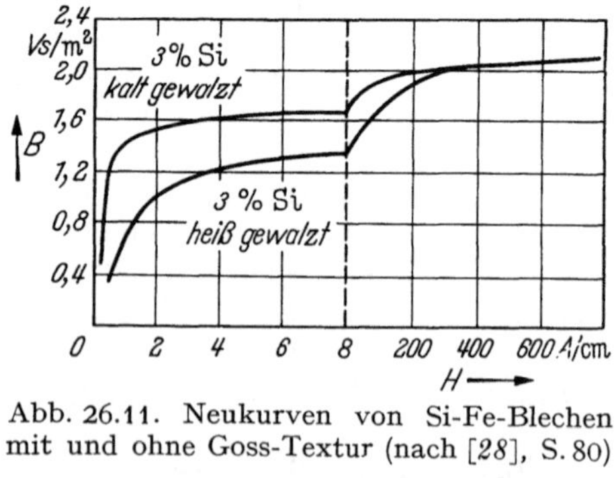

Abb. 26.11. Neukurven von Si-Fe-Blechen mit und ohne Goss-Textur (nach [28], S. 80)

bei etwa 1100 °C erreicht werden, daß die kubischen Eisenkristalle im Blech nicht mehr regellos orientiert sind, sondern mit je einer Würfelkante parallel zur Walzrichtung liegen. Das Blech zeigt dann die in Abb. 26.10 schematisch dargestellte, sog. Goss-Textur. Wenn diese Bleche so in einem Transformatorkern verarbeitet werden, daß möglichst überall die Walzrichtung parallel zur Richtung des magnetischen Feldes ist, so wird jedes Eisenkristall im Blech in einer magnetischen Vorzugsrichtung magnetisiert. Deshalb wird die Sättigungsmagnetisierung bei kleineren Feldstärken erreicht als in einem Blech ohne diese Textur (siehe Abb. 26.11). Auch die Hystereseverluste werden erheblich reduziert, wie aus Tabelle 26.III hervorgeht.

Tabelle 26.III. *Hystereseverluste V_{10} und V_{15} bei Induktionen von 1,0 bzw. 1,5 Vs/m^2 in Trafoblechen*

	V_{10}	V_{15}
	W/kg	W/kg
Warmgewalztes Si—Fe-Blech	1—2	3—6
Blech mit Goss-Textur	0,5	1,2

Für Werkstoffe mit höchsten Werten der Permeabilität müssen alle magnetischen Anisotropien besonders klein oder sogar Null sein. Nickel und Eisen haben kubische Kristallstruktur, aber nach Tabelle 26.I Kristallanisotropiekonstanten mit entgegengesetztem Vorzeichen. In der Reihe der Ni—Fe-Legierungen findet man für eine Zusammensetzung von Nickel und Eisen im Verhältnis etwa 2:1, daß die Kristallanisotropie Null ist (s. Abb. 26.12). Auch ist für eine hiervon nicht stark abweichende Zusammensetzung der Magnetostriktionskoeffizient gleich Null

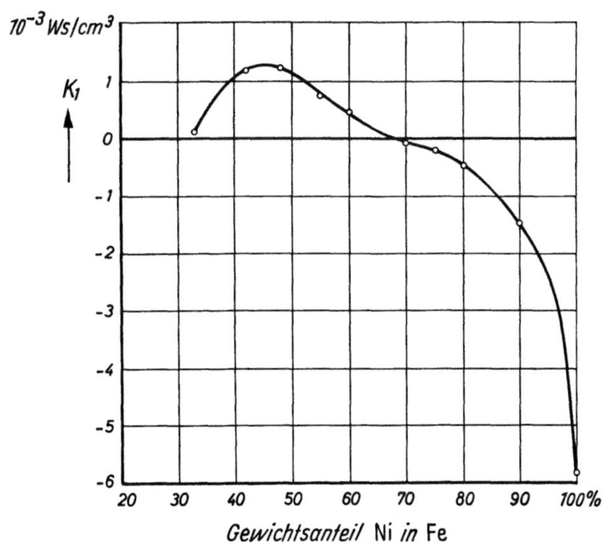

Abb. 26.12. Die Kristallanisotropiekonstante K_1 von Ni—Fe-Legierungen (nach [*28*], S. 590)

(s. Abb. 26.13). Ni—Fe-Legierungen mit etwa dieser Zusammensetzung können dann auch hohe Werte der Anfangspermeabilität erreichen (s. Abb. 26.14). Sie sind also sehr weichmagnetisch. Legierungen mit dieser Grundzusammensetzung sind unter dem Namen μ-Metall, Permalloy und Supermalloy bekannt und können Anfangspermeabilitäten von über 100000 besitzen. Weil die Zusammensetzungen meistens so gewählt sind, daß die Kristallanisotropie so klein wie möglich ist, haben die Legierungen eine nicht ganz verschwindende Magnetostriktion. Optimale Eigenschaften des Werkstoffs werden deshalb erst dann erreicht, wenn durch geeignete Glühbehandlung und anschließende vorsichtige Abkühlung die inneren

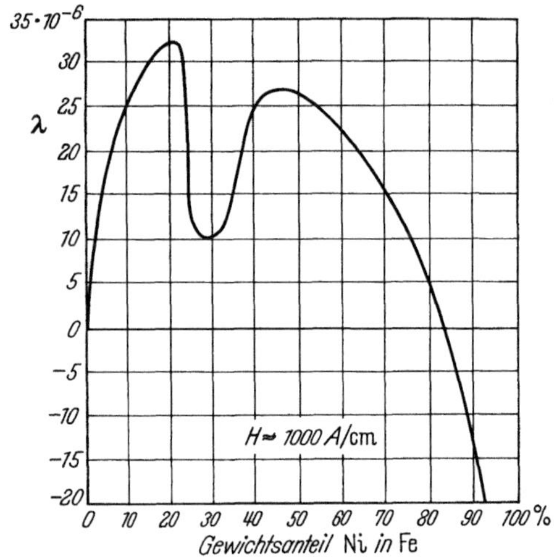

Abb. 26.13. Der Magnetostriktionskoeffizient λ von Ni—Fe-Legierungen bei $H \approx 1000$ A/cm (nach [*28*], S. 669)

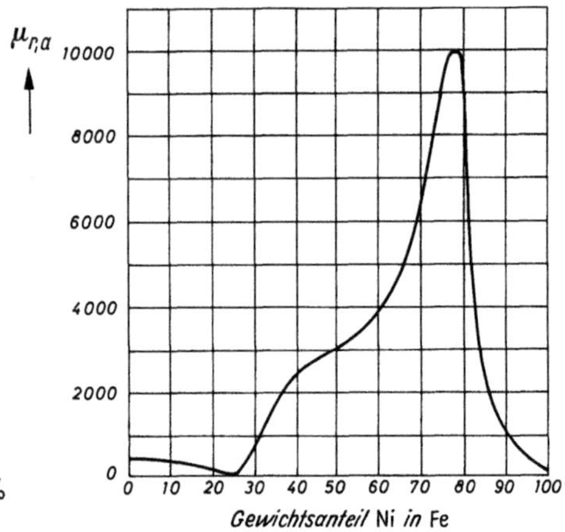

Abb. 26.14. Die Anfangspermeabilität $\mu_{r,a}$ von Ni—Fe-Legierungen (nach [*28*], S. 115)

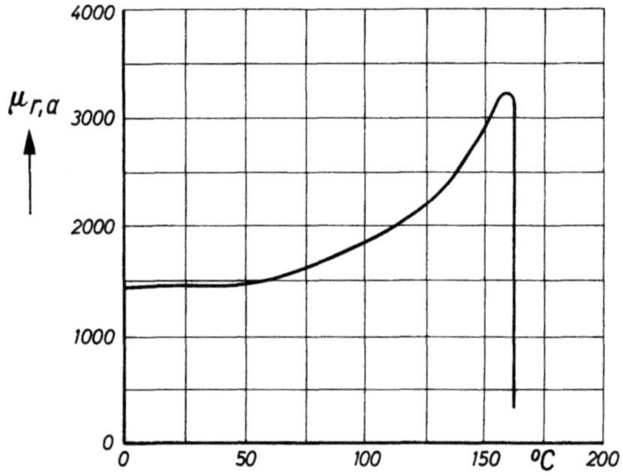

Abb. 26.15. Anfangspermeabilität $\mu_{r,a}$ eines Mn—Zn-Ferrites als Funktion der Temperatur [nach VALVO-Handbuch (1966)]

mechanischen Spannungen so klein wie möglich gehalten werden und damit sehr kleine Spannungsanisotropie auftritt. Die Spannungsanisotropie macht sich hier natürlich um so mehr bemerkbar, als die Kristallanisotropie klein ist.

Im allgemeinen ist die Permeabilität um so größer je höher die Sättigungsmagnetisierung und je kleiner die Anisotropieenergien sind. Da meist die Anisotropien schneller mit wachsender Temperatur abnehmen als die Sättigungsmagnetisierung, ist es qualitativ so, daß die Permeabilität im allgemeinen mit wachsender Temperatur größer wird, kurz vor Erreichen der Curie-Temperatur ein Maximum hat, dann aber schnell abfällt und etwa bei der Curie-Temperatur den Wert eins annimmt. Die in der Nachrichtentechnik verwendeten ferromagnetischen Werkstoffe haben bei Zimmertemperatur fast alle einen positiven Temperaturkoeffizienten der Anfangspermeabilität. In Abb. 26.15 ist als Beispiel die Temperaturabhängigkeit der Anfangspermeabilität eines Mangan-Zink-Ferrites dargestellt.

§ 27. Die Bloch-Wand

27.1. Beschreibung der Bloch-Wand

Die Bloch-Wand bildet den Übergang zwischen zwei Bereichen des ferromagnetischen Werkstoffs, in denen die spontane Magnetisierung unterschiedlich orientiert ist. Wie in § 26 erörtert, gibt es für die spontane Magnetisierung im Werkstoff bestimmte Vorzugsrichtungen. Aus energetischen Gründen ist

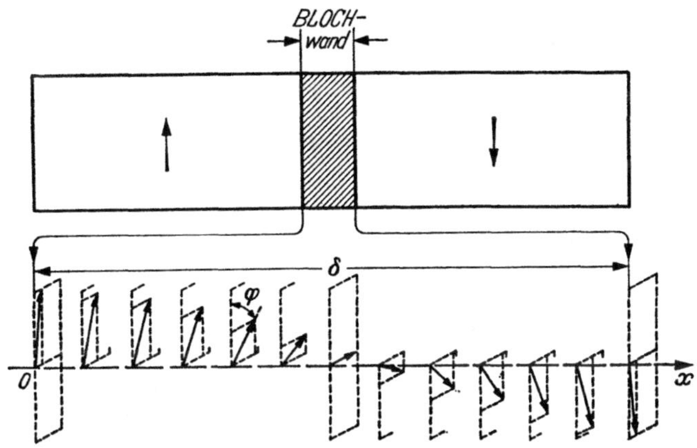

Abb. 27.1. Aufbau einer 180°-Bloch-Wand

jedoch nicht der ganze Kristall homogen in einer dieser Vorzugsrichtungen spontan magnetisiert, sondern in viele Bereiche aufgeteilt, in denen die Magnetisierung unterschiedlich orientierte Vorzugsrichtungen einnimmt. Der Einfachheit halber werden die folgenden Betrachtungen für einen hexagonalen Kristall durchgeführt, bei dem nur Bereiche mit einander entgegengerichteter Magnetisierung vorliegen, wie sie in Abb. 26.2 schematisch dargestellt sind. Die Austauschwechselwirkung (s. § 25), die die Parallelstellung benachbarter magnetischer Dipole herbeiführen möchte, läßt es nicht zu, daß in zwei aneinander grenzenden Weißschen Bereichen mit entgegengesetzter Magnetisierung zwei Dipole in Gitterabstand antiparallel zueinander stehen. Vielmehr wird sich die Umkehrung der spontanen Magnetisierung von einem Bereich zum nächsten über eine Reihe von Dipolen verteilen, wie in Abb. 27.1 dargestellt, so daß die Verdrehung von je zwei benachbarten Dipolen gegeneinander möglichst klein ist und damit wenig Energie kostet. Damit stehen aber alle diese Dipole im Übergangsgebiet zwischen zwei Bereichen nicht in einer magnetischen Vorzugsrichtung des Kristalls und das erfordert Kristallanisotropieenergie. Die Breite des Übergangsgebietes wird sich also so einstellen, daß die Summe aus Kristallanisotropieenergie und Austauschwechselwirkungsenergie ein Minimum wird. Zur Abschätzung der Dicke δ der Bereichswand sei angenommen, daß, wie in Abb. 27.1 dargestellt, zwischen der kristallographischen Vorzugsrichtung der Magnetisierung und einem Dipol mit dem Dipolmoment μ der Winkel φ auftritt. Außerdem sei der Atom- und damit der Dipolabstand a und die Dipoldrehung homogen über die Bereichswand verteilt, so daß der Winkel Θ zwischen je zwei

Elementardipolen konstant ist. Bei z.B. Kobalt beträgt die Gesamtdrehung zwischen dem ersten und dem letzten Elementardipol des Übergangsgebietes $\Phi_0 = 180°$ und der winkelabhängige Anteil der Kristallanisotropieenergiedichte ist nach (26.3) unter Vernachlässigung höherer Glieder durch $w_K = K_1 \sin^2 \varphi$ gegeben. Nimmt man an, daß die Verdrehung der Einzeldipole gegeneinander sehr klein ist und die Wand viele Atomabstände dick ist, so läßt sich die Kristallanisotropieenergie W_K in der Wand durch Integration der Kristallanisotropieenergiedichte w_K in der Wand berechnen:

$$W_K = \int_{x=0}^{\delta} K_1 (\sin^2 \varphi)\, A\, dx. \tag{27.1}$$

Dabei ist A die Wandfläche zwischen den betrachteten zwei Bereichen. Für homogene Drehung der Dipole über die Wanddicke gilt:

$$\frac{dx}{d\varphi} = \frac{\delta}{\Phi_0} = \frac{\delta}{\pi}. \tag{27.2}$$

Damit ergibt sich:

$$\left.\begin{aligned} W_K &= \int_0^{\varphi=\pi} K_1 (\sin^2 \varphi)\, A \frac{\delta}{\pi}\, d\varphi \\ &= \frac{1}{2} K_1 A \delta. \end{aligned}\right\} \tag{27.3}$$

Die gesamte Kristallanisotropieenergie der Wand ist also proportional zur Anisotropiekonstanten K_1 und zur Wandfläche A und steigt linear mit der Wanddicke δ, wie es in Abb. 27.2 qualitativ dargestellt ist.

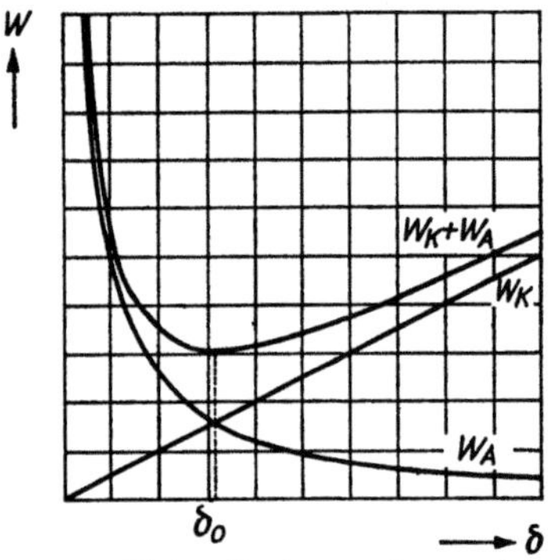

Abb. 27.2. Kristallanisotropieenergie W_K, Wechselwirkungsenergie W_A und Bloch-Wandenergie $W_K + W_A$ als Funktion der Bloch-Wanddicke δ

Die Austauschwechselwirkung zwischen einem Elementardipol und allen Dipolen in seiner Umgebung kann gemäß § 25.4 mit Hilfe des fiktiven Weißschen Feldes H_W beschrieben werden. Unter der Annahme, daß nur die nächsten Nachbarn des betrachteten Dipols die Größe dieses Feldes bestimmen, kann man die Wechselwirkungsenergie zwischen zwei Dipolen gemäß (24.34) angeben durch:

$$W_{\text{pot}} = \mu_0\, \mu\, H_W (1 - \cos \Theta). \tag{27.4}$$

Diese Gleichung gibt die potentielle Energie eines Dipols mit dem Dipolmoment μ in der Winkellage Θ im magnetischen Feld H_W an. Für kleine Winkel Θ gilt:

$$W_{\text{pot}} = \mu_0 \mu\, H_W \frac{\Theta^2}{2}. \tag{27.5}$$

Hieraus ergibt sich mit (25.15):

$$W_{\text{pot}} \approx \tfrac{1}{2} k T_C\, \Theta^2. \tag{27.6}$$

Unter der Voraussetzung homogener Dipoldrehung in der Wand ist der Winkel Θ zwischen Nachbardipolen konstant und durch $\frac{\Theta}{\pi} = \frac{a}{\delta}$ gegeben. Damit folgt aus (27.6):

$$W_{\text{pot}} \approx \tfrac{1}{2} k T_C \frac{\pi^2 a^2}{\delta^2}. \tag{27.7}$$

Da sich in der gesamten Wand $A\,\delta/a^3$ magnetische Elementardipole befinden, läßt sich die gesamte Austauschwechselwirkungsenergie W_A in der Wand berechnen:

$$W_A \approx \tfrac{1}{2} k T_C \frac{\pi^2 A}{a \delta}. \tag{27.8}$$

Diese Energie ist umgekehrt proportional der Wanddicke δ, wie in Abb. 27.2 qualitativ gezeigt. Berechnet man das Minimum der Gesamtenergie $W_K + W_A$, so erhält man die sich einstellende Wanddicke:

$$\delta_0 \approx \pi \sqrt{\frac{k\,T_C}{a\,K_1}}. \tag{27.9}$$

Wie in Abb. 27.2 dargestellt liegt das Minimum der Gesamtenergie und damit die Wanddicke δ_0 dann vor, wenn $W_K = W_A$ ist. Die zugehörige Bloch-Wandenergie W_W ist:

$$W_W = 2W_A = 2W_K = K_1\,\delta_0 A \tag{27.10}$$

und die spezifische Wandenergie γ_W, d.h. die minimale Gesamtenergie bezogen auf die Einheit der Wandfläche A, ist dann:

$$\gamma_W = K_1\,\delta_0. \tag{27.11}$$

Mit den Größen $T_C = 1404$ °K; $K_1 = 0{,}45$ Ws/cm³ und $a \approx 2{,}5$ Å wird nach (27.9) die Wanddicke für Kobalt 600 Å, d.h. etwa 250 Atomabstände betragen. Für die spezifische Wandenergie ergibt sich damit $\gamma_W \approx 10^{-6}$ Ws/cm².

Die in Abb. 27.1 schematisch dargestellte Dipolanordnung in der Bereichswand charakterisiert die sog. Bloch-Wand und zwar hier speziell für Kobalt eine 180°-Bloch-Wand. In einer Bloch-Wand sind die Elementardipole parallel zur Wandfläche orientiert, weil dann die geringste Streufeldenergie auftritt. Bei Eisen mit kubischer Kristallsymmetrie treten auch Bereichswände zwischen Weißschen Bezirken auf, in denen die Magnetisierungsrichtungen senkrecht zueinander stehen (s. Abb. 26.8a). Diese Bereichswände sind sog. 90°-Bloch-Wände; bei ihnen erfolgt die Verdrehung der Elementardipole in der Wand auch wieder so, daß die Komponente der Magnetisierung senkrecht zur Wand konstant ist und sich die Tangentialkomponenten in der Wandebene drehen.

27.2. Hysterese durch Bloch-Wandbewegungen

Bei schwachen Magnetfeldern können die Verschiebungen der Bereichswände allein die pauschale Magnetisierung eines ferromagnetischen Werkstoffs verursachen. In sehr reinen Einkristallen laufen die Wandverschiebungsprozesse bei verschwindend kleinen Feldstärken vollständig ab, d.h. es gibt schon bei schwächsten Magnetfeldern nur noch Bereiche mit günstigen Orientierungen der spontanen Magnetisierung (s. § 26). Die Wandbewegungen werden jedoch durch Inhomogenitäten im Kristallgitter, wie Poren, Verunreinigungen und Versetzungen, besonders aber durch den polykristallinen Aufbau des Werkstoffs behindert. Die Bloch-Wand besitzt eine z.B. beim Kobalteinkristall durch (27.11) gegebene Energie pro Wandflächeneinheit, die durch Störungen im Kristallgitter beeinflußt wird und dadurch je nach Lage der Wand im gestörten Kristallgitter einen unterschiedlichen Wert besitzt. Man kann das schematisch durch die in Abb. 27.3b dargestellte Potentialkurve für die Bloch-Wandenergie über einer Raumkoordinate andeuten. Anhand dieser schematischen Potentialkurve kann das Auftreten von Hystereseerscheinungen bei der Magnetisierung eines ferromagnetischen Werkstoffs durch Wandverschiebungen erläutert werden. Ohne äußeres Magnetfeld nehme die Wand die in Abb. 27.3b mit x_1 bezeichnete Lage im Werkstoff entsprechend dem mit A angedeuteten Potentialminimum ein und der Werkstoff sei pauschal unmagnetisch. Ein angelegtes Magnetfeld H vergrößert, wie in Abb. 27.3a dargestellt, den Weiß-Bezirk 1 auf Kosten des Bezirkes 2. Bereits für Magnetfelder ganz geringer Stärke werden die Elementardipole in der Wand etwas in Feldrichtung ausgerichtet, so daß links einige Elementardipole, die ursprünglich zur Wand gehörten, jetzt in Bereich 1 liegen, während zwangsläufig einige Elementardipole des rechten Bezirkes jetzt zur Wand gehören. Die meßbare Magnetisierung der Probe ist also proportional der räumlichen Verschiebung Δx der Wand. Ist die Feldstärke nur so groß, daß die Wandverschiebung nicht weiter als bis zur Lage x_2 erfolgt, so liegt eine sog. reversible Wandverschiebung vor, weil nach Abschalten des Feldes H die Wand in die Gleichgewichtslage im Potential-

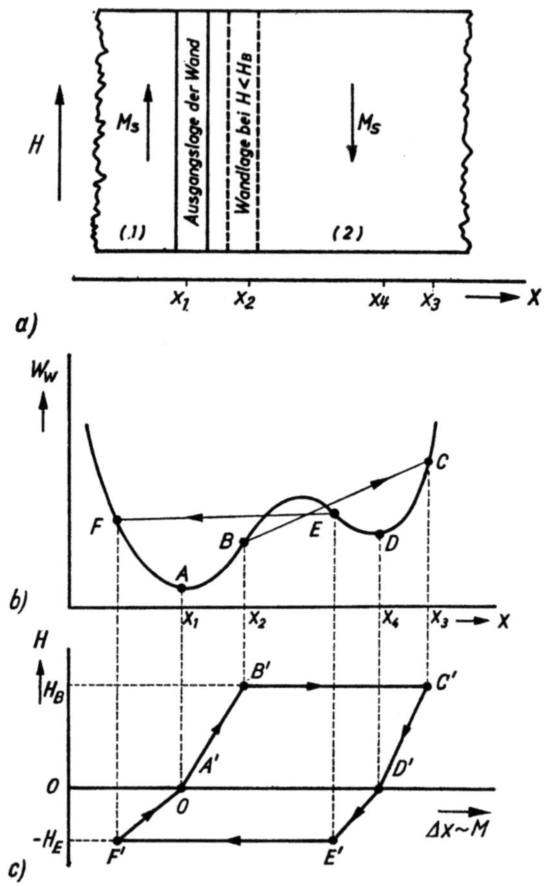

Abb. 27.3. a Zwei Weißsche Bezirke mit dazwischenliegender 180°-Bloch-Wand, b Abhängigkeit der Wandenergie W_W von der Wandlage x; c Magnetisierung M als Funktion der Feldstärke H

minimum A zurückkehrt. Bei x_2 liegt der Wendepunkt B der Potentialkurve vor, d.h. die rücktreibende Kraft dW/dx hat dort ihr Maximum. Erreicht die Bloch-Wand durch ein ausreichend starkes Feld die Lage x_2, so wirkt mit über x_2 hinausgehender Verschiebung der konstanten Feldkraft auf die Wand, die proportional zur Feldstärke H ist, eine kleiner werdende rücktreibende Kraft dW/dx entgegen und die Wand springt bis in die Lage x_3, wo die Potentialkurve im Punkte C eine größere Steigung als im Punkte B besitzt. Ein solcher Sprung der Wand wird Barkhausen-Sprung genannt. Die Wand hat nun eine irreversible Verschiebung erfahren, denn nach Abschalten des Feldes H kehrt die Bloch-Wand nicht in die Lage x_1 zurück, sondern nimmt die Lage x_4 ein, wo in D die Potentialkurve ein weiteres Minimum besitzt. Wird nun ein Feld entgegengesetzt zu der in Abb. 27.3a bezeichneten Richtung an den Werkstoff angelegt, so bewegt sich die Wand reversibel bis E, führt dann einen Barkhausen-Sprung, also wieder eine irreversible Verschiebung, bis F durch und kehrt nach Abschalten des Feldes in die Gleichgewichtslage x_1 im Potentialminimum A zurück. In Abb. 27.3c ist die zu dem beschriebenen Bewegungsablauf der Wand gehörende Kurve der Magnetisierung M des Werkstoffs als Funktion der Feldstärke H schematisch angegeben. Nach Ablauf des geschilderten Magnetisierungsvorganges ist der Ausgangsmagnetisierungszustand A' wieder erreicht. Der Zusammenhang zwischen der Magnetisierung M und der Feldstärke H ist durch eine Hystereseschleife gegeben, deren umschlossene Fläche ein Maß für die beim Magnetisierungsvorgang entstandene thermische Energie ist. In einem realen Werkstoff sind sehr viele Wände vorhanden, die alle in einem Magnetfeld reversible und irreversible Wandbewegungen durchführen. Es entstehen dann die bekannten Hystereseschleifen, wie sie z.B. in Abb. 23.2 für Eisen bei verschiedenen Magnetfeldaussteuerungen dargestellt sind. Bei einem periodisch verlaufenden Ummagnetisierungsvorgang ist die Größe der von der Hystereseschleife umschlossenen Fläche ein Maß für die Hystereseverluste des Werkstoffs.

27.3. Eindomänenteilchen

Die Entmagnetisierungsenergie eines homogen magnetisierten Körpers ist gemäß dem letzten Term in (24.25) proportional dem Volumen des Körpers, während Bloch-Wandenergie nach (27.10) proportional zur Gesamtfläche der Wände in einem Körper ist. Man kann also erwarten, daß es bei ausreichend kleinem Volumen eines Körpers energetisch günstiger ist, wenn sich keine Bloch-Wand mehr ausbildet. Der ferromagnetische Körper ist dann ein Eindomänenteilchen, also ein Teilchen, das aus einem einzigen Weißschen Bezirk besteht.

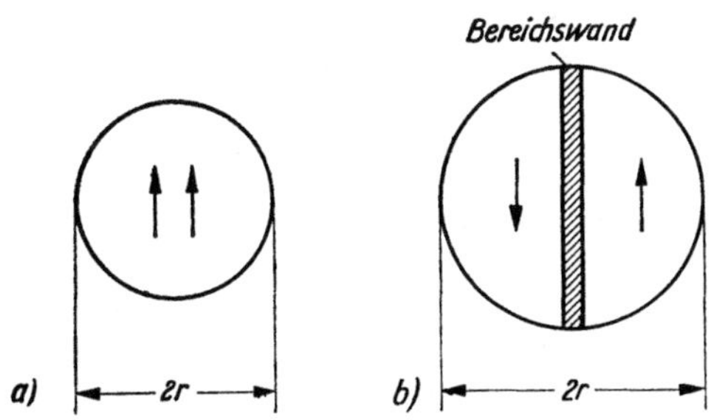

Abb. 27.4a u. b. Kobalteinkristallkugel mit einem Radius r von a $r < r_{\text{krit}}$ und b $r > r_{\text{krit}}$

Mit vereinfachenden Annahmen läßt sich die kritische Größe für ein Eindomänenteilchen abschätzen. Es sei eine kleine Kugel aus Kobalt angenommen, die einen Durchmesser $2r$ besitzt und keine Bloch-Wand enthält (s. Abb. 27.4a). Mit (24.26) ergibt sich die Entmagnetisierungsenergie einer homogen magnetisierten Kugel mit dem Volumen $V = \frac{4}{3}\pi r^3$:

$$W_N = w_N \tfrac{4}{3}\pi r^3 = \tfrac{2}{9}\pi \mu_0 M_s^2 r^3. \tag{27.12}$$

Wenn die Kugel in zwei gleichgroße Bereiche entgegengesetzter Magnetisierung aufgeteilt ist (s. Abb. 27.4), dann ist die Entmagnetisierungsenergie kleiner und es sei angenommen, sie sei halb so groß wie in (27.12). Zu der magnetischen Gesamtenergie kommt jetzt aber noch die Bloch-Wandenergie hinzu. Für Kobalt ist sie durch (27.10) gegeben und hat hier die Größe:

$$W_W = K_1 \delta_0 \pi r^2. \tag{27.13}$$

Die Gesamtenergie der Kugel mit zwei Weißschen Bezirken ist dann:

$$W = K_1\,\delta_0\,\pi\,r^2 + \tfrac{1}{9}\,\pi\,\mu_0\,M_s^2\,r^3. \tag{27.14}$$

Für einen genügend kleinen Kugelradius r wird (27.14) größer als (27.12); deshalb läßt sich aus der Gleichheit der beiden Energien der kritische Kugelradius r_{krit} für Eindomänenteilchen berechnen:

$$\tfrac{2}{9}\,\pi\,\mu_0\,M_s^2\,r_{\text{krit}}^3 = K_1\,\delta_0\,\pi\,r_{\text{krit}}^2 + \tfrac{1}{9}\,\pi\,\mu_0\,M_s^2\,r_{\text{krit}}^3. \tag{27.15}$$

Es ergibt sich:

$$r_{\text{krit}} = \frac{9\,K_1\,\delta_0}{\mu_0\,M_s^2}. \tag{27.16}$$

Mit den schon in § 27.1 benutzten Materialwerten von Kobalt ($K_1 = 0{,}45$ Ws/cm³; $M_s = 14500$ A/cm) und der dort berechneten Bloch-Wanddicke $\delta_0 \approx 600$ Å ermittelt man $r_{\text{krit}} \approx 900$ Å. Der kritische Durchmesser liegt hier praktisch in der Größenordnung der Dicke der Bloch-Wand selbst.

§ 28. Magnetische Werkstoffe in magnetischen Wechselfeldern

28.1. Ersatzschaltbild einer verlustbehafteten Spule

Bei einer idealen Spule sind Spulenspannung und Spulenstrom zeitlich um $\pi/2$ phasenverschoben, d.h. der Scheinwiderstand ist rein imaginär und gegeben durch:

$$Z = j\,\omega\,L_{\text{ideal}} = j\,\omega\,\mu_r\,L_{\text{Vakuum}}, \tag{28.1}$$

wobei ω die Kreisfrequenz des harmonischen Wechselstromes ist. Die Induktivität L_{ideal} ist um die Permeabilität μ_r des Kernes größer als die Induktivität L_{Vakuum} der Spule ohne Kern, die sich z.B. bei einer langen Zylinderspule mit der Querschnittsfläche A, der Länge l und der Windungszahl N berechnet zu:

$$L_{\text{Vakuum}} = \mu_0\,\frac{N^2 A}{l}. \tag{28.2}$$

Wenn die Wicklungsverluste nicht berücksichtigt werden, läßt sich der Scheinwiderstand einer realen Spule mit Kernverlusten dadurch beschreiben, daß man die Werkstoffpermeabilität als eine komplexe Größe auffaßt und damit den von $\pi/2$ abweichenden Phasenwinkel zwischen Spulenspannung und Spulenstrom berücksichtigt. Der komplexe Scheinwiderstand Z der realen Spule, für die das Ersatzschaltbild Abb. 24.1 benutzt wird, ist dann:

$$Z = R + j\omega L = j\omega\,\bar{\mu}_r\,L_{\text{Vakuum}}. \tag{28.3}$$

Setzt man:

$$\bar{\mu}_r = \mu_r' - j\,\mu_r'', \tag{28.4}$$

dann lassen sich für die Zylinderspule Wirk- und Blindwiderstand angeben:

$$\begin{aligned} R &= \mu_0\,\mu_r''\,\omega\,\frac{N^2 A}{l}, \\ \omega L &= \mu_0\,\mu_r'\,\omega\,\frac{N^2 A}{l}. \end{aligned} \tag{28.5}$$

Der Blindwiderstand ist also proportional zum Realteil der komplexen Permeabilität und der Wirkwiderstand und damit auch die Kernverluste sind proportional zum Imaginärteil der komplexen Permeabilität. Der Verlustfaktor der Spule ist:

$$\tan\delta = \frac{R}{\omega L} = \frac{\mu_r''}{\mu_r'}, \tag{28.6}$$

oder ihre Güte:

$$Q = \frac{1}{\tan\delta} = \frac{\mu_r'}{\mu_r''}. \tag{28.7}$$

Die gesamten Kernverluste berechnen sich mit $H = \frac{NI}{l}$ und $V_{\mathrm{Kern}} = A\,l$ aus (28.5) zu:

$$W = RI^2 = \mu_0\,\mu_r''\,\omega H^2 V_{\mathrm{Kern}}. \tag{28.8}$$

Sie sind also proportional zur Frequenz ω, zum Imaginärteil μ_r'' der komplexen Permeabilität, zum Quadrat der Feldstärke H und zum Kernvolumen V_{Kern}.

Zwischen Spulenspannung U und Spulenstrom I besteht der Zusammenhang:

$$U = ZI = RI + j\,\omega LI, \tag{28.9}$$

d.h. die Spannung $U_R = RI$ ist in Phase mit dem Spulenstrom und die Spannung $U_L = j\omega LI$ ist um $\pi/2$ gegenüber dem Strom phasenverschoben. Das Zeigerdiagramm in Abb. 28.1a gibt diese Verhältnisse an. Die Spulenspannung U ist also gegenüber dem Spulenstrom I nur um den Winkel $(\pi/2) - \delta$ phasenverschoben. Da die Spannung U proportional zur zeitlichen Änderung der Induktion B im Kernwerkstoff ist und der Spulenstrom proportional zur Feldstärke H, läßt sich in einem Zeigerdiagramm nach Abb. 28.1b auch der Zusammenhang zwischen H und B in einem verlustbehafteten Kernwerkstoff angeben. Im Gegensatz zum verlustlosen Kern sind magnetisches Feld und Induktion nicht mehr in Phase, sondern die Induktion eilt dem Feld um den Verlustwinkel δ nach.

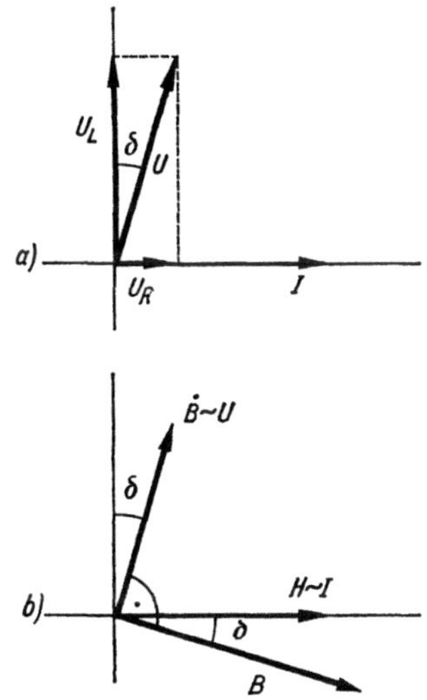

Abb. 28.1. a Zeigerdiagramm für Strom I und Spannung U einer verlustbehafteten Spule. b Zeigerdiagramm für Magnetfeldstärke H und Induktion B in einem verlustbehafteten Spulenkern

28.2. Ursachen für Wechselstromverluste in ferromagnetischen Werkstoffen

Wirbelstromverluste

Ein magnetisches Wechselfeld ruft im Kernwerkstoff einen magnetischen Wechselfluß Φ hervor, der nach dem Induktionsgesetz Spannungen in der Wicklung und im Kernwerkstoff induziert. Je nach der elektrischen Leitfähigkeit entstehen dadurch unterschiedlich starke Ströme im Kernwerkstoff, die nach der Kreisform der Strombahnen Wirbelströme genannt werden. Das von den Wirbelströmen verursachte Magnetfeld verkleinert das primäre, vom Wicklungsstrom erzeugte Magnetfeld. Da der umfaßte magnetische Fluß für den Oberflächenstrom am größten ist, nimmt die Schwächung des Primärfeldes im Kern von außen nach innen zu. Die Verkleinerung des Primärfeldes wird außerdem um so stärker, je größer die Frequenz ist. Das Innere des Kerns ist bei genügend hohen Frequenzen feldfrei und es fließt nur noch an der Kernoberfläche ein starker Wirbelstrom (Skineffekt). Mit steigender Frequenz nimmt also die Induktivität der Spule mit Kern ab, weil der effektive Kernquerschnitt durch die Feldverdrängung kleiner wird. Meistens beschreibt man diesen Vorgang durch eine mittlere Permeabilität des Werkstoffs, welche dann von der Frequenz und von Kernquerschnitt abhängig ist. Auch im Bereich relativ niedriger Frequenzen, wo noch kein Skineffekt spürbar ist, treten bereits Wirbelströme auf, welche Ohmsche Verluste im Kern verursachen. Damit ist auch der Imaginärteil μ_r'' der Werkstoffpermeabilität, der ja ein Maß für die Verluste ist, frequenzabhängig. Um die Wirbelstromverluste klein zu halten, teilt man den Spulenkern so in elektrisch isolierte Einzelteile auf, daß

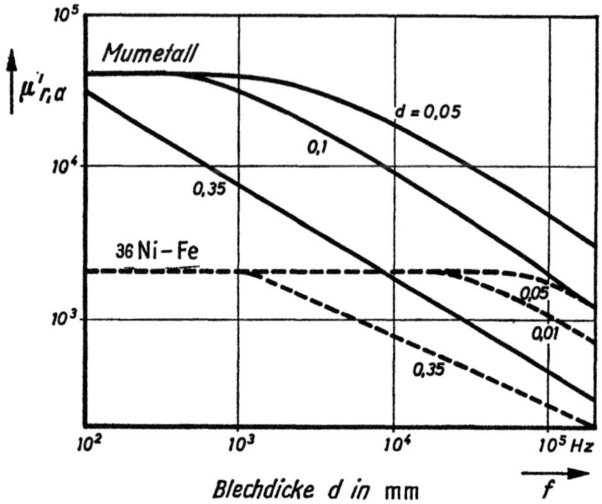

Abb. 28.2. Frequenzabhängigkeit des Realteils $\mu'_{r,a}$ der Anfangspermeabilität von Ni—Fe-Blechen. Parameter ist die Blechdicke d [nach BOLL, R.: Diss. TH Stuttgart (1959)]

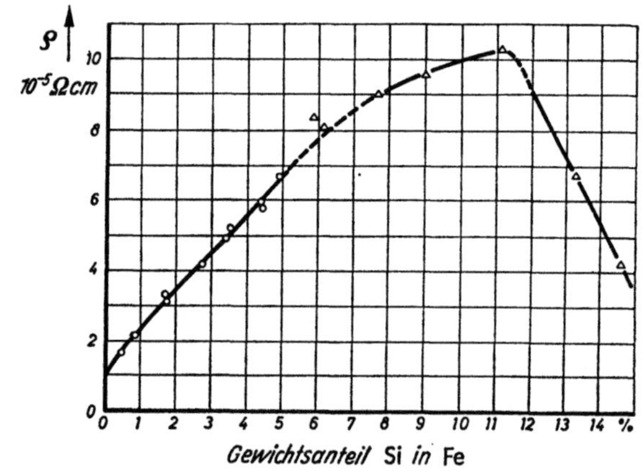

Abb. 28.3. Spezifischer Widerstand ϱ von Fe—Si-Legierungen (nach [*28*], S. 76)

nur Wirbelstrombahnen für einen geringen Teil des gesamten Magnetflusses vorliegen, sodaß entsprechend schwache Wirbelströme fließen. Deshalb werden beispielsweise Trafokerne aus dünnen isolierten Blechen geschichtet. Abb. 28.2 zeigt die Frequenzabhängigkeit des Realteils der Anfangspermeabilität $\mu'_{r,a}$ von Nickel-Eisen-Blechen mit der Blechdicke d als Parameter. Eine weitere Möglichkeit zur Unterdrückung der Wirbelströme ist, den spezifischen elektrischen Widerstand des Kernmaterials zu erhöhen, wie es sich z.B. bei Eisen durch Legieren mit einigen Prozenten Silizium erreichen läßt. In Abb. 28.3 ist der spezifische Widerstand ϱ von Silizium-Eisen-Legierungen in Abhängigkeit vom Siliziumgehalt des Eisens dargestellt. In der Praxis geht man allerdings nicht über 5%

Silizium hinaus, da sonst die mechanischen Eigenschaften der Bleche zu schlecht werden. Bei den keramischen Magnetwerkstoffen, die meistens Isolatoren sind, spielen die Wirbelströme keine Rolle. Aus ihnen dürfen deshalb auch für Anwendungen bis zu hohen Frequenzen massive Kernformen hergestellt werden.

Nach [*30*] gilt bei tiefen Frequenzen für den durch Wirbelströme verursachten Verlustfaktor:

$$\tan\delta_W = \frac{R}{\omega L} = \frac{1}{12}\,\mu_0\,\mu_{r,a}\,\sigma\,\omega\,d^2. \qquad (28.10)$$

Dabei sind hier $\mu_{r,a}$ die Anfangspermeabilität bei Niederfrequenz und σ die spezifische Leitfähigkeit des Kernwerkstoffes. Man erkennt aus (28.10), daß für einen möglichst kleinen Verlustwinkel die Blechdicke dünn gewählt werden muß, und die Leitfähigkeit des Werkstoffs niedrig sein sollte. Außerdem ist der Verlustfaktor auch von der Größe der Anfangspermeabilität bei tiefen Frequenzen abhängig. Bei hochpermeablen Werkstoffen ist der Einfluß der Wirbelströme stärker als bei niederpermeablen.

Hystereseverluste

Die in allen ferromagnetischen Werkstoffen auftretenden irreversiblen Magnetisierungsprozesse sind die Ursache für die in § 24.3.1 behandelten Hystereseverluste. Bei periodischer Ummagnetisierung mit der Frequenz f ist die Hystereseverlustleistung pro Volumeneinheit gegeben durch:

$$w_H = f \oint H\,dB, \qquad (28.11)$$

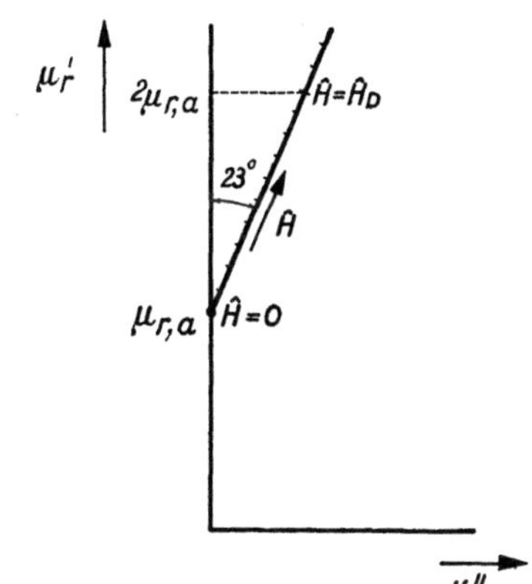

Abb. 28.4. Einfluß der Hysterese auf die komplexe Permeabilität

d.h. sie wachsen linear mit der Frequenz des Wechselfeldes an. Auch im Falle der Hystereseverluste lassen sich die Kernwerkstoffeigenschaften durch eine komplexe Werkstoffpermeabilität angeben. Allerdings ergeben sich hier durch den nichtlinearen Zusammenhang zwischen magnetischer Feldstärke und Induktion Rechenkomplikationen. Es läßt sich, wie in [*30*] ausführlich gezeigt wird, für genügend kleine Magnetfeldaussteuerungen die Hystereseschleife aus zwei Parabelästen zusammensetzen. Der Feldstärkebereich, in dem die Koeffizienten in den analytischen Ausdrücken dieser Parabeln unabhängig von der Aussteuerung sind, wird Rayleigh-Bereich des Werkstoffs genannt. Für z.B. reines Eisen ist das bei Magnetisierungen bis zu etwa 1% von der Sättigungsmagnetisierung der Fall. Man erhält dann aus Berechnungen die in Abb. 28.4 dargestellte Ortskurve für Real- und Imaginärteil der komplexen Permeabilität, wenn das Spulenersatzschaltbild Abb. 24.1 benutzt wird. Der Realteil μ_r' der Permeabilität wächst linear mit der Magnetfeldamplitude $\hat{H}$ und würde bei der sog. Verdoppelungsfeldstärke $\hat{H}_D$ den doppelten Wert der Anfangspermeabilität $\mu_{r,a}$ erreichen. Der Imaginärteil μ_r'' wächst ebenfalls linear mit der Aussteuerung. Es ergibt sich nach [*30*] für die komplexe Permeabilität:

$$\bar{\mu}_r = \mu_r' - j\,\mu_r'' = \mu_{r,a}\left(1 + \frac{\hat{H}}{\hat{H}_D}\right) - j\,\mu_{r,a}\cdot 0{,}43\,\frac{\hat{H}}{\hat{H}_D}. \qquad (28.12)$$

Nach (28.6) ist der durch Hysterese verursachte Verlustfaktor:

$$\tan\delta_H = \frac{\mu_r''}{\mu_r'} = \frac{0{,}43\,\hat{H}}{\hat{H}_D + \hat{H}}. \qquad (28.13)$$

Der Verlustfaktor wächst mit der Aussteuerungsfeldstärke $\hat{H}$. Nach (28.5) ist die Induktivität L in einem Werkstoff mit ausschließlich Hystereseverlusten bei konstanter, kleiner Magnetfeldaussteuerung unabhängig von der Frequenz, während der Verlustwiderstand R und damit auch die Hystereseverluste, wie auch schon in (28.11) zum Ausdruck kommt, mit der Frequenz linear ansteigen. Je weiter der Rayleigh-Bereich bei Aussteuerungen überschritten wird, desto mehr treten Oberschwingungen der Induktion auf. Die Werkstoffeigenschaften können dann nicht mehr analytisch, sondern nur noch durch Angabe der Hystereseschleifen beschrieben werden. Da der Klirrfaktor der Spulenspannung mit wachsender Magnetfeldaussteuerungen steigt, läßt man in der Nachrichtentechnik im allgemeinen nur sehr kleine Spulenströme zu.

Restverluste

Die Anteile der Gesamtkernverluste, die nach Abzug der Wirbelstrom- und Hystereseverluste übrig bleiben, werden allgemein als Restverluste bezeichnet. Sie können die verschiedensten Ursachen haben. Der Verlustfaktor $\tan\delta_R$, der von den Restverlusten herrührt, ist also:

$$\tan\delta_R = \tan\delta_{\text{ges}} - \tan\delta_W - \tan\delta_H. \tag{28.14}$$

Die Frequenzabhängigkeit von $\tan\delta_R$ kann Aufschluß über die jeweiligen Ursachen dieser Verluste geben. Bei Silizium-Eisen- oder Nickel-Eisen-Blechen werden Restverluste durch die Anwesenheit von Kohlenstoff- oder Stickstoff-

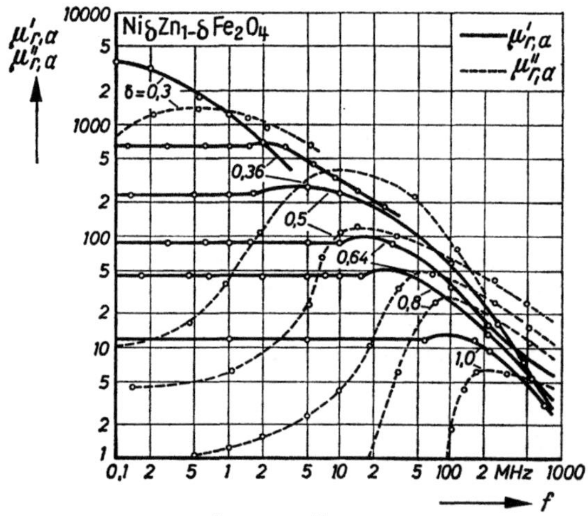

Abb. 28.5. Frequenzabhängigkeit von $\mu'_{r,a}$ und $\mu''_{r,a}$ bei polykristallinen Nickel—Zink-Ferriten (nach [25], S. 306)

atomen auf Zwischengitterplätzen verursacht. Für diese Fremdatome gibt es je nach Magnetisierungsrichtung des Werkstoffs unterschiedliche Vorzugsstellen im Gitter. Die magnetische Permeabilität zeigt dann ein Relaxationsverhalten, ähnlich wie das in § 11.1 für die Dielektrizitätszahl beschrieben ist. Wenn die Sprungzeit τ_{sp} eines solchen Fremdatoms von einer Zwischengitterstelle in eine andere vergleichbar ist mit dem Reziprokwert der Frequenz f des angelegten Wechselfeldes, dann verursacht der Sprungvorgang maximale Verluste. Für Frequenzen, die wesentlich niedriger sind als der Reziprokwert der Sprungzeit folgt das Fremdatom dem Wechselfeld in Phase und es treten keine Verluste auf. Für $f \gg 1/\tau_{sp}$ gibt es ebenfalls keine Verluste, weil dem Fremdatom nicht mehr genügend Zeit für einen Platzwechsel zur Verfügung steht. Wenn Ferrite auf identischen Gitterplätzen Ionen des gleichen Elements mit verschiedener Wertigkeit besitzen, z.B. Fe^{2+} und Fe^{3+} auf Oktaederplätzen, dann entstehen Restverluste durch Elektronenplatzwechsel. Die Restverluste beschränken bei kleinen Amplituden die im Niederfrequenzgebiet erreichbare Güte einer Ferritkernspule. Bei allen Ferriten ist die Anwendung bei hohen Frequenzen beschränkt durch das Auftreten der in § 28.3 zu behandelnden ferromagnetischen Resonanz. In Abb. 28.5 sind die Frequenzabhängigkeit des Real- und des Imaginärteils der komplexen Anfangspermeabilität von polykristallinen Nickel-Zink-Ferriten verschieden großer Niederfrequenzanfangspermeabilität aufgetragen. Je größer die Niederfrequenzanfangspermeabilität des Ferrits, desto niedriger liegt die Frequenz, bei der der Verlustfaktor $\tan\delta = \mu''_{r,a}/\mu'_{r,a}$ durch das starke Ansteigen des Imaginärteils $\mu''_{r,a}$ hohe Werte annimmt. Der Frequenzgang der komplexen Permeabilität zeigt den Charakter einer stark gedämpften Resonanz, für die Formeln ähnlich wie in § 11.2 abgeleitet werden können.

28.3. Ferromagnetische Resonanz

Ein magnetischer Dipol mit dem Dipolmoment $\vec{\mu}$ erfährt in einem magnetischen Gleichfeld $\vec{H}$ ein Drehmoment $\vec{T}$, das durch (24.32) gegeben ist. Rührt das magnetische Moment von der Eigendrehung eines Elektrons her, so ist nach § 25.1 der Zusammenhang mit dem mechanischen Drehimpuls $\vec{j}_{\text{Spin}}$:

$$\vec{\mu}_{\text{Spin}} = -\gamma_{\text{Spin}}\,\vec{j}_{\text{Spin}}. \tag{28.15}$$

Da außerdem definitionsgemäß gilt:

$$\vec{T} = \frac{d\vec{j}}{dt}, \tag{28.16}$$

ergibt sich aus (24.32), (28.15) und (28.16) die Differentialgleichung:

$$-\frac{1}{\gamma_{\text{Spin}}}\,\frac{d\vec{\mu}_{\text{Spin}}}{dt} = \mu_0\,\vec{\mu}_{\text{Spin}} \times \vec{H}. \tag{28.17}$$

Die Änderung des magnetischen Dipolmomentes durch Magnetfeldeinfluß erfolgt stets senkrecht zu der von $\vec{\mu}_{\text{Spin}}$ und $\vec{H}$ aufgespannten Fläche. Der magnetische Dipol präzediert also um die Richtung des magnetischen Feldes $\vec{H}$. Aus der Lösung der Differentialgleichung (28.17) ergibt sich für die Präzessionskreisfrequenz:

$$\omega_L = \mu_0\,\gamma_{\text{Spin}} H, \tag{28.18}$$

oder für die Präzessionsfrequenz:

$$f_L = \frac{\mu_0}{2\pi}\gamma_{\text{Spin}} H = 3{,}51\,\frac{\text{MHz}}{\text{A/cm}}\,H. \tag{28.19}$$

Sie ist nur eine Funktion des magnetomechanischen Verhältnisses γ_{Spin} und der Stärke H des Magnetfeldes und wird Larmor-Frequenz genannt. Wie in Abb. 28.6a dargestellt, beschreibt die Spitze des Dipolmomentvektors $\vec{\mu}_{\text{Spin}}$ bei reibungsfreier Bewegung einen Kreis um die H-Achse, der mit der Kreisfrequenz ω_L durchlaufen wird. Da die Spindrehung im Werkstoff nicht frei ist, ist die Präzessionsbewegung gedämpft und die Spitze des Vektors $\vec{\mu}_{\text{Spin}}$ beschreibt eine Spirale mit immer kleiner werdendem Winkel Θ zwischen $\vec{\mu}_{\text{Spin}}$ und $\vec{H}$ (s. Abb. 28.6b). Die Kreisfrequenz ist wieder ω_L. Jeder magnetische Dipol $\vec{\mu}$, der durch eine äußere Kraft in eine Winkellage zur Richtung eines Magnetfeldes gebracht wird, kehrt beim Verschwinden der äußeren Kraft mit einer gedämpften Kreiselbewegung in die Feldrichtung zurück. Der statische Zustand ist nach einiger Zeit stets durch $\vec{\mu} \| \vec{H}$ gegeben.

Wenn in einem Volumenelement eines Werkstoffs alle magnetischen Elementardipolmomente parallel ausgerichtet sind, dann läßt sich mit (24.35) für (28.17) auch schreiben:

$$\frac{d\vec{M}}{dt} = -\mu_0 \gamma \vec{M} \times \vec{H}. \tag{28.20}$$

Das magnetomechanische Verhältnis γ für den Werkstoff kann von γ_{Spin} abweichen, wenn neben den Spinmomenten auch noch die Bahnmomente der

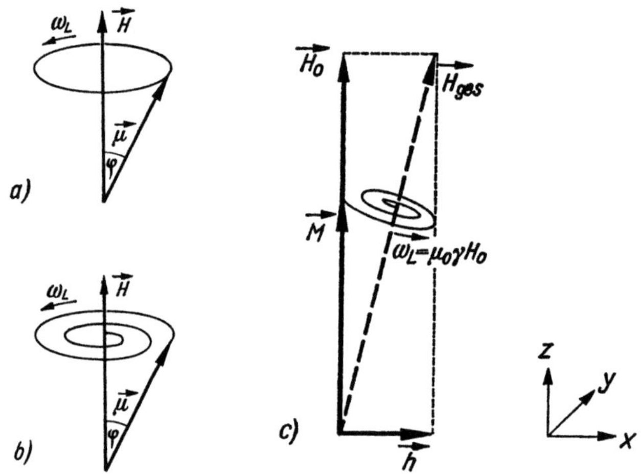

Abb. 28.6a—c. Einfluß von Magnetfeldern auf die Bewegungen eines magnetischen Dipols $\vec{\mu}$. a Bei reibungsfreier Bewegung des Dipols; b bei reibungsbehafteter Bewegung des Dipols; c Dipol wird durch ein Magnetfeld $\vec{h}$ senkrecht zu $\vec{H}_0$ aus der Ruhelage (z-Richtung) ausgelenkt

Elektronen einen Beitrag zur Magnetisierung leisten. Bei jeder Feldrichtungsänderung erfolgt die Ausrichtung der Magnetisierung in die neue Richtung durch eine gedämpfte Präzessionsbewegung. Wird die Feldrichtungsänderung, wie in Abb. 28.6c dargestellt, durch Einschalten eines kleinen magnetischen Feldes $\vec{h}$ senkrecht zum großen magnetischen Feld $\vec{H}_0$ bewirkt, so präzediert der Magnetisierungsvektor $\vec{M}$ in die resultierende Feldrichtung $\vec{H}_{\text{ges}}$ mit einer Frequenz, die bei $h \ll H_0$ von der Größe von H_0 bestimmt ist. Wenn das senkrecht zu $\vec{H}_0$ angelegte kleine Magnetfeld $\vec{h}$ ein magnetisches Wechselfeld $\vec{h} = \vec{h}_0 e^{j\omega t}$ ist, so ändert sich auch die Magnetisierung harmonisch und aus (28.20) wird dann:

$$j\omega \vec{M} = -\mu_0 \gamma \vec{M} \times (\vec{H}_0 + \vec{h}). \tag{28.21}$$

Wählt man die z-Achse eines Koordinatensystems in Richtung des Gleichfeldes H_0 und die x-Achse senkrecht dazu in Richtung des kleinen Wechselfeldes, so ergibt sich aus (28.21):

$$\begin{aligned} &(1) \quad j\omega M_x = -\mu_0 \gamma M_y H_0 \\ &(2) \quad j\omega M_y = -\mu_0 \gamma M_z h_x + \mu_0 \gamma M_x H_0 \\ &(3) \quad j\omega M_z = \mu_0 \gamma M_y h_x. \end{aligned} \tag{28.22}$$

Berücksichtigt man, daß wegen $h \ll H_0$ die Änderung der Magnetisierung in z-Richtung vernachlässigbar ist, also $j\omega M_z \approx 0$ gilt, so berechnet sich aus den ersten beiden Gleichungen in (28.22) für die magnetische Suszeptibilität $\chi_{m,x}$ des Werkstoffs in Richtung des angelegten Wechselfeldes:

$$\chi_{m,x} = \frac{M_x}{h_x} = \frac{M_s}{H_0 - \dfrac{\omega^2}{\mu_0^2 \gamma^2 H_0}}. \tag{28.23}$$

Danach wird die Suszeptibilität unendlich groß für $\omega = \omega_{\text{res}} = \mu_0 \gamma H_0$, d.h. der Magnetisierungsvorgang zeigt dann eine Resonanzerscheinung, wenn die Frequenz des angelegten kleinen Wechselfeldes gerade der Präzessionsfrequenz des Magnetisierungsvektors im (starken) Gleichfeld H_0 entspricht. Das Auftreten dieser ferromagnetischen Resonanz läßt sich anschaulich verstehen, wenn man sich das kleine Wechselfeld in x-Richtung aus zwei gegenläufigen Drehfeldern in der x—y-Ebene zusammengesetzt denkt. Der etwas aus der Richtung von $\vec{H}_0$ ausgelenkte Magnetisierungsvektor $\vec{M}$ befindet sich dann bei der Präzession mit dem mitlaufenden Drehfeld der Kreisfrequenz $\omega = \omega_{\text{res}}$ in Phase und seine Präzessionsbewegung wird sich sehr stark „aufschaukeln".

In ferromagnetischen Werkstoffen können sehr große innere magnetische Feldstärken auftreten. Es sind das z.B. die in § 26.1 behandelten Anisotropiefelder, die die Magnetisierung in bestimmten Vorzugsrichtungen im Kristall festhalten. Nach (26.8) gilt z.B. für die Suszeptibilität bei einachsiger Kristallanisotropie und Magnetisierung des Werkstoffs senkrecht zur Vorzugsrichtung:

$$\chi_m = \chi_{m,a} = \mu_{r,a}(0) - 1 = \frac{M_s}{H^A}.$$

Die Stärke des Anisotropiefeldes H^A bestimmt also die Niederfrequenzanfangspermeabilität $\mu_{r,a}(0)$. Für die ferromagnetische Resonanzkreisfrequenz gilt dann gemäß (28.18):

$$\omega_{\text{res}} = \mu_0 \gamma H^A = \frac{\mu_0 \gamma M_s}{\mu_{r,a}(0) - 1}. \tag{28.24}$$

Sie ist proportional der Sättigungsmagnetisierung und umgekehrt proportional der Niederfrequenzanfangssuszeptibilität des Werkstoffs. Da bei Ferriten die in Abb. 28.5 gezeigte Frequenzabhängigkeit des Real- und Imaginärteils der komplexen Permeabilität gefunden wurde, liegt es nahe, den leichten Anstieg des Realteils $\mu'_{r,a}$ vor dem Abfall bei hohen Frequenzen und das Maximum des Imaginärteils $\mu''_{r,a}$ bei hohen Frequenzen auf ferromagnetische Resonanz im Werkstoff zurückzuführen. Im Resonanzfall steigt ja nach (28.23) die Permeabilität an und gleichzeitig findet eine starke Energieabsorption (Verluste) durch den Präzessionsmechanismus statt. Aus Abb. 28.5 kann man entnehmen, daß bei gleichartigen Ferriten tatsächlich die für $\mu_{r,a} \gg 1$ in (28.24) gefundene reziproke Proportionalität zwischen der mittleren Resonanzfrequenz, die durch das Maximum von $\mu''_{r,a}$ gegeben ist, und der Größe der Niederfrequenzanfangspermeabilität $\mu_{r,a}(0)$ vorliegt. Es gilt also ganz allgemein bei gleichartigen Ferriten:

$$\omega_{\text{res}} \sim \frac{1}{\mu_{r,a}(0)}, \tag{28.25}$$

oder:

$$\omega_{\text{res}}\, \mu_{r,a}(0) \approx \text{konstant}. \tag{28.26}$$

Die ferromagnetische Resonanz, die die Anwendungen von Spulenkernen bei sehr hohen Frequenzen begrenzt, ist ein Mechanismus, der in speziellen Bauelementen der Höchstfrequenztechnik bewußt ausgenutzt wird. Man erreicht damit in Hochfrequenzwechselfeldern Drehungen der Polarisationsebenen und damit wichtige nichtreziproke elektrische Eigenschaften der Bauelemente. Zu den wichtigsten dieser Bauelemente gehören die Richtungsleiter, Zirkulatoren und Gyratoren, die z.B. in [31], [32] und [33] näher behandelt werden.

Literatur

[1] Joos, G.: Lehrbuch der Theoretischen Physik. Frankfurt/M.: Akademische Verlagsgesellschaft m.b.H. 1959.
[2] Becker, R.: Theorie der Wärme. Berlin-Göttingen-Heidelberg: Springer 1955.
[3] Sommerfeld, A.: Vorlesungen über theoretische Physik, Band V, Thermodynamik und Statistik. Wiesbaden: Dieterichsche Verlagsbuchhandlung, Inh. W. Klemm GmbH 1952.
[4] Halla, F.: Kristallchemie und Kristallphysik metallischer Werkstoffe. Leipzig: Barth Verlag 1957.
[5] Azaroff, L. V.: Introductions to solids. New York: McGraw-Hill Book Co. 1960.
[6] —, and J. J. Brophy: Electronic processes in materials. New York: McGraw-Hill Book Co. 1963.
[7] Lücke, K.: Die von den Kristallfehlern und insbesondere von den Versetzungen verursachten Dämpfungserscheinungen. Z. Metallk. **53**, 57ff. (1962).
[8] Martin, H. J.: Die Ferroelektrika. Leipzig: Akademische Verlagsgesellschaft Geest & Portig KG 1964.
[9] Sachse, H.: Ferroelektrika. Berlin-Göttingen-Heidelberg: Springer 1956.
[10] Vilbig, F.: Lehrbuch der Hochfrequenztechnik. I. Frankfurt/M.: Akademische Verlagsgesellschaft m.b.H. 1960.
[11] Hutchison, T. S., and D. C. Baird: The physics of engineering solids. New York: John Wiley & Sons 1963.
[12] Kittel, C.: Introduction to solid state physics, 2. Aufl. New York: John Wiley & Sons 1962.
[13] Parr, N. L.: Zone refining and allied techniques. London: George Newnes Ltd. 1960.
[14] Frank, H., u. V. Šnejdar: Halbleiterbauelemente, Band I, Physik und Technik der Halbleiterwerkstoffe. Berlin: Akademie-Verlag 1964.
[15] Shive, J. N.: Semi-conductor devices. Princeton: D. van Nostrand Co. 1959.
[16] Spenke, E.: Elektronische Halbleiter. Berlin-Heidelberg-New York: Springer 1965.
[17] Bridgers, H. E., J. H. Scaff, and J. N. Shive: Transistor technology I. F. J. Biondi, Transistor technology II. F. J. Biondi, Transistor technology III. Princeton: D. van Nostrand Co. 1958.
[18] Seiler, K.: Physik und Technik der Halbleiter. Stuttgart: Wissenschaftliche Verlagsgesellschaft m.b.H. 1964.
[19] Shea, R. F.: Transistortechnik. Stuttgart: Berliner Union 1962.
[20] Shockley, W.: Electrons and holes in semiconductors. New York: D. van Nostrand Co. 1950.
[21] Justi, E.: Leitungsmechanismen und Energieumwandlung in Festkörpern. Göttingen: Vandenhoeck & Rupprecht 1965.
[22] Dekker, A. J.: Solid state physics, 2. Aufl. Englewood Cliffs (N. J.): Prentice Hall, Inc. 1958.
[23] Wert, C. A., and R. W. Thomson: Physics of solids. New York: McGraw-Hill Book Co. 1964.
[24] Becker, R., and F. Sauter: Theorie der Elektrizität. Stuttgart: B. G. Teubner Verlagsgesellschaft 1957.
[25] Smit, J., and H. P. J. Wijn: Ferrite. Eindhoven: Philips Technische Bibliothek 1962.
[26] Guggenheim, E. A.: Thermodynamics, S. 438 u. 441. Amsterdam: North-Holland Publ. Co. 1959.
[27] Dekker, A. J.: Electrical engineering materials. New York: Prentice-Hall 1959.
[28] Bozorth, R. M.: Ferromagnetism. New York: D. van Nostrand Co. 1951.
[29] Kneller, E.: Ferromagnetismus. Berlin-Göttingen-Heidelberg: Springer 1962.
[30] Feldtkeller, R.: Theorie der Spulen und Überträger. Stuttgart: S. Hirzel 1958.
[31] Lax, B., and K. J. Button: Microwave ferrites and ferrimagnetics. New York: McGraw-Hill Book Co. 1962.
[32] Waldron, R. A.: Ferrites. London: D. van Nostrand Co. Ltd. 1961.
[33] Clarricoats, P. J. B.: Microwave ferrites. London: Chapman & Hall 1961.

Allgemeine physikalische Konstanten

Debije-Einheit	$= 3{,}33 \cdot 10^{-28}$ As cm	
$\|e\|$	$= 1{,}60 \cdot 10^{-19}$ As	
ε_0	$= 8{,}85 \cdot 10^{-14}$ As/Vcm	
h	$= 6{,}62 \cdot 10^{-34}$ Ws^2	$= 4{,}14 \cdot 10^{-15}$ eVs
$\hbar = h/2\pi$	$= 1{,}05 \cdot 10^{-34}$ Ws^2	$= 6{,}59 \cdot 10^{-16}$ eVs
k	$= 1{,}38 \cdot 10^{-23}$ Ws/°K	$= 8{,}62 \cdot 10^{-5}$ eV/°K
kT (für $T = 300°$ K)	$= 4{,}14 \cdot 10^{-21}$ Ws/°K	$= 0{,}0259$ eV
m_{Elektron}	$= 9{,}11 \cdot 10^{-35}$ Ws^3/cm^2	$= 9{,}11 \cdot 10^{-28}$ g
$m_{\text{Proton}} = 1836\, m_{\text{Elektron}}$	$= 1{,}67 \cdot 10^{-31}$ Ws^2/cm^2	$= 1{,}67 \cdot 10^{-24}$ g
μ_0	$= 4\pi \cdot 10^{-9}$ Vs/A cm	
μ_0	$= 1{,}26 \cdot 10^{-8}$ Vs/A cm	
μ_B	$= 9{,}27 \cdot 10^{-20}$ A cm^2	

Umrechnungsfaktoren

1 Oersted $\triangleq \frac{10}{4\pi}$ A/cm $= 0{,}795$ A/cm

1 Gauß $\triangleq 10^{-4}$ Vs/m^2 $= 10^{-8}$ Vs/cm^2

Sachverzeichnis

GPSR Compliance

The European Union's (EU) General Product Safety Regulation (GPSR) is a set of rules that requires consumer products to be safe and our obligations to ensure this.

If you have any concerns about our products, you can contact us on ProductSafety@springernature.com

In case Publisher is established outside the EU, the EU authorized representative is:

Springer Nature Customer Service Center GmbH
Europaplatz 3
69115 Heidelberg, Germany

Batch number: 10683525

Printed by Printforce, the Netherlands